Design of Interior Decoration and Furnishings
软装陈设设计

策 划 中装环艺教育研究院 ／主 编 李 亮 ／参 编 李 洋 王晓慧 田文静

U0222064

江苏凤凰科学技术出版社

图书在版编目（CIP）数据

软装陈设设计 / 李亮主编. —— 南京：江苏凤凰科
学技术出版社，2018.2
　　ISBN 978-7-5537-8648-3

　　Ⅰ. ①软　Ⅱ. ①李　Ⅲ. ①室内装饰设计　Ⅳ.
①TU238.2

中国版本图书馆CIP数据核字(2017)第267952号

软装陈设设计

主　　　编	李　亮
项 目 策 划	中装环艺教育研究院
责 任 编 辑	刘屹立　赵　研
特 约 编 辑	刘立颖

出 版 发 行	江苏凤凰科学技术出版社
出版社地址	南京市湖南路1号A楼，邮编：210009
出版社网址	http：//www.pspress.cn
总 经 销	天津凤凰空间文化传媒有限公司
总经销网址	http：//www.ifengspace.cn
印　　　刷	广东省博罗县园洲勤达印务有限公司

开　　　本	889 mm×1194 mm　　1／16
印　　　张	20
字　　　数	328 000
版　　　次	2018年2月第1版
印　　　次	2024年1月第2次印刷

标 准 书 号	ISBN 978-7-5537-8648-3
定　　　价	298.00元（精）

图书如有印装质量问题，可随时向销售部调换（电话：022-87893668）。

FOREWORD ONE
序 一

首先感谢本书编写的组织者李亮先生，是他的盛情邀请，我有幸见到了这本让很多编者颇费心血的集子。

"室内软装陈设设计"最近这些年在本行业内渐渐大热，这无论是从市场需求的增长、产业链条的变迁，还是从设计行业细分及专业化的发展，都十分明显地体现出来。至于一些业内的现象："重装饰轻装修"的口号、软装陈设设计培训的大热，都或多或少地反映了"室内软装陈设设计"的兴旺趋势。在某种意义上，这反映了社会发展进步带来的公众生活与消费品质的升级。因为在技术层面上，室内软装饰相对于建筑空间、室内空间的注重功能格局、视觉意象，更关注日常生活细枝末节的品质与细腻感受。这对受众品位和经济基础都提出了更高的要求。

准确地说，"室内软装饰设计"并非新的事物，甚至可以说，除去传统古典建筑的"建筑装饰"，它比现代建筑和以现代建筑为依托的"室内设计"出现得还要早，准确地说，应该叫"室内陈设设计"。"室内陈设设计"在汉语里是早已有之的古典建筑专业用语，其定义是除了建筑空间结构、永久固定装修以外的室内设施及物品的设计。大家一定要了解这一设计概念的真正发端。这样一个悠久的行业之所以在最近一些年才回归兴盛，实在是社会发展的某些特殊原因使然。

本书的编者们付出了大量心血，以图文并茂、条理清晰的方式对"室内陈设（软装饰）设计"的体系做了较为全面的介绍，既有相关概念的详细介绍，又有大量形象的案例，同时也对相关工作方法进行了详细的阐述，相信对有志于此的专业学生和设计师会大有帮助。

清华大学美术学院教授

张月

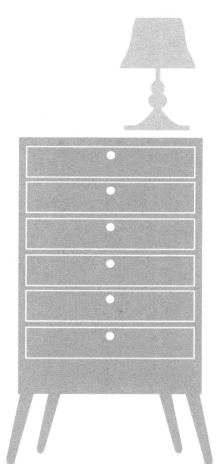

FOREWORD TWO
序 二

软装陈设设计，在中国家居装修市场中应运而生，红红火火，一路走来近二十年，如今已是中国室内设计行业中最大量级的需求市场。

软装陈设设计，弥补和充实了硬装（建筑室内装修）容易忽略的设计细节和美学追求；软装陈设设计，特别具有人居环境中的艺术表现力以及感动人心、营造风格的丰富手段；软装陈设设计，是中国室内设计师培育自我、美化生活、造福社会的价值追求；软装陈设设计，是中国独有的大规模设计服务市场，机遇与挑战并存，前途无量。

世界各国都没有区分硬装设计和软装陈设设计的做法，只有建筑设计和室内设计。建筑师要负责建筑外观、建筑室内空间及所有建筑附着物饰面的设计，以及建筑室内外功能的布局规划和结构、水电设计等。室内设计师则要负责所有可移动可安装的生活物品和装饰物品的设计和配套，包括家具、灯饰、墙的饰面、窗帘、地毯、洁具和五金、非承重结构的隔断、装饰性的门窗，以及所有艺术装饰品、花艺和标识的选购和设计。完美的室内设计作品，还要导入专业的室内灯光设计。

这与中国的建筑室内装修装饰行业全包室内所有硬装和软装陈设设计的做法明显不同。尤其在酒店、商业中心、写字楼等较大型公共场所空间的设计中，建筑设计大都仅仅完成结构毛坯和机电消防设计，遵守国家相关规范，严守安全底线，不必关注美学价值。数十年来，习惯已成自然。这为室内装修装饰留出了巨大的行业空间。近三十年来，中国经济发展带动了巨大的公装需求，培育了无数优秀的中国室内装修设计师，室内装修设计的专业水平快速提高，队伍快速壮大，均有目共睹。

后来居上的中国家居装饰市场，得益于国内房地产市场的迅猛发展机遇，一批公装室内装修设计师逐渐分离出来，一批批新的年轻室内设计师也逐渐从各个方向汇拢而来，成为中国独有的家居楼盘样板间和独立家居装修的优秀软装陈设设计师，他们勤于学习、积极进取，经验丰富，成绩斐然。

在中国家居装修装饰市场，硬装设计只是在给建筑表面打底的同时解决基本功能需求；软装陈设设计，则是中国版的室内设计。

软装陈设设计（室内设计）的重点在于对室内整体风格、设计品位和审美格调的塑造和把握，也在于营造人对环境的正面情感反应和温馨舒适的内心感受，最终打造兼具实用价值和美学价值的高水平室内设计作品。

在中国家居室内设计中，人性化的地位至高无上，文化性的情怀无所不在，软装陈设设计在确保实用的前提下尤其注重审美品质，尤其强调视觉心理感受和身体感官的舒适度，关注人居空间的精神取向和艺术价值。即使是较小的空间、较少的投资，这些基本的要素都必不可少。有时，越是紧凑的空间，越是简单的平面，越能通过优秀的软装陈设设计，再现其华丽与庄重。

在技术层面，英美等国创建的世界互联网在线设计类服务平台已经十分成熟、便捷、高效，特别在家居方面，家居建筑设计、室内设计和建材、厨房、卫浴、园艺、艺术装饰等一体化设计服务和采购系统已十分强大，线上的设计预订和线下的商场选购配送相辅相成、十分方便，设计师和客户的交流 80% 以上在网络上完成。

中国家居设计行业近来也在与时俱进，传统的人对人、面对面的疲惫服务模式逐渐减少，快屋套餐自选菜单式的家居装修和软装陈设设计开始尝试，节约了设计师和客户的时间，提供了可行的设计方案，皆大欢喜。一切都在进步中。

更重要的是，软装陈设设计师需要开阔眼界，尽可能提升个人的艺术修养，日积月累，汲取中国和世界上无数艺术宝库和设计创作的精华，经常走出去，走远一点，坚持不懈地去看、去学习、去体验、去研究，而不仅仅是收集资料。

用心经历这种过程，比在身边环境里辛苦奔波数年的收获要大得多，比在网络上微信上浏览下载美图的收获也要真实得多。很多前辈建筑师和著名设计师，如梁思成、贝聿铭、扎哈·哈迪德、JAYA 等，哪一位不是横贯东西的文化强人，哪一位不是走遍全球、深谙人类艺术创作规律的大师？

我们未必都是大师，但我们深信：设计师，走的路越多，成功就会越多。

中国室内设计师或软装陈设设计师的未来竞争，一定是眼界与修养的竞争，一定是艺术创造力的竞争，一定是个人意志与智慧的竞争。

软装陈设设计中国情，情归所愿是成功。祝愿每一位有志成就软装陈设设计事业的年轻朋友，日积月累，持之以恒，活出自己的精彩，成就自己的辉煌！

345 酒店设计创始人董事长，清华大学美术学院特聘专家
王奕

CONTENTS
目录

Design of Interior
Decoration and Furnishings

第一章　软装陈设设计概论

第一节　软装陈设设计的概念

软装陈设设计又称室内陈设艺术设计，是室内设计中不可缺少的重要组成部分，是室内设计完成之后的二次装饰和深化设计。室内设计是指根据建筑内部空间的使用性质和所处的周边环境，运用物质技术手段和艺术手段创造功能更合理、视觉更美观、运用更舒适且更符合人们生理、心理需求的生活环境。软装陈设设计则是利用各种艺术形式和艺术产品进行整合，以烘托室内的格调、氛围、品位和意境，一般不涉及建筑的结构和改造。然而，软装陈设设计不仅仅停留在摆放家具、工艺品、挂画、摆花和挂窗帘等如此简单的装饰层面上，它涵盖了整个项目的使用者和陈设品以及整个空间环境的内涵、魅力、气质和个性设计，所以它是根据客户的职业、年龄、兴趣、爱好、人生观、价值观甚至宗教信仰，同时根据项目的空间类型、所属商圈、周边环境、功能要求、建筑面积、项目定位，在室内空间环境装饰装修完成基础上的深化和升华；软装陈设设计是在遵循客户需求的前提下，从专业角度对软装产品进行的规划与设计，是使整个空间更加个性化和人性化的设想与规划。软装是形式，设计是灵魂和内容，软装陈设设计是历史文脉的延续，是艺术的创新与发展，是为业主量身定制的宜居设计，契合业主的生活方式。

室内设计与软装陈设设计既有区别又有联系，二者是整体与局部的关系，是相辅相成的关系。软装陈设设计是室内设计的有机组成部分，也是不可割裂的细分专业。

软装陈设设计方案（李亮设计）

第二节 软装陈设设计的形成与发展

谈及软装陈设设计的起源与发展，我们就要谈到人类早期对室内设计和装饰设计的一些认知，同时谈到早期人类的建筑、装饰及生活环境，以及其呈现出来的一些风格特征，尤其是统治阶级统治下的建筑装饰风格特征。不同地域、不同民族、不同文化、不同的人生观和价值观、不同时期、不同信仰决定了不同的城市规划、城市建筑、装饰装修和室内装饰陈设设计风格，而不同的风格特征又表现出不同的人生观和价值观的追求和向往，尤其是统治阶级的人生观和价值观。

古埃及人认为，人可以转世有来生，生命可以永恒，所以古埃及的金字塔、法老的木乃伊，就是古埃及人人生观的最佳体现。

古埃及的室内装饰及壁画

古希腊和古罗马的建筑通常建成列柱围廊式或者前后廊式，这是由于西方人性格开放，而中式传统建筑则通常建一个院子把自己围合起来，这与东方人低调、内敛、含蓄的性格是分不开的，徽派建筑，无论院落有多大，入户的大门都很小，体现了不张扬、不露富，以及低调、内敛、含蓄之美。

古希腊建筑与室内复原图

中世纪哥特式建筑为什么一定要高耸入云？其窗户为什么使用彩色玫瑰窗？其柱子为什么做成束柱？这与当时政教合一的社会背景和统治阶级的宗教信仰有关，整个建筑处处充满向上的冲力，这种以高、直、尖和强烈向上动势为特征的造型风格体现了教会弃绝尘寰的宗教思想，也反映了城市的蓬勃生机；家具、陈设物品也不完全是为了满足功能需求，而更多地体现了精神和力量。

中世纪哥特式建筑及内部空间设计

文艺复兴兴起于 14 世纪的意大利，于 16 世纪盛行欧洲，其倡导的中心思想是"人文主义"，要求文学艺术表现人的思想感情，科学为人谋福利，提倡个性自由，其本质是新兴资产阶级拥有大量财富，享受生活，追求奢华，反对中世纪的禁欲主义和教会统治一切的宗教观。以美第奇家族为首的贵族雇佣艺术家和设计师建造豪华宫殿和府邸就是最好的证明。

法国帝政时期的室内装饰陈设风格

16—17 世纪，贵族之间相互攀比、竞争，更加强调社会地位和权威性，追求宏伟动感、热情奔放、夸大尺度、过度渲染、富丽堂皇、自由奔放的巴洛克浪漫主义设计风格应运而生。同一时期，欧洲列强踏上美洲领土，在美洲建立了自己的殖民地，但因交通问题导致传入时间有所延后，所以美式风格相对滞后于欧式之风。

巴洛克风格与中式装饰趣味相结合，运用多个 S 线形组合出雕刻华丽、纤巧烦琐的洛可可艺术设计风格。1738 年的古代废城赫库兰尼姆和庞贝及雅典古城的考古发现，向 18 世纪的世界展示了丰富多彩的古罗马、古希腊的装饰艺术，其与文艺复兴的宏伟外观艺术大不相同，世俗社会开始厌倦烦琐的装饰方法和变幻莫测的曲线，于是这种以瘦削直线为主的新古典风格取代了曲线装饰的巴洛克和洛可可风格。

18 世纪末期和 19 世纪初期，更多产品随着工业革命的兴起，开始变得更加大众化，在这之前建筑产品以及日

法国巴洛克时期的室内装饰

常生活用品大部分致力于满足上层社会的需求。20 世纪初，第二次工业革命开始，开创了人类历史的新纪元，产品为大众而设计。机械化批量大生产降低了生产成本和产品价格，同时满足了大众需求，成就了今天的现代风格、后现代风格。

因此，室内设计是物质的，同时也是精神的。

第三节　软装陈设设计的职业前景与现状分析

一、职业前景

（1）市场前景："衣、食、住、行"中"住"是人类生活的前题，安家方能安天下。随着生活水平的提高，人们更注重生活环境的改善，更注重生活质量和品位。据权威机构统计：全国33个省会城市，393个地级城市，近3000个县级城市，家居饰品的年消费能力高达2000亿～3000亿元；一个10万人口的小县城，家居饰品年消费能力不低于1000万元。

拉斐水岸别墅设计方案（李亮设计）

（2）新城开发旧城改造，中小城市的房地产迎来新一轮的高潮，大量新房主需要装饰新居，这无疑扩大了装饰装修和软装配饰的市场。

（3）人均居住面积的改善必将增大装饰品的用量。

（4）装修理念的改变和文化品位的提高。"轻装修，重装饰"的理念已经被人们普遍接受。过去的堆砌式装修，慢慢演变成人们结合自身的生活习惯、生活方式，进行适合自己的个性化设计和人性化设计。

因此，定制设计成为未来发展的一种趋势。软装陈设设计师成为产品和需求的纽带。同时，精装修房日益普及，必然丰富了软装市场。

无锡灵山拈花湾

二、现状分析

软装陈设设计离普通消费群体还有一定距离，大部分消费者还停留在满足使用功能和装饰功能的基础上，还不能根据自身的生活习惯和消费行为选择个性化的消费方式。对于设计公司来讲，只有少数工装或高端家装公司设有专门软装部门。对于多数的家装公司而言，它们并没有自己的软装陈设设计团队，通常是由室内设计师带领业主选购软装产品。

市场上缺乏专业软装陈设设计师和专业的从业机构。很多专门的软装饰品厂商开始从事整体的软装陈设设计。

因此，软装陈设设计的市场前景非常庞大，因为它涵盖生活的方方面面，在物质需求已经基本满足的今天，人们必定会追求充实丰富的精神生活。

第四节　如何成为一名优秀的软装陈设设计师

一、工作态度

软装陈设设计师应对设计工作充满热情，并认真负责。具体如下。

1. 软装陈设设计师要对所从事的行业有足够的兴趣

软装陈设设计师要对自己所从事的行业有足够的兴趣，如果不是发自内心地喜欢这个专业，恐怕很难设计出好的作品。

2. 软装陈设设计师要对生活有极高的热忱和激情

一个不热爱生活的人，很难设计出让人倍感舒适的空间，生活中有很多的细节都需要设计师去体会，否则就不能满足不同客户的需求。比如，软装陈设设计师在进行整体衣帽间设计时，应了解如何从空间上区分换季服装和应季服装。从使用者的角度，了解业主的偏好。业主有多少双鞋子，长靴居多还是短靴居多？裙子的数量较多，还是裤子较多些？喜欢穿长外套，还是喜欢穿短外套？喜欢休闲装还是正装？首饰是单独放置在与周围环境不搭调的保险柜里，还是设置一个与整体衣帽间相协调的指纹密码柜？是否带梳妆台、岛台、小件？这些都是生活的细节，每个人都有专属于自己的生活方式，但软装陈设设计要契合业主的生活方式。

3. 优秀的软装陈设设计师要有丰富的生活阅历和深刻的人生感悟

我们常说，读万卷书、行万里路，最终自己悟到的才真正属于自己。要经常总结经验教训，找出成功的规律。

4. 软装陈设设计师要有吃苦耐劳和顽强执着的精神

有些人，经常抱怨设计很辛苦，要经常加班、与客户周旋。其实痛苦源于自己的心态，自己喜欢的事情，做起来就不会感到痛苦。再好的行业也会有人做得很差，再差的行业也会有人做得很好，不是行业有问题，而是谁做、怎么做的问题。

5. 软装陈设设计师应该有追求完美和对事物负责任的态度

有时候客户满意的方案，自己不满意还要继续修改；已经签订的合同，还要继续深化。只有这样，才能给客户提供超值服务，感动客户。有些人总觉得让客户满意的关键点是价格，其实是服务——超值的服务。只有这样，才能走进客户的内心。设计师追求完美，大到空间、小到细节，都会融入设计师的心血与感情。

二、专业素质

软装陈设设计师除了要有对工作的满腔热忱和负责任的态度外，还应具备相关的专业素质。

1. 审美能力

软装陈设设计师是一个创造美和发现美的职业，如果没有基本的美术素养和审美修养，客户怎么会采纳设计方案呢？因此，设计师应加强美术方面的学习和进修，只有掌握美的规律性，培养审美意识和审美的价值观，才能站在更高的层面上解决审美问题，以提升职业素养。

2. 空间想象和把握能力

设计的过程不能停留在图纸的层面上纸上谈兵，软装陈设设计师必须对空间进行掌控，空间设计比较忌讳的是大而不见其大、小而不见其小。很大的空间设计完成之后让人感觉很小气，这是很失败的空间设计；很小的空间做得很压抑，没有亲和力，这也很失败。因此，设计师必须具备空间想象能力和把控能力，以避免图纸和实际完成之后的差距，从而降低设计风险。

3. 表现和表达能力

有些软装陈设设计师很有想法，但苦于表达不出来。

众所周知，语言是非常抽象的，我所说的"大"和你想象的"大"未必是一种规格和尺寸，我所说的"红"未必是你心目中理想的"红"，如果信息传递出现较大的误差，那么项目完成后，并非客户心目中期望的样子，客户肯定不愿意买单。这就要求软装陈设设计师必须具备表现和表达能力。在设计中，有很多种表现方式，比如，手绘快速表现，一张 A4 纸、一支铅笔就可以生动、准确地给客户绘制出三维的手稿，清晰地表达设计思维和设计创意。客户满意，便继续；不满意，则重新设计，这样就可避免产品完成后客户不满意带来的一系列纠纷和困惑。当然，解决这一问题的工具有很多，CAD、3DMAX、PS，这些软件都可以，用什么工具不重要，重要的是如何清楚地表达设计师的设计意图。

4. 色彩搭配能力

有很多"半路出家"的软装陈设设计师，做色彩搭配靠个人感觉，其实这种做法有很大风险。如果只是做一个普通的小家装或者小的空间，也许没什么问题。如果项目是五星级酒店或几千平方米的高端会所，则不知该如何下手，更不要谈什么风格、色彩、交通流线了。因此没有受过专业训练不是"能不能做"的问题，而是能否"做大做久"的问题？一个连颜色都不认识的软装陈设设计师，又怎么能进行色彩搭配呢？况且，色彩搭配不仅仅是搭配的问题，还涵盖色彩联想、色彩心理学等一系列问题，因此，

设计师必须懂得色彩，才可以谈搭配。

5. 最基本的室内设计原理

软装陈设设计作为室内设计的重要组成部分，不仅要满足空间功能性，同时要具有空间装饰效果，功能设计、空间划分、交通流线、人体工程学、照明设计、色彩搭配、风格流派都是室内设计中必不可少的组成部分。功能设计不合理，所有装饰便失去存在的意义和价值；空间划分不合理，不能最大限度地利用空间，造成巨大浪费，无法实现利润最大化；交通流线设计不合理，无论从消防要求还是其他安全角度来说都会带来诸多隐患。因此，无论是软装陈设设计师还是硬装设计师，必须掌握最基本的室内设计原理，这样软装和硬装才能顺利衔接。

6. 软装八大元素

所谓"八大"也只是一种概括，其中产品设计中的每个元素和符号，其成因、寓意、象征意义、形式美都非常重要。比如，家具、布艺、灯饰、花艺、画品、收藏品、日用品、摆件等，后面的章节会重点讲述。

真璞草堂设计方案　（王振咨设计、李亮指导）

第二章　软装陈设设计风格与流派

第一节　软装陈设设计风格概述

一、风格的成因与概念

风格的形成与人类的生存环境、社会物质基础以及不同层面的精神需求有着必然的联系。不同的气候特征及地理特征创造了不同的生活环境，提供了不同的物质资源，使人们的生活方式产生了一定的区别，这一切均构成了"风格"的基础。除此之外，人类的宗教信仰也影响着风格的变化，不同的宗教在一定程度上塑造着人们对于外部世界的看法及对自我的认识。此时的"风格"更升华到精神层面，不同的信仰与观念使人们对于自我的精神追求及物质需求发生了变化。

随着人类艺术及设计概念的逐渐成熟，"风格"的概念更加明确，可以是文学艺术方面的体裁或语言，也可以是绘画中与众不同的表现形式或技法。艺术作品及设计作品可通过风格表现出独特的面貌，也可将风格作为媒介表现出思想观念及精神气质的不同。因此，也可以将"风格"理解为"个人精神或群体精神借由所认知的事物体现出思想观念及精神气质的独特现象"。

二、当代软装风格设计的发展

当代软装配饰设计，风格设计也作为空间整体格调的标识以及软装配饰元素的选择依据，影响着最终的设计结论。风格的设定可整合室内装饰的内容，使装饰形成一致的格调，也可通过不同风格元素的"混合"，使配饰之间的装饰气质形成一定反差，使空间效果富有个性及时尚气息。另外，一些带有历史风格的设计内容还可以丰富整个

室内装饰的文化氛围，赋予装饰内容更加深刻的意义。这一切都说明了风格设计在软装配饰中的重要地位。

尤其最近几年，软装配饰的资源已相当丰富，随着市场需求的改变，配饰产品的风格样式也在不断更新。这一切也必然激发软装陈设设计师的创作灵感，使其不停变换风格元素的内容及组织方式，创造出更多个性鲜明的设计作品。

三、关于本章的内容设置

为了将风格设计以更加系统的方式呈现给读者，本章下面将分为两个部分进行阐述，即"软装陈设设计风格解析"和"当代软装配饰风格的分类与特点"。

"软装陈设设计风格解析"主要介绍中西方室内陈设设计的成因及特点，以及家具、织物、灯饰、画品、花品及其他陈设的发展概况。"当代软装配饰风格的分类与特点"结合当代软装配饰设计的特点及产品资源，深入解析较有代表性的装饰风格，如欧式风格、新中式风格、东南亚风格、现代简约风格等。综上，读者可了解中西方室内陈设设计的历史起源以及当代软装配饰设计风格的基本概况。

第二节 软装陈设设计风格解析

一、中国部分

（一）先秦时期的室内陈设

因年代久远，相关于先秦时期的建筑以及室内设计的例证较少，但依旧可以从历史文献以及现存的遗迹中找到一些珍贵的资源。如河南偃师二里头的宫殿遗址，已经发现木架夯土建筑的建造方式。又如湖北黄陂盘龙城商代遗址，已开始运用"前朝后寝"制的布局划分。另外，在陕西凤岐山更发现了一处平面两进的四合院式宗庙建筑遗迹。通过考古工作者对该遗迹进行考察，发现这栋建筑采用对称的布局方式，并于中轴线上设置影壁、门屋、前院，通过主廊贯穿前堂与后室。两侧设有东西厢房，并结合回廊形成围合式的封闭空间。如此完善的布局系统，不得不令人惊叹。春秋战国时期，室内格局相较于商周时期有了更明显的进步，如秦代的咸阳宫，拥有良好的朝向，还出现了洗浴、储藏、暖炉、地漏等完善的设施。

先秦的室内装饰，采用石灰、泥、沙等材料涂抹地面，并开始以地砖进行地面铺设。墙壁开始运用白色的蜃灰涂刷墙壁。

商周时期已出现一套完善的"礼制"系统。当时的人们在创作陈设品及明确陈设位置时，并非以纯粹的使用功能及感官享受为主要设计目的，而是跳脱出这些元素，将"礼"（礼：维系中国古代社会秩序以及人的关系的道德规范，也包含因这种规范而制定的典章制度）作为一种更加深层的标准，当时建筑的面积、空间的划分，包括陈设内容的位置、尺寸、装饰都须合乎"礼制"。例如，在周代，屋门一般处于偏东的位置，偏西侧设有窗，称为"牖"。北面的窗则称为"向"。室内的四角也各有称谓，"奥"处于西南角，"屋漏"处于西北角，"窔"处于东南角，"宦"处于东北角。其中，"奥"在四个位置中地位最高，

是祭祀的位置，而这一切都是"礼"的体现。

中国先秦时期的人们主要以席地而坐（席地而坐：上身挺直，双腿曲于席上，臀部压于双脚）的坐姿为主，这便使"筵席"成为非常重要的陈设内容。"筵"是指铺设于地面用于垫底的竹席，最靠近地面的一层称为"筵"。在"筵"上再铺设以竹、苇、草等材料编制的"席"，而通常"席"的铺设不止一层。"筵席"便是当时普遍运用的坐具，与几、案、俎、禁、宬及椸枷等构成家具的主要类型。通过筵席的设置也可确定长幼尊卑，如《礼记·曲礼》："群居五人，则长者必异席。为人子者，居不主奥，坐不中席""中席"是指尊者的席位，或称"尊位"，通过这种尊位的设置来体现尊卑之别。年长者的座位一定要与其他人分开。作为人子，所处位置不可为"奥"。另外，席的种类也是丰富多样，如二人连坐的席被称为"合席"。最长的席可达到十余人连坐，称为"连席"。座席的次序则按长幼尊卑依次排列，身份相差悬殊的人不可同坐，否则对尊贵之人是一种极大的侮辱。

"筵席"也是周朝建筑的度量单位。在明堂当中，以筵为度，东西为九筵的尺度，南北进深为七筵，堂基的高度为一筵，共分五室，每室长宽各有二筵之距。关于"筵"的样式及陈设位置，在周代，有专门负责"几筵"的官职，并负责"五几""五筵"的形制与陈设位置，在天子接受并会见属国的朝贡和拜谒的时候，天子为来朝诸侯举行射箭之礼的时候，分封同姓的王族、受天子赐命得以征伐四方的诸侯以及祭祀先王、接受祭酒时，在王位处陈设"黼依"。所谓"黼依"是指一种装饰有白黑相间的斧形纹的屏风。这种屏风表面张设绛红色的帛，并镶嵌着斧形装饰，斧刃处为白色，近巩处为黑色，名为"金斧"，取金斧断割的含义。在"黼依"前方向南的位置陈设着黑色丝带镶

边的莞席（"莞"是一种香草或药草及水草，这里指以"莞"编织的席），在镶边处装饰着云气纹样，以及五彩草席、桃枝竹编织的席，在席的两侧还需要陈设装饰着玉石的几。

1. 家具

中国先秦时期的家具类型虽然不是很多，但从家具的功能及装饰上都已经非常完善，为后世中国家具奠定了基础。隐几是周代非常重要的家具类型，或称"凭几""挟轼"，设于身前时，用来支撑双臂，或设于身后的位置用来倚靠。隐几可以缓解长久"跽坐"而引起的疲劳，也是一种较有代表性的礼制性陈设。

"俎"，是古代祭祀、燕飨时使用的承载类用器，有砧板和托盘的功能，常采用青铜材质。如河南淅川下寺楚墓便出土了一个青铜俎。其形状类似小桌，平面呈长方形，而在下端则形成凹状，四足极其稳固，在表面及四足的位置还有透雕矩形及蟠螭图案。

"禁"，是一种呈方形的用来陈设酒器的器座。在河南淅川下寺2号楚墓中出土的铜禁，通高28.8厘米，通长131厘米，通宽67.6厘米，重94.2千克，呈长方形，上面中央的位置是一长方形平台，用来放置器皿。整体由三层粗细不等的铜梗组合构成，装饰着镂空透雕云纹。铸造工艺采用五层镂空透雕，四周装饰有12个铜兽，兽的前爪抓住禁的口沿，后爪抓住禁外壁，张口吐舌，似饮禁中的美酒，做工精致，形态鲜活。禁的下方有10个虎足，虎尾与禁下方的铆钉相连，用来承托禁身。

战国时期，由俎与禁的功能及形制逐渐划分出"案"，主要以木材制作造型，并装饰优美的纹样。案的造型与木禁极其相似，四角加以窄长的板条，并有着短小的腿足。纹饰方面与木禁有着明显的区别，通常以彩绘的方式装饰许多大小均等的圆形区域，用来盛放食物。

"扆"指的是座后的屏风，与其搭配陈设的还有一种"负扆"，多陈设于左右两侧。此时的屏风样式以座屏为代表类型，主要以木做框架，下设腿足，屏面则采用帛或木材，并在上方装饰图案。在周朝，屏风更成为一种王权

先秦·青铜椸与礼器

战国·错金银虎噬鹿屏风座

唐·阎立本《历代帝王图》中陈设帝身前所倚的凭几

的象征，主要陈设在天子的背后，被称为"黼依"。另有一种称为"皇邸"的屏风，是以屏板制作，并在上面饰以染色的羽毛，通常在天子祭天时陈设于户外。屏风地位独特，装饰华丽。湖北江陵天星观战国楚墓出土的彩漆小座屏，高 15.8 厘米、宽 18 厘米，运用榫卯结构，屏座两端着地，上承长方形木质透雕屏面，并结合黑漆、朱漆、灰绿、金、银等色漆，以圆雕、浮雕和透雕的手法，镂刻出蛇、蟒、蛙、凤、鹿等 55 种动物，相互交错，形成激烈的争斗场面。

先秦时，不同功能的箱柜类家具开始增多，出现了食具箱、衣箱等功能类型，其中曾侯乙墓出土的彩绘衣箱堪称精美绝伦，箱盖及箱体采用整木挖制，盖与盖身以子母口相合，两端设有把手，以黑、红两色的色漆髹饰，并嵌有青龙、白虎等二十八星宿的图案。

战国时期，床的样式较成熟，此时的床兼具坐、卧的功能，一些比例较大的床更多地作为卧具使用，夜晚在床上铺设寝席、褥或动物的皮革等作为床品，白天则将寝席替换为座席。在河南信阳台关一号楚墓出土的漆木床全长

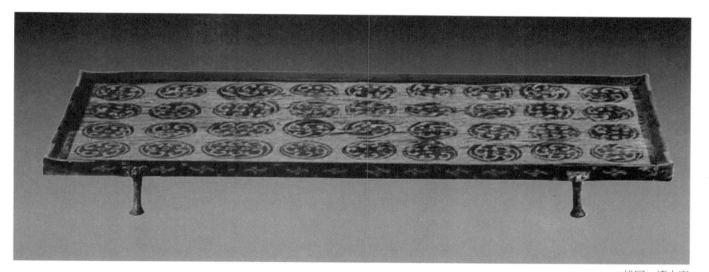

战国·漆木案

先秦·凭几

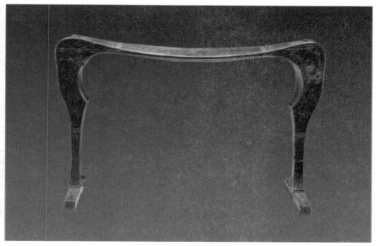

先秦·青铜俎

河南淅川出土的青铜禁

朱然墓出土的人物故事漆案

曾侯乙墓出土的彩绘衣箱

225厘米，宽139厘米，高61.3厘米，通体髹饰黑漆，并在周围装饰着以红漆描绘的回形纹饰。床的上方以竹木材料制成的床栏，包以精致的铜饰，并在两侧床栏的位置

留有约60厘米宽的踏口，便于上下。床的下方共设有六足，分别被设在床的四角及中间托梁位置，脚部还雕刻着精致的云纹。

2. 织物

在先秦时期的室内陈设中，织物陈设占据一定比重，并且起到极其关键的作用，一方面分割空间，另一方面作为装饰。陈设方式较为灵活，可相对自由地变换空间布局。

"帷"在历史上的用途最为广泛，常与其他类型的张设并称，在古代文献中便记载有"帷帐""帷帏""帷幄""帷幔""帷帟"等内容，甚至与服饰也有一定联系，如"帷

湖北江陵天星观战国楚墓的彩漆小座屏

裳"便指一种用整块布料不加裁剪的朝祭服饰或下裳。在中国传统室内张设中，"帷"大多指以织物制成的屏障，可悬挂于楹柱之上起到遮蔽作用。"帷"也常与"幕"合用，而"幕"则指一种设于帷上的织物。

"幄"是指一种以木框架支撑织物的张设。如《释名·释床帐》："幄，屋也。以帛衣板施之，形如屋也。"幄可围合形成独立的空间，张设于室内最显赫的位置，覆于尊位之上。也可以用于户外，构成灵活的起居空间，如在三国时期吴国朱然墓漆画中，描绘了一个生动的宴乐场景，在核心尊位处张设着一个类似于帐篷的织物，便可称为"幄"。

"帟"指一种比例较小的幕。汉代刘熙《释名·释床帐》："小幕曰帟，张在人上，帟帟然也。""绥"又称"组绥"，是用来系帷的带子。司农注："组绥所以系帷也。"

中国先秦时期的织物制作技术已相当成熟。可转动的手工机器被普遍运用，生产效率明显提高。在艺术表现方面也非常明显，已出现平纹、斜纹及其变化组织。另外还出现了绢、罗、纱、绮、锦等类型。除此之外，装饰效果也是丰富多样，类似于染色、画绘、织花、刺绣等工艺已经成型。色彩及装饰纹样异常多元化，常见的纹样装饰有回形纹、云雷纹、龙纹、凤纹、星辰、群山等内容。织物

在当时并非单纯的功能性物品，装饰华丽的织物作为一种精美的装饰用品得到人们的重视，甚至一些制作精良的织物还具有货币的功能，用于交换物品。

3. 灯饰

形成于西周的"烛"与"燎"是中国最早的照明方式。这里的烛是指一种利用松脂等易燃物而燃烧的火把，而燎是指点燃成堆的细草和树叶，以供照明或取暖。燎置于门外，则称"大烛"；置于门内，则称"庭燎"。

灯饰在战国时期发展到较高的水平，以铜、铁、玉等为主要材料，并有着较丰富的造型，如一些模仿商周时期青铜器的灯型，常见的类型有簋形灯、豆形灯、鼎形灯等。此外，还有一些人物或动物造型的灯型，如象形灯、人骑驼擎灯、银首男佣灯。另外，一种连枝灯有许多形如树枝的灯臂，臂的一端设有灯盘，具有较好的照明效果。

4. 画品

先秦时期的绘画主要用于礼教与祭祀。《孔子家语》记载："孔子观名堂诸门四墉，有尧舜之容，桀纣之象，而各有善恶之状，兴废之诫焉。"这说明，在周朝时绘画已较发达，以壁画表现人物形象，并借此传播礼教思想。于湖南战国楚墓出土的《人物御龙帛画》是先秦时期的代表作品。图中描绘了一人御龙升天的情景。此人头戴高冠，袍服宽大轻丽，衣襟呈盘曲状，是战国时期较有代表性的

战国·秦鼎形铜灯

战国·银首人形铜灯

战国·青铜鸟盘灯

人物御龙帛画

宋·赵孟頫《墨兰图卷》

绕襟深衣。腰间佩剑，手执缰绳，神情悠然自若。人物头顶华盖的绶带随风而荡，与人物的动势达成一致。一条巨大的夔龙首尾轩昂，有跃动之姿。龙尾之上立有一只昂首的凤鸟，在龙的身下还有一条游动的大鱼。这件作品充分反映了战国时期帛画的水平。值得注意的是，在帛画上端横边包裹着一根较细的竹条，并配有棕色丝带。当时，丝带可系于立竿之上，便于张挂。而该画的使用功能可谓众说纷纭，许多学者认为，该画是当时用于祭祀的类似于铭旌式的幡帛。

5. 花品

受礼教影响，先秦时期民间对于花卉的赏玩较普遍，并将花朵穿缀成串佩戴在身上，更赋予植物不同的情感与含义。如《诗经》："有女同车，颜如舜华。将翱将翔，佩玉琼琚。彼美孟姜，洵美且都。"将美丽的女子比作美

丽的木槿。而这一点在《楚辞》中也有所表现，大量运用比兴手法，以神话、传说、花草、禽鸟寄托感情。如《离骚》："纷吾既有此内美兮，又重之以修能。扈江离与辟芷兮，纫秋兰以为佩。"这里的"江离""辟芷"以及"秋兰"，都是一种带有香气的草。又如王逸《楚辞章句》："言己修身清洁，乃取江离、辟芷，以为衣被；纫索秋兰，以为佩饰；博采众善，以自约束也。"这种对于植物的情感更是充分体现在孔子的《猗兰操》中："习习谷风，以阴以雨。之子于归，远送于野。何彼苍天，不得其所。逍遥九州，无所定处。世人暗蔽，不知贤者。年纪逝迈，一身将老。"孔子由卫国返回鲁国的时候，途经一个山谷，突然间闻到一股淡然的清香，发觉草丛中生长着盛开的兰花，于是感叹道："夫兰当为王者香，今乃独茂，与众草为伍，譬犹贤者不逢时，与鄙夫为伦也。"当场便作了《猗兰操》。除了赞誉"兰为王者香"之外，同时感慨自己生不逢时，与兰花生长于山野幽谷的境遇如此相似。

6. 其他

先秦时期，青铜器是宴享的日用器皿与祭祀的礼器，也是一种彰显礼乐文化的标志性陈设，可分为酒器、食器、乐器等类型。商周时期是中国青铜器的最高峰，器皿种类繁多，造型浑厚庄重，图案多以浮雕呈现，常以夔纹、饕餮纹、虎纹、云雷纹等进行装饰。漆器作为中国历史上较有代表性的制作工艺在当时被广泛运用于日用生活。所谓

"漆"，是指于漆树割取的天然漆液，包含漆酚、漆酶、树胶质及水分等成分，在中国早期是一种常用的涂料，具有耐潮、耐高温、耐腐蚀等特点，经过不同的色料融入，可以制作不同的色漆。春秋战国是中国传统漆工艺极为辉煌的时期，当时的日用器皿主要以漆器为主。战国时，采用木胎挖制结合斫制的方法的漆器工艺更是发展到前所未有的高度，装饰色彩以红、黑色为主，称为"朱画其内，墨染其外"，黄漆、棕漆、金粉作为纹饰用色。装饰复杂多变，富于动感，常运用云气纹、龙纹、凤纹、窃曲纹等图案。相较于青铜器与漆器，陶瓷器已初具规模，在商代出现了青釉陶瓷，上海博物馆陈列的青釉瓷尊便是最佳例证，其色泽青中泛黄，侈口圈足，显得典雅庄重，制作工艺之成熟，令人惊叹不已。至周朝及春秋时，青瓷已开始运用于日常生活，并作为礼器及丧葬之器。

战国·楚国彩绘凤纹盘

商周·青铜器

战国·彩绘龙凤纹盖豆

（二）秦汉时期的室内陈设

秦汉时期，较有代表性的建筑类型有宫殿、明堂、辟雍（辟雍：天子所设的学堂，也是儒家行典礼的场所。辟雍即明堂外面环绕的圆形水沟，环水为雍，意为圆满无缺）、宗庙、宅第等。当时，木质结构的建筑已非常发达，如汉代的未央宫便很有代表性。布局依旧延续前朝后寝的布局方式，前朝的核心建筑为前殿，并有中殿及后阁，在后方还设有皇室寝宫。在前殿内划分有主殿及东、西厢。中殿为帝王后寝，用于皇帝颁布政令的内朝、寝室，以及帝王处理政务、举办宴会及娱乐等多种场合。

住宅建筑也出现了如矩形、工字形、曲尺形等丰富的空间格局，并且围合成套院，此外还有多层楼阁。大门以明间为核心，左右各设有"塾"，在后期则演变成"门房"。进入庭院，划分为前后两个区域，称为"内庭"及"外庭"。外庭设有堂，为会客的场所。堂位置较高，一般都设有台基。左右各设台阶，称为"东阶"与"西阶"，西阶的位置较尊贵，客人都从西阶进入。堂的设计较敞亮，通常不设门。堂的左右设有东西两"序"。客人到来时，只有身份尊贵的人才可坐于堂内，而一些身份卑微的人只可坐于堂下。内庭则是主人及家眷的私人区域，常人不可进入。内庭的区域根据户主的身份与财力设置卧室、厨房、库房等空间。普通民用住宅的基本格局则保持着"一堂二内"的布局方式。这里所谓"一堂二内"有两种不同的解释：一种是以堂作为核心处于中央，另有两间厢房的位置处于堂两旁；另一种则是两间卧室处于堂的后方，即"前堂后室"的格局。

汉代的室内已经开始运用以莲花形为主的天花造型。墙壁运用夯土结构，并以三层以上的涂层，用白灰处理表面。还有一种"椒涂壁"，以花椒水和泥进行涂刷，用来驱虫避秽。另外，有的墙壁装饰更是结合五行方位，将墙壁装饰为赤、青、黄、白、黑等色彩，在重要建筑中还大量采用壁画装饰。宫殿的地面为"彤墀"或"玄墀"（"彤墀"是指一种红色的台阶或台阶上的地面，常用于前殿。"玄墀"则为黑色的，常用于后寝）。建筑柱础多运用石材，并拥有莲花形雕饰。

汉代陈设的家具及器皿极其轻便，易于搬动。如幕帷等张设织物与屏风一方面作为室内空间的隔断，另一方面也起到更加明显的装饰作用，尤其是屏风常被陈设于空间核心的位置。

床榻类家具愈发重要，陈设于屏风前方供身份尊贵之人使用，并在床榻前方再设案几。有时也将小型案几陈设于床榻之上，这对后期唐宋时期的陈设产生了一定影响。

筵席依旧是空间布局的导向，多人连席的运用较普遍，通常在一些宴会性质的场合，身份尊贵之人的座席单独设立，所处位置依旧需符合礼制，如淳注《史记·孝文本纪》："宾主位东西面，君臣位南北面。"

汉代国力强盛，物质条件优越，有些室内装饰及陈设品非常奢华，这一点充分体现在宫廷装饰上。如赵昭仪的昭阳殿便是汉庭中最具代表性的奢华之所。据《西京杂记》载："赵子燕娣居昭阳殿，中庭彤朱，而殿上丹漆，砌皆铜沓，黄金涂，白玉阶。壁带往往为黄金釭，含蓝田璧，明珠、翠羽饰之。上设九金龙，皆衔九子金铃，五色流苏。带以绿文紫绶，金银花镊。每好风日，幡旄光影，照耀一殿；铃镊之声，惊动左右。"昭阳殿的庭中呈现出一片艳丽夺目的红色，包括殿内也涂刷着艳丽的红漆。门槛运用镀金的铜套来包裹，台阶以玉石砌成。墙壁上暴露着的壁带都以黄金制成的釭来装饰，在釭上方还镶嵌着蓝田出产的玉石，并搭配明珠及翠色的羽毛进行装饰。在壁带的上方设有九条金龙，口衔金铃，金铃上还饰有五彩流苏，流苏的装饰里夹杂绿色纹样的紫色绶带，上面有金银花造型

汉·彩绘陶仓楼

汉·打虎亭汉墓壁画的宴乐场景

的金属垂饰。在晴朗的日子里，彩旗随风摇动，绚丽的色彩将整个宫殿渲染得斑斓夺目。金铃以及金属垂饰发出动人的声响，动人心魄。

未央宫的温室殿"设火齐屏风，鸿羽帐。规地以罽宾氍毹"。所谓温室殿是指汉庭冬季用于取暖的空间，陈设内容以云母制作屏风、鸿雁的羽毛制帐，地上铺以珍贵的毛织地毯。另外，清凉殿则是在夏季用于乘凉的宫殿，"以画石为床，文如锦，紫琉璃帐，以紫玉为盘，如屈龙，皆用杂宝饰之""又以玉晶为盘，贮冰于膝前，玉晶与冰相洁"这里是说清凉殿在夏季依旧清凉无比，如同含霜。以带有优美纹理的石材为床，以紫色的美玉为帐，并在身前陈设盛有冰块的玉晶盘。

1. 家具

秦汉时期以低矮型家具为主，装饰上多采用漆绘，造型及使用上也出现了一定的改变。筵席的材料更加奢侈，如以动物珍贵的皮毛所制成的"毡席"（或称"旃席"）便是当时较奢侈的类型，并在席的四角增加"席镇"，使席角不因使用而卷曲，席镇也成为装饰的一部分，如采用动物造型，并以玉石、金、铜、铁等为材料。陈设于床前的桯以及用来伏卧或倚靠的隐几也是常见的家具类型，隐几还配有"隐囊"，即一种为了使倚靠更舒适而增加的软垫。几的样式、材质及装饰需根据礼制而划分为不同的类型。天子用的几以玉石镶嵌，冬天在其上方加设密实、光洁的织锦，称为"绨锦"。

案也是汉代较重要的家具类型，具有多种用途，通常高度不超过 30 厘米。造型多样，常见的有矩形、方形及圆形等，案面四周有着精致的起沿，腿足短小，尤其下设栅足的案使用得较普遍。功能上可以陈设食器或酒具，也可用来陈设文具，前者称为"食案"，后者称为"书案"。形态较小的更是可以兼具类似于承盘的功能，作为奉案使用。

汉代案的装饰基本沿袭前期的特点，木制案的表面髹涂黑色及红色的漆。通过描画的图案来明确案的用途及器皿所陈设的位置。一些地位尊贵的人所使用的案则采用更加奢侈的材料与华丽的装饰。

床与榻在当时有着相对模糊的界限。首先应指出，"床"的概念在当时较宽泛，多指一种可坐可卧的家具类型。另外，一些下有足、上有托板的承载类用具也可称为床。

一般情况下，比床略小且狭长的则称为"榻"，这是一种自西汉开始流行的家具。榻的造型相对低矮，下有四足。榻的功能较多，可坐可卧，并常出现在办公、宴饮、会客等区域，在一些比例略大的榻上还可以陈设凭几及一些日用器皿。当时的榻都有着色彩鲜艳的彩绘装饰。有时在榻的上方铺设锦席，后方增加屏扆。

东汉后期，榻更是成为一种特殊的、具有象征意义的家具类型。汉末高士管宁，在归隐后常跪坐于一个木榻之上，五十年后，榻都被磨穿了。当时，管宁所坐之榻是一种由藜茎所做的，故也称为"藜床"。自此之后，由藜制成的床榻便成为高洁、定性的象征。后世的文人隐士在室内空间必然会陈设一榻，并发展为由竹、石等材料制成且具有复古特征的造型。

屏风在汉代有着更丰富的样式。帝王用屏风运用褐黄色的锦，绣制重叠优美的花卉，并镶嵌精致的玉石，同时描绘古代烈士的肖像，个个仪态肃敬、器宇轩昂。

2. 织物

在汉代除了幕帷之外，还出现了"步障"，即在两端设置立柱，并在柱头上方以绳索系有多幅帷幔，可根据需要增设织物以延伸长度，而且还可以在出行时陈设于户外。如《晋书·石崇传》所载："崇与贵戚王恺、羊琇之徒，

汉·青花籽玉卧牛席镇

汉·和田玉跽坐人

以奢靡相尚；恺作紫丝步障四十里，崇作锦步障五十里以敌之。"窗帘的运用已经较普遍，如《西京杂记》所载："昭阳殿织珠为帘，风致则鸣，如珩珮之声。"

　　秦汉时期，脚踏式织机已开始普及，织物的种类以丝织品、麻织品及毛织品为主。尤其在丝织品方面，品种多达数十种。在新疆、甘肃出土了大量汉锦，色彩以红、褐、黄、青、蓝色为代表，并有着种类丰富的纹饰：以云气灵兽纹为代表，更有兽面人身纹、辟邪纹等动物纹样，茱萸纹、柿蒂纹、树纹等植物纹样，以及杯纹、水波纹、方棋纹等几何纹样。同时，还出现了"延年益寿""长乐明光""子孙无极""新神灵广成寿万年""云昌万岁宜子孙"等文字作为装饰。当时的染料来源更加广泛，植物及矿物染料高达几十种，并开始将涂染、浸染、套染等工艺大量运用于织物的装饰上，出现了如暗红、深褐、淡黄等不同纯度及不同明度的色彩。

3. 灯饰

　　秦汉是中国灯饰发展的高峰期。在《西京杂记》里还记述了一种被称为"常满灯"的灯饰。"长安巧匠丁缓者，为常满灯。七龙五凤，杂以芙蓉、莲藕之奇。"从现存的汉代灯饰来看，无论是制作工艺还是品种样式均创造了极其辉煌的成就，实现常满灯这样的设计也不足为奇。汉代灯饰的材料以铜、铁、玉、陶为主。灯的造型及功能也非常完善，做工相当精致，现存的灯型有嵌神兽纹牛灯、卧羊灯、立鸟灯、彩绘雁鱼铜灯、多枝灯等。其中以长信宫

北魏·宁懋石室线刻画《庖厨图》

灯最具代表性，这款宫灯因为曾经陈设于汉窦太后的长信宫而得名，高48厘米、重15.85千克，通体采用华丽的鎏金。灯型为一跽坐的仕女，左手执灯，右臂高举与灯顶部相通，形成烟道，可吸收灯火的油烟，两片弧形的铜板拢成灯罩，可自由活动，用来调整光的照度和朝向。灯盘还有一个方

汉·蜀地织锦护臂

汉·"无极"锦

西汉·长信宫灯

西汉·"椒林名堂"铭青铜豆形灯

形鋬柄，为木材制作。灯身刻有九处铭文，共 65 个字，记载着灯的使用者、容量及质量。

4. 画品

秦汉时期的绘画门类丰富多彩，如帛画、壁画、漆器装饰画、木刻画等类型。在题材方面，分类明确，绘画技艺非常成熟。画师毛延寿的画拥有惟妙惟肖的艺术表现力，他擅长画人像，可将人的美丑、年龄描绘得异常逼真。陈敞、刘白、龚宽，擅长描绘牛马、飞鸟之形，但画人像还要数毛延寿最为生动逼真。阳望、樊育则善于着色。

西汉·《軑侯子墓帛画》1　　西汉·《軑侯子墓帛画》2

5. 花品

汉代宫廷对于花卉的热爱上升到了一定的高度，从西域移植了丰富的花卉品种，汉武帝的上林苑内便大量采用珍稀的花卉进行装饰，有"草木名两千余种"。汉代文物花树绿釉陶盆是早期中国盆栽及插花的例证，该作品运用陶盆象征大地湖泊，于器皿的边缘处以沟槽象征小路，中间是栖息着小鸟的花树，形成了一个鲜活生动的自然景观，以有限的空间及内容体现出博大的自然生命迹象，为后世东方插花的创作思想奠定了基础。

汉·绿釉陶盆

6. 其他

汉代青铜器相较于战国有所减少。常见的是一种样式朴素较少装饰的鎏金铜壶。以线刻的方式描绘出云气、神兽、仙人等纹饰。香炉的制作有了一定发展。其中博山炉是最具代表性的室内陈设器皿，被誉为"香炉鼻祖"。炉的上部是变化多端的山岳云气，隐约于峰峦间夹杂着树木和野兽，下半部分以人形及盘来承接。

西汉·博山炉

汉·漆器

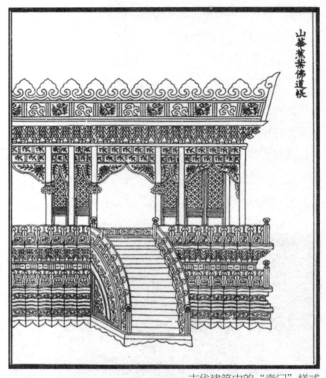

古代建筑中的"壸门"样式

汉代漆器工艺是继战国漆工艺之后的又一座高峰，以黑、红色为主要色彩，采用云气纹以及于云纹中飞动着以辟邪为主的神兽，另外一些器皿还装饰了如蟠螭纹、菱格纹等内容，极富动感。所髹饰的器皿以鼎、壶、樽、盂、杯、盘等饮食器皿为主，更有奁、盒等化妆用具。

另外，汉代已经出现炻器，常制成洗之类的器皿。河南、杭州、广州等地还挖掘出许多釉陶器，饰有绿色的釉料，胎壁较薄。

（三）魏晋南北朝时期的室内陈设

魏晋南北朝时期，在连年征战、动荡不安的情况下，儒家的尊位受到前所未有的冲击，礼制系统再次崩坏。人们心中普遍形成悲观消极的情绪。一方面，统治者更加奢靡无度，另一方面，自东汉时传入中国的佛教思想逐渐被人们关注，外来文明与中土文明形成碰撞与融合，以道家思想为基础的"玄学"逐渐兴起，对中国文化的发展起到促进作用。尤其是在文化艺术方面，如哲学、建筑、文学、音乐以及绘画都有明显发展，故史学家又称魏晋南北朝时期为"文的觉醒的时代"。

当时建筑设计的代表是东晋时期的建康城宫殿，为三国时期吴国、东晋及南朝许多国家的都城。由三重厚重的城墙形成宫墙，依旧为前朝后寝式的建筑格局，以面阔12间的太极殿为核心，后宫部分由帝寝及后寝组成。其装饰随着不同时期而经历多次改建，愈发奢侈华丽。南朝时，陈后主更是大兴土木，于光照殿前建临春、结绮、望仙三阁。以沉香及檀香等昂贵木材作为窗及栏杆等建筑部分的装饰，并在一些重要部分点缀华丽的金玉，可谓近古未有。

在室内装饰及陈设方面，魏晋南北朝时期的墙壁主要采用"白壁丹楹"及"朱柱素壁"的装饰手法。在宫廷较奢华的场所，更是出现了以柏木板装饰墙壁的手法，并在其他一些如楹、梁、柱等细节部分采用雕刻及镶金。据《邺中记》中描述了后赵武帝石虎骄奢极欲的生活，他的太武殿仿照秦之阿房宫的规制制造，窗棂绘制以山川云气的图样。"作席以锦，杂以五香，施以五采，綖编蒲皮，缘之以锦。"他的座席长三尺，并以都梁、郁金、丘隆、附子、安息五种香料制作席位装饰，搭配赤、青、黄、白、黑五方正色，以香蒲编织，边缘饰以华丽的织锦。

1. 家具

因佛教传入，一些带有佛教装饰及西域特色的家具类型也在魏晋时期开始增多，如便于折叠的"胡床"及无法折叠的"绳床"。其中，绳床的造型类似于以绳固定于框架上的"扶手椅"，但这类高坐具在当时主要为僧人使用，尚未得到普及。

一种始于东汉的佛教坐具"筌提"在敦煌壁画中大量出现。"筌提"，或称"筌提"，是指一种轻便而方便携带的坐墩，主要由藤草材料编制而成，并以织物覆盖。在东汉时由西域传入。

隐几的种类出现了一种呈弧线形并下设兽足的抱腰式几，通常腿部有三个兽足，相比于前期的几，这种带有弧线造型的几在使用时与身体更加贴合，倚靠起来更加舒适。

案在高度及宽度上均有所增加，有的足案还运用"壸门"造型。这里的"壸门"是一种运用于古代家具下方的中空造型，常见的形态是上端中间略有尖起的弧形，也有长方形、扁长形等，其造型源自佛教建筑装饰，这种造型的运用在一定程度上也影响到后期的家具样式，直至明代，"壸门"依旧作为一种较有代表性的造型在家具中大量运用。

魏晋南北朝时期榻的坐位开始增高，并在下方运用"壸门"，设有帷帐。当时的屏则多不设帷帐，而采用三面围屏，在屏上绘制以山川、云气、神兽及几何等纹饰。另外，魏晋时期出现了"架子床"的雏形，如顾恺之的《女史箴图》中便有明确的展现。床的位置开始增高，下方设有"壸门"，外围则设有围屏。搭配帐架立于床座，具有较好的私密性。

2. 织物

魏晋南北朝时期，室内隔断除了帷、步障之外，还出现了行障。行障，是一种由障座、立竿、障所构成的张设。常在贵族出行时，由侍从持握或负于肩上。在室内也可起到分隔空间的作用，并且装饰精巧，便于移动。

魏晋南北朝时期中国的丝绸制作技术已经传入西亚、中亚、欧洲等地。佛教的传入以及西亚的纺织技术与装饰也使织物装饰出现了明显变化。纹样除了有汉地特色的茱萸纹、博山纹、朱雀纹、鸟龙卷草纹之外，更有借鉴外来装饰特点的嘴衔忍冬对鸟纹、胡王牵驼纹、联珠纹、佛像、力士等纹样，色彩艳丽、形象写实。

3. 灯饰

魏晋时期，灯除了作为照明工具，也逐渐成为民间祭祀和喜庆活动的常见用品。此时的陶瓷制作技术有了明显的发展，除了以陶、铜、铁等材料制作的灯饰之外，还出现了以瓷制作的灯饰类型，并成为灯具制作的主要材料，同时，以拉坯成型为主要方式，采用模印等成型方法，使形态更加精巧简洁。汉代所流行的人形灯及多枝灯逐渐减少，动物造型

朵花团窠对鹿纹夹
缬绢

唐·壁画中的行障

北齐·徐显秀墓低温青瓷灯

灯大量出现，如羊形灯、狮形灯、熊形灯等，也有采用动物纹饰在灯的表面进行装饰。直至南北朝，青瓷更是在民间得到普及，形态更加简化，装饰较少。灯的功能类型也出现了很多变化，常见的如吊灯、台灯、提灯、罩灯等。

4. 画品

魏晋南北朝时期是中国绘画发展的高峰期。由曹不兴汲取西域绘画之所长，创立了佛画。在中国传统艺术中占有重要地位的山水画也逐渐兴起。当时涌现出许多绘画名家，如顾恺之、戴逵、张僧繇、杨子华、曹仲达等。此外，还出现了如《古画品录》《续画品》等画论名作。

其中，魏晋时期最具代表性的画家是顾恺之。他工诗赋，善书法，在当时极负盛名，被称为"才绝、画绝、痴绝"，他的绘画旨在传神，并提出"迁想妙得""以形写神"的绘画理念。"迁想妙得"是指需对生活进行深刻的观察、揣摩、体悟，把握所描绘对象更加内在的因素，并在精神上形成交融。"以形写神"则强调将表情动态等形象的描绘与人物的心理活动互为作用，形成更加生动传神的艺术效果，如在《洛神赋图》《女史箴图》《斫琴图》等作品中有所体现。其中，《洛神赋图》是他的代表作品，该画采用"高古游丝描"（《绘事雕虫》载："游丝描者，笔尖遒劲，宛如曹衣，最高古也。"）的线描手法。人物的布局疏密有致，形象生动传神。山石树木稚拙古朴，水流延绵幽远，体现了早期山水画的特点。

戴逵也是当时较有代表性的绘画名家，他不但在绘画

晋·顾恺之《女史箴图》局部

与书法上有极高的造诣，还对造像艺术有着独到的见解，并创立了脱胎漆器制作技法。其代表作品有《渔翁图》及南京瓦棺寺作的《五躯佛像》等。

杨子华是北齐世祖的御用画家，擅长描绘贵族人物车马、宫苑场景等内容。尤其是人像方面尤为独特，以盈满秀润见长，有《北齐校书图》《宫苑人物屏风》《邺中百戏狮猛图》等作品。

曹仲达是北齐时著名的少数民族画家，来自西域曹国（即撒马尔罕一带）。他擅长绘人物及佛教造像，并创立了"曹衣出水描"，在《图画见闻志》中提到"曹之笔，其体稠叠，而衣服紧窄"，形容衣服稠叠贴身，如刚从水中出。唐代的画家更是对这种画法极其推崇，称其为"曹家样"。

5. 花品

魏晋南北朝是中国传统插花的萌芽期，佛前供花已较普及，造园艺术不断发展，自然主义诗歌开始兴起，都对中国传统花艺产生了一定影响，花卉运用逐渐摆脱单纯的功能性质。人们开始以插花这种方式装饰空间，多以黄铜或青铜制作花器，花器的形态出现了盘或罍等不同的器形。如诗人庾信的《杏花诗》便记载了盘花的运用："好枝待宾客，金盘衬红琼。"所谓金盘，实际是指一种铜盘，而红琼则是古代对于杏花的别称。罍花的运用最早出现于《南史》："有献莲华供佛者，众僧以铜罍盛水，渍其茎，欲华不萎。"这里的"罍"是指一种口小而腹大的供花瓶器。

6. 其他

魏晋南北朝时期，青瓷器的制作技术有了明显提高。三国时出现了越窑瓷器，并在两晋时广泛运用，逐渐取代漆器。越窑以青瓷为主，器皿的种类包含食器、灯具、水具及文具等，以动物为题材的造型开始增多，如鸡头壶、蛙形水盂以及熊尊等样式，具有生动的装饰效果，另外也出现了房舍、植物等装饰。其中，北朝的青釉俯仰莲纹尊是魏晋南北朝时期最具代表性的青瓷器皿，造型烦琐，体量巨大，并带有明显的佛教装饰色彩。河南博物馆所藏北齐范萃墓白釉四系罐是历史上第一个白釉陶瓷，足见在当

三国·吴国青瓷卣形壶

时中国便已具备对釉料提纯的技术。于张盛幕所出土的隋代白瓷剪刀及白釉围棋盘，做工精巧，色泽纯净，证明白瓷烧制技术正在不断发展。

（四）隋唐五代时期的室内陈设

隋唐时期的建筑可分为大型的宫殿建筑、佛教建筑、大型的府邸、官署以及一些普通民宅。宫殿建筑中最具代表性的便是唐代的大明宫含元殿。

含元殿是大明宫的正殿，坐落于三层高台之上，面阔十一间，进深四间，四周副阶回廊。殿前方左右有翔鸾及栖凤二阁，其下倚靠台壁，有着盘旋而上的龙尾道。左右为钟鼓楼，并由飞廊相连，呈凹字形，整体建筑呈现出气势恢宏、开朗雄阔的震撼力，对后期宫阙建筑都有一定影响。在大殿的正南设有窗，北面开东西两门。殿的核心是面阔九间的堂，并设有屏风将北门遮挡，屏的背后形成一条廊道。东西两端隔有东序和西序，为帝王上朝前休息的场所。上朝时由北门进入，再从廊道进入序，序与堂有门相通。从含元殿的设计来看，唐代建筑在建筑规模、建造技术以及空间划分等方面已非常完善。

唐代官式建筑也较有特色。较大的府邸在主体建筑外围设有回廊，围合成院落，称为"廊院式"。前后可分为"外宅"及"内宅"。外宅则设堂，用于会见宾朋。内宅则是家眷所住之地。一些级别较高的建筑中还设有前堂及中堂。

隋唐时期生活优越的贵族阶层会将室内装饰得极为豪华。木结构运用纬锦，或采用彩绘、包镶等工艺，其中包镶以珍贵的沉香、檀香加以装饰，最奢侈的做法还会运用金箔，局部采用螺钿进行镶嵌。墙壁通常涂刷洁白的色彩，下方装饰紫色或红色的饰带。更极致的建筑墙面则采用"红粉香泥"。彩画的装饰部分则以 "七朱八白"为代表，

敦煌壁画中的唐代建筑

日本《源氏物语绘卷》中的室内张设

这是一种在阑额（阑额：用于承载或连接柱头的横向建筑构件）的立面处以朱、白两色所描绘的彩画，白色形成间断的条带，其余部分则采用朱色。在魏晋南北朝时期，阑额处于柱顶的左右两侧，并且采用两重，故而也称为"重楣"，在中间区域连接短柱，并绘以朱白彩画。唐代后期，因为斗栱结构趋于完善，阑额的部分便开始采用一层，而"七朱八白"的彩画依旧有所沿用，其目的便是在一重阑额上形成"重楣"的效果。晚唐时，除了阑额的朱白彩画之外，还在斗拱上方饰以红、绿等色彩，并加入莲纹、忍冬纹等丰富的纹样进行点缀。唐代室内地面铺打磨的文石或花砖墁地、彩色的石头。一些皇室建筑如大明宫中还运用"彤墀"及"玄墀"。

隋唐时期，陈设布局由一些室内张设与低矮型家具的摆放方式而决定。早期传袭下来的幕帷、幄、步障及行障等织物依旧起到装饰或分隔空间的作用。"帘"在隋唐时期的运用更加普遍，大量张设于门、窗等位置，常运用丝绸、帛、布等材料，较奢侈的还以珍珠、金银作为帘的配件。

另一种织物"茵褥"较常见，可铺设在地面或床榻上。冬季运用棉或毛织物，夏季则运用竹材。一些贵族阶层的空间还以精致美丽的织物作为茵褥或镶边。日本《源氏物语》的注释书《花鸟余情》中有这样一段记载："唐东京

锦茵，藤，圆纹白绫，方一尺八寸，周缘为白底锦。"明确指出当时日本流行一种称为"东京锦"或"东京锦茵"的唐朝舶来品，并在较正式的场合中用于日本天皇所用茵褥的镶边，或用在寝殿核心的昼御座位置，可见当时对唐朝织物的珍视程度。一些唐代及五代时期的绘画中也经常能看到地面铺设茵褥或席之类的张设。

"床"在隋唐五代时期的陈设地位愈发重要，而床的名称及使用功能依旧极为宽泛，有坐卧、承载器物等较丰富的功能。作为坐具的床属于较尊贵的坐具类型，尤其是具有会客功能的空间。此时，筵席作为空间主导的地位逐渐被床榻等家具类型所取代，并陈设于室内的核心位置，在床上摆放案几类的承载类家具，有时在床的两侧还设有偏凳。如五代卫贤的《高士图》以及南唐画家周文矩的《合乐图》中有充分体现。"卧床"则需悬挂帐幔，并搭配衣桁（衣桁则是隋唐五代时期衣架的别称，如《乐府·东门行》便记载："盎中无斗米储，还视桁上无悬衣。"），形成卧室主要的家具陈设。

"食床"是当时一种具有承载功能的家具类型。食床的样式不固定，功能类似于早期的食案，形状低矮方正，下设壸门。"茶床"，也称为"具列"，以木或竹为材，并以黄黑色漆髹饰，长三尺、宽二尺、高六寸，并且可以

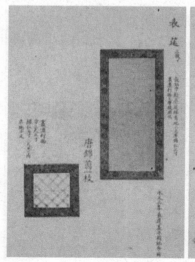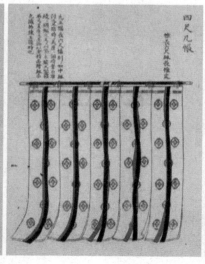

日本《丹鹤图谱》中的东京锦茵与部分陈设

起到收集茶器、陈设茶具的功能。然而，不是所有的茶床形制都一样，有的茶床的比例较宽大，可供多人围坐。在唐代绘画《宫乐图》中也有着充分的表现，此图源于晚唐，除了可看到巨型茶床之外，也可看到与茶床相搭配的偏凳、矮床或矮榻，以及琳琅满目的唐代茶具。

1. 家具

隋唐五代时期的作息方式是席地而坐与垂足而坐并行，如"绳床""胡床"等一些符合垂足而坐的家具逐渐发展成"椅子"，出现了有搭脑的靠背椅、曲搭脑靠背椅、圈椅等类型。材料也非常丰富，如竹材、木材或竹木混合的结构。此时，这些高坐具依旧没有得到普及。即便是五代时期，床榻仍然是最重要的家具样式，在室内仍处于核心地位，并在一些室内张设的衬托下成为室内陈设家具的

日本正仓院赤漆榉木椅

焦点。

当时，屏风以插屏、座屏为代表。其中，连屏的张数有所增加，甚至可达到数十面之多。除了作为室内隔断之外，屏风更有明显的装饰作用，常绘制人物、花鸟、山水楼阁、诗词等内容，一些较富裕的人家，室内所使用的屏面以玉石、玳瑁、水晶、彩漆等材料进行装饰，有的屏风运用金银平脱等装饰手法。

2. 织物

隋唐的织物水平相比于前期有了更加明显的提高。隋代的染织工艺非常发达，装饰依旧受外来文化影响，如采

日本唐式箱柜

唐·白色罗刺绣鸟食花卉残片

唐·团窠宝华纹锦

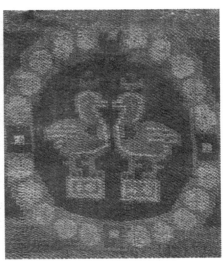

唐·对鸟联珠纹织锦

用联珠纹、对狮纹、对鹰纹、套环对鸟纹等，并夹杂一些如贵字、吉字等中国吉祥纹样。在唐代，染织技术更是发展到一个高峰，并借鉴波斯纬线起花及斜纹毛织工艺，创造出斜纹纬锦。在染织技术上出现了绞缬、蜡缬、夹缬。印花工艺方面，改良了自汉代流传下来的泥金银凸版印刷。刺绣工艺也有明显进步，针法相比于前期更丰富。图案的样式以鸾凤、鸳鸯、孔雀、盘龙、狮子、宝相、牡丹、菊、葡萄、卷草、团花为代表，龟背等几何纹样也较流行。在色彩上，有更丰富的配色方式，如染缬以白色的花卉图案与其他色彩并置，形成明快醒目的效果，而纬锦则富丽堂皇，色彩可达十种以上。

3. 灯饰

隋唐时期，陶瓷灯更加完善。唐朝时，还将唐三彩、邢窑白瓷、越窑青瓷运用于灯饰设计，灯的燃料种类也开始增多。相比于前期的灯饰，唐代的灯更注重简洁的造型与实用功能。很多灯的台座比例较大，呈盘状，这样既可以使烛台稳固，又可以承接滴落的燃料。另外，还出现了一种有着中空的夹层的灯盏，被称为"省油灯"，可通过在夹层中注水以降低灯的热度，这样便很好地减少了油的挥发，节省了油料。

4. 画品

自唐代，书画的幅子格式开始增多，画品最终脱离屏

唐·绘画《宫乐图》

风，立轴作为一种独立的格式得以确立。绘画风格方面，唐朝中后期逐渐摆脱魏晋时期细润的风格特点，形成独立的画风，并出现了山水、人物、花鸟三种主要题材。人物绘画方面，有吴道玄《天王送子图》、周昉《簪花仕女图》、张萱《捣练图》等作品。尤其是"画圣"吴道玄，擅长画佛道人物、神鬼等题材，更被尊为民间画工的祖师，同时对山水画的确立起到关键作用。他所创作的人物衣褶，人称"兰叶描"，具有飘逸灵动、战掣奇纵的效果，被誉为"吴带当风"。《天王送子图》描绘了释迦牟尼佛的父亲净饭天和摩耶夫人怀抱悉达太子去朝拜大自在天神庙的场景，人物形象饱满，刻画细致入微，一改早期"高古游丝

河南芝田唐墓出土的莲花灯

唐·吴道玄《天王送子图》局部

五代·荆浩《匡庐图》

五代·周文矩《合乐图》

描"的创作效果，以"兰叶描"形成粗细、起伏的变化。山水题材在隋唐时期得到了进一步的确立，成为了独立的绘画题材。如展子虔《游春图》、李思训《仙山楼阁图》、王维《雪溪图》。至五代时期以山水画为代表，出现了如荆浩《匡庐图》、关全《山溪待渡图》等作品，以高古雄浑为主要风格，开辟了中国山水画崭新的一页。荆浩是北方山水画派的鼻祖，人称其作品"有笔有墨，水晕墨章"。他的作品的笔法"虽依法则，运转变通，不质不形，如飞如动"。他的墨法则"高低晕淡，品物浅深，文彩自然，似非因笔"。他擅画"云中山顶"，作品高深悠远，气势撼人。关全早年师法荆浩，常以秋山寒林、村居野渡等为题材。以简练、劲健的笔法，表现凝寒坚毅的山石、峭拔耸立的峰峦，且杂树参差，有枝无干，被誉为"关家山水"。

5. 花品

隋唐插花是中国传统插花的第一个繁盛时期，据载隋炀帝酷爱花卉，并在御花园广泛种植花卉名品用于装饰，而且花卉凋落时，还命工匠以大量绢花用于点缀。另外，还设立"司花女"的职位，出行时，令宫女手捧鲜花辅其左右。民间赏花更得以普及，"春日寻芳"成为生活必不可少的娱乐活动，并将每年的二月十五日定为"花朝"，视赏花为天下九福之一，这也促进了佩花及插花活动的高度繁荣，如杜牧《杏园》诗："莫怪杏园憔悴去，满城多少插花人。"

唐代春盘是较有代表性的插花器皿，运用梅、李、小树等花材营造自然景观。罗虬的《花九锡》（"九锡"指

古代帝王对重臣的九种最高礼遇）更将插花行为推崇至更高的层次。《花九锡》的大意是：需以白瓷所制的瓶或缸来供养牡丹；下设的承载家具需运用精雕细琢的漆器，或运用有螺钿镶嵌的案台；以金纹装饰的花剪要锐利；以重顶帐帷置于花的顶部避免花品受到风雨摧折，在花的周围还要饰以名家画做衬托。

至五代十国，南唐后主每逢春季都会开办盛大的花展，现存历史资料中最有代表性的赏花活动名为"锦洞天"。出现了筒花、挂花等极具特色的插花形式，并在花材选择上更加自由丰富，也可采用野花进行插贮。花器设计方面，郭江洲所发明的"占景盘"成为了中国插花史上较有突破性的作品。在盘内铸满数十个铜管，这样便可使所插的花品竖立其中。一方面丰富了插花的形态与数量，另一方面因不必捆扎花束，使花材分开，延长了花材寿命。

6. 其他

从现存的唐代生活陈设品中，所涉及的包含金银、陶瓷、漆器、织绣、玻璃等材料。除了宗教的影响，当时的题材不乏具有现实意义的内容，充分反映出唐人生活的整体风貌。早期的隋唐陈设器以金银器为代表。尤其是唐代少府监中尚署金银作坊院"官作"制器较有代表性。中、晚唐时又设立文思院，专攻金银犀玉之器，将金银器的制作工艺发展到了前所未有的高度。早期的唐代金银器主要以食器、饮具为主。唐中后期，出现了药具、陈设器、宗教用具等。装饰风格受波斯萨珊、印度等的影响，器壁多饰以莲瓣造型。类似于盒或碗等器皿运用云头状、菱弧状

或仿生形态。有的器皿造型还出现了瑞兽珍禽、折枝花卉、山岳云气等题材。

始于商代的金银平脱工艺在唐代达到鼎盛，其制作方法是将金、银等贵重金属加工成薄片，根据器皿造型裁成不同的纹样，以漆粘贴在器皿表面，再以若干道漆进行髹涂，而后对器皿进行精细的研磨，直至将金银磨显。据唐代段成式所撰《酉阳杂俎》记载，唐明皇赏赐安禄山大量的珍宝，其中金银平脱器占据一定比重，如"金银平脱犀头匙箸""金银平脱隔馄饨盘""银平托破瓠""银平托掏魁织锦筐""银平托食台盘"。后杨贵妃又赐其"金平托装具玉合""金平托铁面碗"，足见金银平脱器的珍贵。

瓷器制作方面，唐代邢窑及越窑最为知名，并有"邢瓷类银，越瓷类玉"的美誉，常制成精美的餐具、茶具及陈设摆件。至晚唐五代种类更是多样，出现了碗、盘、杯、盏托、瓶、四系壶、四耳罐、鸡头壶等器形。唐三彩陶器是唐代较有代表性的陶艺制作精品，以黄、白、绿为基础色彩，并结合雕塑、堆贴、刻画等手法，创造出更加生动鲜活的艺术形象。

另外，珐琅的传入丰富了中国工艺美术的种类。所谓"珐琅"是指一种由玻璃粉、硼砂、石英等材料，并加以铅、锡的氧化物所烧制的釉状物。其工艺称谓源于中国古西域地名"拂菻"，源自东罗马帝国以及西亚地中海沿岸，又称为"佛郎嵌""佛朗机""鬼国嵌""法蓝""富浪"。唐代的珐琅已相对成熟，并结合捶揲、錾刻、掐丝等工艺，营造了异彩纷呈的艺术效果。

（五）宋元时期的室内陈设

宋代建筑无论是大型的宫殿、官邸、佛寺，还是普通民居，从设计到工艺方面都更加成熟，园林设计水平在宋代也有明显提高。此时的布局形式出现了丰富的变化，如一字形、ㄅ字形、工字形、L形、丁字形等不同的样式。最有代表性的是工字形住宅，样式相对中正，有前堂、后室，面阔三间，以主廊贯穿，在堂的部分有时还出现挟屋或将堂、厢房与正门以围栏串联，形成类似于四合院式的布局，另外，还有一种在主廊左右建设厢房的类型。一些相对奢华的建筑中，还有两到三层的楼阁。

室内装饰方面，宫殿建筑最具代表性，如平棋天花板的装饰便很有特色。所谓"平棋"即"平棊"，是指一种形若棋盘的方格形装饰顶，并饰以丰富的"络华文"。如宋代建筑专著《营造法式》中便记述了"造殿内平棊之制，於背版之上，四边用桯，桯内用贴，贴内留转道，缠难子。分布隔截，或长或方，其中贴络华文"。一些宫廷建筑中还出现了更完善的彩画，宋代彩画的样式极其丰富，有色

南宋·龙泉窑青釉占景盘

唐·银鎏金立龙

唐·越窑青瓷执壶

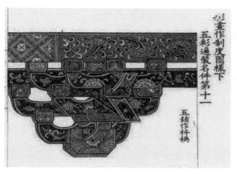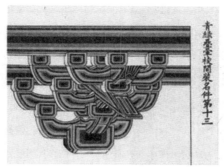

《营造法式》中的宋代彩画

彩丰富并搭配红色系、蓝绿色系构成的"五彩遍装彩画"，搭配云纹、飞禽走兽及神仙，在柱身还装饰着丰富的团窠纹及缠枝花卉。同时，也有以青绿色为主调的"碾玉装彩画"及红、白色为主的"丹粉刷饰彩画"，不加过多修饰，简洁明快。

室内隔断出现了"截间版帐"等类型，其指的是一种设置于柱子之间的木板隔断墙，"高六尺至一丈，广随间之广。内外施牙头牙头护缝。如高七尺以上者，用额、栿、槫柱，当中用腰串造"。在门的类型中，"格子门"便很有代表性，广泛运用于厅堂的设计，常运用四扇、六扇，整体由三个部分构成，在最上方设置"格眼"，约占门的2/3的比例，中间设计有横向的"腰串"，最下方安障水板，约占1/3的比例。宋代的格子门有着丰富的细节，尤其是格眼的设计，有"四斜述文上出条桱重格眼""通混出双线方格眼"及"挑白毬文格眼"等形态。窗的造型则有具有弧线变化的"睒电窗"及窗棂截面（呈三角形"破子棂窗"）等样式。

在宋代，对室内陈设产生重要影响的是当时的士大夫阶层。作为社会文化的主流，宋代的士人将他们对哲学、艺术的观念渗透于生活的方方面面。他们对室内陈设的生活方式、格调定位、陈设内容的选择上至皇室贵族、下至平民百姓都争相效仿。"宋式陈设"也在士大夫们的影响下真正形成了独立的艺术风格，并对后世的室内陈设设计产生了深远的影响。

当时的家具以简洁、轻便著称，易于搬运，陈设的布局的功能也更加完善。常运用非对称布局方式，多数空间可随着空间大小及主人的喜好而灵活改变。一些会客空间的陈设则相对规范，常以围屏或座屏设于空间的核心位置，屏风绘制山水花鸟的题材的绘画。屏风前方设主人位，在主位的对面或两侧设置客位。主位常运用榻、双人椅等较大型的家具。在士大夫阶层的住宅当中，榻运用得最为普遍。榻的前方有时会陈设长方形的桌子，桌子的体量较厚重，上方的陈设根据聚会目的而定，常见的有瓶花、茶具、香炉等物品。在桌的两侧或对面摆放椅子，便于主客之间交谈、焚香及玩赏名画等。在其他地方还摆放花几、炉架、鼓墩、方墩等。

另一种情况是在屏风前设置一个长榻，还可在榻的上方陈隐几或一些日用器具，而此时隐几的使用更加随意，多陈设于身后或身侧凭倚。这些在宋人所绘《人物图》《梧阴清暇图》中有明确的体现。还有一种陈设情况是，索性将其他家具一并省略，仅陈设一个座屏风及比例宽大的矮榻，三四个好友可围坐在榻上品茗下棋。如宋人《高僧观棋图》中便展示了这种陈设样式。

另外，因高坐具的流行，"一桌二椅式"的布局方式在此时得到了确立。如李公麟的《孝经图》便对"一桌二椅式"的陈设有着充分的体现，这里所说的"一桌二椅"通常是两把座椅分别陈设于左右，中间陈设一个高桌或茶几。有时为了体现"尊位"，桌椅还陈设在一个有着壸门的大榻上，椅子前方还会放置脚踏。

以"茶床""食床"为核心的陈设方式依旧在士大夫

宋·《人物图》

宋·《梧阴清暇图》中的家具

们的倡导下沿用，此时茶床的功能更加明确，常与坐墩、凳子及低矮型的座椅搭配使用。宋徽宗赵佶的《文会图》，充分表现了当时较大型的茶会盛况，同时详尽展示了宋代茶席的内容。除了琳琅满目的茶点、果品，还有做工精致的宋代茶盏。此时的茶盏多呈斗笠形，以青瓷、白瓷等宋代流行的瓷器为主，被精心地放置在盏托之上。有的茶床样式小巧低矮，并设有四足，以横撑连接腿部，其造型可以说就是一个形制完善的小型方桌。随着这类家具不断完善，桌子的样式及名称最终在宋代得以确立，《五灯会元·临济宗·侍郎无垢居士张九成》："尚举马祖升堂，百丈卷席话诘之，叙语未终，公推倒卓子。"这里的"卓子"指的便是后期所指的"桌"。

在一些大型宴会中，黄伯思发明了一套可以自由组合的桌子，并在他所著的《燕几图》中详细介绍了其组合方式，成为当时较有突破性的组合类家具。《燕几图》中的桌共计七张，并有精确严谨的形制与尺度，分长、中、小三类，利用长度不等，而有着相同的高度及宽度的桌子布局出76种陈设样式，再搭配如烛台、香炉、餐具等物品。可谓"纵横离合变态无穷，率视夫宾朋多寡，杯盘丰约，以为广狭之则"。一些家庭式的小型聚餐中，桌子与椅子呈围合式摆放，甚至在只有两人时还可采用一桌二椅的对坐式陈设。书房空间得到了更多重视，通常会以屏风为核心，陈设一些大型的书案，搭配圈椅、折背样椅或交椅摆放，书案上方除了文房用具之外，还加入了一些瓶花、香具等用品。

在宋代，卧室的私密性质开始更加明显，逐渐成为相对独立的空间。床的功能有了一定的改变，但依旧是坐卧类家具的统称，更多情况下，床主要具有坐卧的功能，并开始在床的前方设置脚踏。在辽金等国，床的外围开始增设屏或栏杆。

小型窄榻则常被士大夫阶层用于小憩，在头部的位置还会陈设一种比例较小的座屏，称为"枕屏"。加上体量较小，便于搬运，陈设也更加灵活。

元朝作为一个少数民族王朝，其独特的政治体系与社会环境对当时的中国文化产生了巨大影响。在这个汉文化、西亚文化及蒙古文化并行的时代，室内装饰及室内陈设也出现了与以往不同的审美意象。

佛教及道教在元代得到了很大的发展，一些举行礼拜仪式的场所需要有更加开敞的空间格局，这促使"减柱法"在元代得到了普及。"减柱法"始于宋辽时期，是指以减少一部分建筑的内柱来增加室内空间面积的建筑方式。当时的很多宗教建筑的大殿便运用这种方法，有效利用室内空间的各个区域，在空间功能划分上也更加灵活。

建筑装饰上，元代基本上继承了宋代传统，同时也将中亚的建筑装饰手法融入自己的设计，这一点尤其体现在了宫殿建筑方面上。琉璃工艺的进步促使着琉璃瓦的色彩越发丰富多样。以往运用于建筑的基座部分的砖雕逐渐运用于建筑的其他位置，并成为元代建筑装饰较有代表性的装饰手法。另外，宋代所流传下来的青绿叠晕彩画运用于斗拱，而受到阿拉伯文化的影响，一些更加图案化的旋花彩画开始出现。至明代，这种旋花图形最终演变成著名的"旋子彩画"。

元代室内装饰更注重直观的视觉效果，色彩对比更加强烈，造型更加具象烦琐。地面常铺设带有美丽花纹的石材或地毯，还以不同色彩的石材间隔装饰。柱子的形态相比于宋代更纤细，加上柱与柱之间的间距较大，在柱身采用雕刻手法相较于前代开始减少，常以单一的朱红色为主。砖墙的运用在元代更加普及，墙面常以壁画或壁毯进行装饰。尤其在宫廷当中，以珍贵的毛皮作为室内张设是元代较有特色的装饰手法。如元代陶宗仪所著《南村辍耕录》中便对元代大明殿的张设有着详细的描述："至冬月，大殿则黄猫皮壁幛，黑貂褥。香阁则银鼠皮壁幛，黑貂暖帐。"此处"壁幛"是以珍贵的皮革缝制而成的壁面张设，并借此显示宫廷装饰的奢华与威严。而"暖帐"则以框架支撑，作为殿内所划分出的较尊贵空间，供地位尊贵的人使用。家具的陈设极尽奢华，如大明殿"中设七宝云龙御榻，白

盖金缕褥，并设后位，诸王百僚怯薛官侍宴坐庄，重列左右"。帝王的坐具为御榻，处于空间的尊位。下方分设大臣席位，或为装饰华丽的交椅一类的坐具。另有"木质银裹漆瓮""雕象酒卓""玉瓮""玉编磬""玉笙""玉箜篌"等陈设内容。后寝依旧沿用这等奢华的装饰，如延春阁寝殿"寝殿楠木御榻，东夹紫檀御榻，壁皆张素，画飞龙舞凤，西夹事佛像。香阁楠木寝床，金缕褥，黑貂壁幛。"寝殿御榻以楠木制作，东夹的御榻则以紫檀为材，墙壁还悬以"飞龙舞凤"的画品。于西夹内供奉佛像。延春阁后香阁依旧陈设楠木寝床，床褥以金线装饰，并设黑色貂毛的壁帐。

一些普通的住宅中，桌椅类家具的陈设手法也更加灵活。可根据场合改变桌椅的数量、位置以及角度。宋代背设屏风及"一桌二椅"的组合方式依旧作为厅堂布局的常见类型。卧室空间有了更完善的私密性，屏风及大型的卧床依旧作为空间核心的陈设内容，另配有灯架及衣架等家具类型。

1. 家具

宋代，垂足而坐的作息方式已经普及，一些比例高大的案、桌及床、榻开始大量陈设。椅子的设计已趋于完善，一些如曲搭脑靠背椅的样式已经具有后期座椅类家具的雏形。家具造型端正、简约，较少雕饰，呈现出简洁实用的特点。成熟的宋式椅多呈现出方正、齐整的形态，在整体结构上以直线为主，如家具多运用椅子背顶直搭脑造型，腿部均靠横枨连接，雕刻装饰运用较少。最具代表性的是一种称为"折背样"的直搭脑扶手椅，该样式最主要的特点是靠背部与扶手呈同等高度，形态酷似明式家具中的玫瑰椅及禅椅。唐末李匡乂所著的《资暇集》对折背样有这样的记载："近者绳床，皆短其倚衡，曰'折背样'。言高不过背之半，倚必将仰，脊不遑纵。亦由中贵人创意也。盖防至尊赐坐，虽居私第，不敢傲逸其体，常习恭敬之仪。"折背是指椅子的靠背较低，"高不过背之半"，与明代的玫瑰椅在靠背形态上有类似之处。

明人《十八学士》图中的折背样椅

在一些宋代绘画中，折背样椅基本上以简洁的线条为主，扶手与靠背的高度一致，想必这便是"折背"二字的由来。"不敢傲逸其体，常习恭敬之仪"，则是指这种设计所强调的并不仅仅是身体上的舒适，更迫使家具的使用者在日常生活中随时能够表现出较中正的身姿与规范的仪态。在《十八学士图》中，这种折背样曾多次出现，有的椅子还由斑竹制成，更加古朴自然。

另外，圈椅的样式在宋代发展得也较成熟，宋人称之为"栲栳样"。此时的圈椅样式已颇具明式圈椅的雏形，但样式上也有其独特之处，如靠背部分采用竖直的木条以做支撑，形成秩序的栅栏状。另有一种采用四个椅腿及靠背承接椅圈，其样式与后期明式家具已经极为相似，只是造型上更加简约。

在宋代，桌子已作为重要的承载类家具被广泛采用，以洗练的细腿造型为代表。整体造型无过多雕饰，通常在腿部之间设有横枨。有的桌子也在桌面及腿部衔接处安设精致的角牙，起到固定的作用。还有一种桌子名为"鹤膝棹"，流行于南宋，其最为突出的特点是在桌腿之上有一至三处的凸起，状如鹤膝，故而得名。在宋徽宗的《听琴图》中便出现了类似的款式。

宋代的床多设有三面围栏，围栏处设以角柱及间柱，以格子及薄板连接。柱头局部以雕花装饰。床板下方运用板状或柱状四足，配以云纹或卷草雕饰，以横枨相连。有的床板下运用箱型，以壶门进行装饰。榻在宋代具有坐与卧的双重功能，种类较多，无论从比例或形制或功能上都比床更加丰富。有的榻沿袭唐代箱型结构，配以壶门形成古朴的效果。有的榻设以较高的屏风，屏上多绘制有山水画，颇具文人意境，装饰较丰富。在榻的类型中，还有以框架结构为主的榻，搭配束腰或无束腰的造型，下部运用壶门及托泥，显得方正而简约。更有直接将榻的下部简化为四足的板榻，中间以横枨连接，这种榻通常不设围屏，样式更加简洁。在宋代，箱柜具的类型较多，并有一定的功能及形制上的区分。如江苏武进村南宋墓出土的一批宋代箱盒充分体现了当时箱柜家具的制作工艺，多采用盝式顶和矩形及莲花等造型。涂饰以黑色及朱红色漆，并结合戗金工艺，做工极其精巧，也体现出宋代卓越的髹漆工艺。这些箱盒的功能也非常完善，其中一个梳妆箱还在内部设有小的抽屉。

镜架及镜箱开始出现，以木材为主，有的形似一个小型交杌，造型简洁，装饰较少，而一些由金属制成的便相对华丽，有着精致的雕饰，并运用如灵芝花卉等造型。这种镜架可陈设于案或大型的长方桌上，还可以在旁边摆放一些如插花、古玩之类的器皿。

与宋代家具含蓄简约的风格不同，元代家具则呈现出豪放刚劲的特点，曲线造型在家具中大量运用，并出现了相对烦琐的雕刻细节。一些动物造型的腿脚的装饰逐渐增多。结构上增加了如罗锅枨、霸王枨等中式家具中较重要的部件。

宋·赵佶《听琴图》中的宋代家具

元代的榻已经具有明清罗汉床的某些特点，在元代刻本《事林广记》的插图中，便有一种三面围栏的榻。脚部以牙头装饰，在床的前面还配有脚踏。另一种较有代表性的类型是在四周围合较高的栏杆，在牙板及腿脚多饰以云头。另外，榻的腿部多为"插肩榫"，有形状酷似宝剑的"剑腿"与曲线造型的"马蹄足"。元代椅子以交椅为代表，其样式已趋于成熟，有弧形搭脑及扶手，前方还设有"踏床"。桌子设计上，便于储纳的抽屉与桌子组合成抽屉桌。方桌的运用更加普及，在腿脚的细节上装饰云头样式。而在元代较流行的炕桌已开始运用"有束腰鼓腿彭牙式"及"内翻马蹄足"。用于陈设花器及香炉的高几在元代已出现，并有束腰及细长的腿部。

2. 织物

宋代织物的规模、种类及装饰呈现出前所未有的鼎盛。丝织品方面出现了在缎纹地织就花纹以及"锦上添花"的新织法，并在织锦中加入金线。另外，缂丝是当时最具代表性的织物种类。刺绣也呈现出更加丰富的种类，如滚针、反戗、平金等工艺技法。此外，还出现了一些模绣书法绘

北宋·毬路纹锦夹袍局部　宋·沈子蕃《缂丝花鸟图》

宋·《缂丝花间行龙图》

元代或明代·牡丹蝴蝶纹绣片

元·对鸟纹彩锦

画的织品。在印染方面出现了印金技法。当时，织物的构成形式有了很大发展，以团花、八答晕、缠枝花卉等装饰为代表。

到了元代，毛毡的运用较普遍。以单色为主，以青、

白两种色彩最为多见，常见种类有绒披毡、绒裁毡、剪绒花毡、阘驼花毡等。元代棉布制作技术与丝织品水平也有明显提高，最具代表性的如松江棉布以及一种称为"纳石失"的织金锦。纹样如五爪龙形图案、佛像等，但仅限于皇室所用。除此之外，受西亚文化的影响，图案的类型也采用翼狮、天马、鹦鹉等内容。

3. 灯饰

宋代灯饰更注重将冥器与实用灯具区分。陶瓷制作技术的进步也使陶瓷灯具数量剧增。如青釉、白釉、黑釉、酱釉、绿釉等不同釉料的瓷灯大量出现。灯的造型更加强调实用性与装饰性相结合。主要类型有白覆轮豆形灯、刻莲花珍珠地瓷灯、三节式瓷灯等。这些灯在细节的处理上，很多结合贴塑、印花、刻花、绘花、镂空等工艺，装饰精致的花草纹。相比于宋代的灯具，辽代的灯具更加注重丰富的形态变化，如辽代的摩羯灯便是其中的代表。其造型源自印度神话中的摩羯鱼，刻画极其精致，并将鱼身的不同部位与实用功能相结合，如鱼尾翘起，

宋·钧窑月白釉瓷灯

元·男佣荷叶瓷灯

元·钧瓷执壶灯

形成生动鲜活的效果，同时作为灯的把手。鱼腹的位置隔成两部分，前半部分放油，后半部放水，以减少燃料的蒸发。

4. 画品

宋朝历代帝王都对绘画有着浓厚的兴趣，并将绘画作为重要的陈设装饰宫廷。宋代还在五代画院的基础上设立了翰林图画院。"画学"也作为一种学术受到帝王重视。另外，宋代绘画的繁荣也与当时绘画商品化有一定关联。当时，绘画除了是一种艺术品之外，更成为手工业的组成部分，这使绘画契合大众需求，收藏绘画成为当时较流行的活动。挂画也成为室内空间陈设的重要组成部分。"焚香""品茗""插花""挂画"成为当时士大夫阶层的"生活四艺"。汴梁、临安等地的大型商业店铺，也通过画品美化装点空间。市民阶层，凡遇有重要节日及宴会，都可于商家处购买或者租来屏风或画品作为装饰空间的陈设。大批职业画家将自己的作品在市场上出售，也促使专门出售绘画的店铺逐渐增多。

在绘画风格方面，董源的画风对宋代绘画产生了深远的影响，他的作品笔力雄劲，以江南的实景山水入画，并开创了披麻皴和胡椒点的粗放笔法，开创了中国山水画的新境，代表作品有《龙宿郊民图》等作品。画僧巨然师法董源，他的作品山顶多作矾头，常运用破笔焦墨点苔，于水边点缀风蒲，于林麓之间散布松石，风格苍郁秀润、野逸自然。李成擅长表现烟霭霏雾、风雨明晦的自然变化，《图画见闻志》赞其作品"夫气象萧疏，烟林清旷，墨法稍微者，营丘之制也"，他的代表作有《寒林平野图》《群峰霁雪图》《晴峦萧寺图》等。范宽的作品有浑厚庄严、气势雄伟、雄奇险峻的艺术感染力，笔力刚劲，多用雨点皴，画楼阁屋宇则先用界尺画铁线，然后以浓重的墨色笼染，人称"铁屋"，他创作的《溪山行旅图》最能表现出其独特的艺术风格。另有人物画家李公麟，堪称一代白描大师，他的作品线条严谨，刻画精致，不乏灵动自然之美，通过线条粗细及浓淡变化，形成丰富的视觉效果。花鸟画名家崔白对客观形象有着深刻的体悟，善于描绘四季变化及禽鸟情态，他的《双喜图》将其风格特点淋漓尽致地表现出来。郭熙在李成山水画的基础上有更明显的发展，善于挖掘林泉山水的自然意趣。宋徽宗赵佶善画花鸟，强调写生，对自然事物有着极其敏锐的观察力，作品细节精致逼真，代表作品如《池塘秋晚图》《柳鸦图》等。

南宋山水名家以李唐为代表，其画风以苍劲、浑厚见

五代·董源《龙宿郊民图》　　宋·巨然《雪图》　　宋·李成《群峰霁雪图》　　元·倪瓒《渔庄秋霁图》

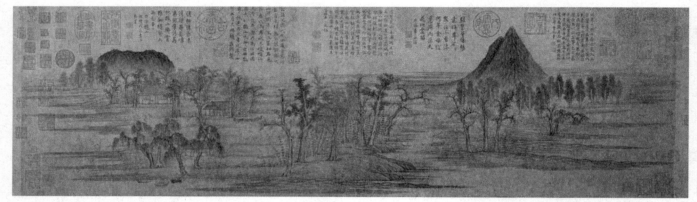

元·赵孟頫《鹊华秋色图》

长，如作品《万壑松风图》。另外，一些画家还提出"边角之景"的创作风格，将历来的全景风光简化为"近观其质"的"边角一景"，代表画家及作品有刘松年《松湖归骑图》、马远《松下高士图》及夏圭《坐看云起图》等。

到了元代，元世祖忽必烈为了进一步稳固统治，推行儒家的治国之道，对汉臣也倍加礼遇。这也使汉地的文化艺术得以保留，并在当时一批艺术家的帮助下创立了元代的艺术体系。因元朝宫廷未设画院，从而使文人画逐渐成为了主流，当时的画家多为在朝廷任职的士大夫及一些隐逸的文人。他们借诗歌、书画、插花等活动来表述心境，反而使当时艺术作品更加诚挚自然，符合创作者的个人心性。其中，赵孟頫是早期元代绘画最具代表性的大家，他的作品《鹊华秋色图》充分展现了其在绘画创作方面的造诣。该画为青绿设色山水，描绘出济南华不注山以及鹊山的秋日风景。画面中，两座主峰遥遥相对，并将红树、荻芦、渔舟及屋舍等内容融会其中。其手法不同于以往，过去精密的皴勾之法被自然率性的双勾、点墨及柔韧的线条所代替，并结合水墨晕染的方式，呈现出更加简淡秀逸的新画风。元代中后期的绘画更加成熟，代表画家黄公望、倪瓒、王蒙、吴震被誉为"元四家"。其中，最具代表性的要数倪瓒。他的作品多表现出一种荒寒空寂、萧疏超逸的境界。如《渔庄秋霁图》描绘的是太湖秋日傍晚时的山水景致。湖水平远浩渺，远处描绘了低矮崎岖的远山。近处有五株

山松错落不均地坐落于山石之上。笔墨清疏，手法自然，毫无雕琢之感。画作无意于强烈的空间进深，而以简淡的笔墨、随意的勾描表现平淡天真的自然意趣，大量的留白营造出空灵幽远的气韵。

5. 花品

宋代是中国插花的鼎盛期，在宫廷，每逢佳节便会拿出琳琅满目的花器插花庆祝，常见的如官窑瓷器、水晶、黄金等珍贵的器皿，并令四司六局专门负责插花及花事活动。士大夫阶层兴起"壶碟会"，除了欣赏名花之外，将鉴赏花器作为必要内容。民间更是家家户户以插花、陈设花品为乐，一年之中的重大节日均有应景花卉。花展也开始频繁增加，据记载，一次"万花会"所耗花材竟达十余万枝。这种盛况及普及程度已远远超过唐代。宋代的插花分为以宫廷为代表的"院体花"及"文人花"。院体花的花材用量较多，花器以金、银、琉璃及官窑瓷器为主，效果庄重饱满、绚丽多姿，在构图方面强调植物的掩映与不对称的美感，一般呈不等边三角形。花材有梅、兰、牡丹、芍药、菊花、杏花等。文人花多以瓶花为代表，花材与花器的比例约为花器口径及花器高度的1.6倍，花材数量为奇数，所体现出的作品更是表现出简淡、清疏的特点，强调线条的变化，更借花表现插花者的性情，或阐述更深层次的哲学内涵。花材则以高雅的松、竹、梅、水仙等为主。当时的插花器皿也更加丰富，材质以青瓷为代表，常见的

宋代画家李嵩所绘《花篮图》中的宋代插花

6. 其他

宋代陶瓷成为中国陶瓷艺术的最高峰，各地均有极具代表性的窑址，分别为汝窑、定窑、耀州窑、建窑、钧窑、磁州窑、龙泉窑以及景德镇窑。其中，汝窑瓷器最具代表性，呈现出润泽、含蓄的质地。钧窑以天蓝、月白釉为主，并以海棠红、玫瑰紫最为珍贵。建窑以建盏名扬天下，其制作的兔毫、鹧鸪斑、曜变天目等效果被茶人尊为上品。器皿造型也更丰富，如梅瓶、纸槌、玉壶春等被誉为古代瓷器造型的经典。

形制如瓶、壶、尊、盘、盂、洗、篮等，一些瓶花还配有箱型结构的瓶架，下设四个边足，并具有雕刻着云纹的牙头、牙条等部件，造型精巧别致。到了元代，虽然宫廷在喜庆之日依旧沿用插花作为陈设，但基本上承袭的是宋代插花的模式，宫廷插花并未得到明显发展。然而，元代的文人插花却形成一种更加自由写意的风格，隐逸的文人将插花视为一种可以表现个人心境及理想的媒介，在花材的种类、数量及构图上没有固定的模式，常采用即兴的创作手法，强调个人情感的直接表现，并常借所插花材表达对世界的看法以及对美好生活的向往。

宋代金银器在唐代基础上排除了以萨珊王朝为代表的艺术特点，并设置少府鉴、文思院等专门制造金银器的机构。器皿以酒器、茶具及陈设器皿为主，装饰效果精致凝练，装饰以龙纹、孔雀纹、缠枝花纹等。器皿造型的丰富还涉及铫、香炉、帘钩等内容。

青花瓷器在元代高度繁荣。以钴为原料的青花纹饰覆盖一层莹澈的透明釉料，经高温烧制完成。另外，元代的漆器工艺达到了前所未有的高度。元初，元朝统治者便于浙江嘉兴设有嘉兴漆作局。如雕漆、犀皮、戗金、螺钿等工艺都有了较明显的发展。其中剔红名匠张成、杨茂的漆器工艺最具代表性。图案表现上更加完善，刀法洗练，浮雕造型更富有层次变化。题材以山水、花鸟、亭台楼阁、

宋·汝窑水仙盆

宋·磁州窑白地黑花花口瓶

金·花器

宋·龙泉窑香炉

元·景德镇龙纹珐琅盖罐

宋·兔毫建盏

民间故事等图案为主。另外,江西吉安庐陵县的螺钿漆艺也有明显发展,如工匠萧震、刘良弼的作品便极具代表性。掐丝珐琅也在元代有了更加明显的发展,称为"大食窑"或"鬼国嵌",常以金、铜为胎,并以精致纤细的铜丝焊于器壁,釉料色彩繁复,形成华丽高贵的效果。

(六)明清时期的室内陈设

明清两朝的皇室建筑基本沿袭前代传统,以紫禁城为代表,对布局、建筑屋顶的样式、墙体、台基、木构架、内檐及外檐的装修、彩画等内容都有更加明确严格的规定。这种装饰的制度化,使明清两代的建筑装饰制作系统逐步完善,建筑、室内均形成一套更严格的标准,而陈设饰品的制作工艺也超越前代,装饰缤纷夺目,效果富丽豪华、奇巧精致,并通过装饰内容体现皇权的威严,寄托美好的寓意。室内天花板的装饰,彩画色彩及图案较浓艳。藻井设计拥有八角、方、圆等丰富多样的形态,并配以精致的雕刻及彩绘,采用贴金等工艺。如清代太和殿的蟠龙藻井,于八角井上加设一个圆井的造型,内部雕刻层叠相较于前代更加烦琐,核心位置有一金龙盘踞,口衔轩辕镜,显得生动鲜活,极具震撼力。室内隔断有较丰富的类型,尤其是落地罩、八方罩、圆光罩、多宝格等"虚隔",既保证了室内通透,又合理划分了空间,并以丰富多元、带有吉祥寓意的雕刻加以装饰,如回字纹、牡丹纹、梅兰竹菊、岁寒三友等。

空间划分方面,位于故宫内廷乾清宫西侧的养心殿较

有代表性。其空间布局依旧承袭传统对称式布局,明间居中,内设皇帝的宝座,上悬雍正手书"中正仁和"四个字。东侧的东暖阁,有理政、休息、斋戒的功能。西侧的西暖阁内,还分割为许多小室,是皇帝批阅奏折、与大臣密谈的地方。另外,还划分出三希堂,即皇帝读书的地方,以及"梅坞""长春书屋"等区域,用作皇帝供佛、休闲的场所。后殿为帝王的寝宫,设有皇帝的寝室及皇后、嫔妃的居所。两侧设有许多围房,作为妃嫔等人随待时的临时住处。

室内装饰及陈设方面,养心殿也极具代表性。除了蟠龙天井、和玺彩画等内装部分呈现出清代室内一贯的风格,

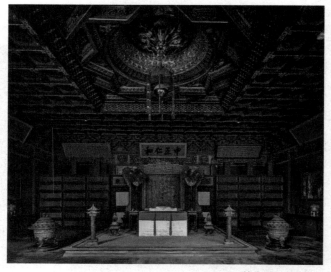

养心殿明间陈设

其陈设更是清代宫廷陈设的代表。以下略举养心殿前殿明间的陈设：花梨木宝座屏风一份，并设有雕漆痰盂及乌木边股扇一柄。

西边格板上设：端石长方刻字小砚台一方，紫檀嵌玉刻字匣；青玉兽面水盛一件；青玉研山一件；汉玉蚕纹墨床一件，上设朱墨一锭、汉玉夔凤纹三足笔筒一件，内插棕竹边股扇一柄，另有毛笔两只；雕漆罩盖匣一件。

东边格板上设：《御笔德语敬述》册页一册；《历代帝王语统丝纪年》一套；汉白玉把银件一件；黄皮鞘刀一把。

东边设：紫檀木嵌汉玉鞘靶宝剑一口。

西边设：花梨木香几一件，上设官窑鱼耳香炉一件（盖子嵌有玉顶，下设紫檀木座）、青白玉如意香盒一件、青白玉螭纹箸瓶一件（珐琅香匙、香箸，下设紫檀木座）。

左右设：鸾翎宫扇一对（紫檀木座）。

地平上左右设：青玉香亭一对（铜座），青玉用端一对（紫檀木座）。

地平下东边设：漆天珠一件（紫檀木座）；紫檀木铜包角案一张，上设铜掐丝珐琅文房四宝一组、黑红墨两锭、彩漆管笔两枝、《帝学》一套、紫檀木嵌玉罩盖匣盛《朱批谕旨》十八套、铜掐丝珐琅缸一件。

地平下西边设：漆地球一件（紫檀木座）；紫檀木铜包角案一张，上设《罗图荟萃》一册、《罗图荟萃续》一册、掐丝珐琅缸一件。

养心殿前殿明间处于养心殿正中核心的位置，是建筑所划分的空间中最关键的区域，是帝王勤政的所在，其内部陈设内容也相对充实完善。所有陈设的布局更加严谨周密，呈对称式陈设，以加强宝座、屏风的核心地位。陈设品皆为材料昂贵，做工精致的工艺品，其陈设的装饰意义甚至大于实用性，同时在一定程度上突出"道"役于"物"的陈设理念。

明清时期，民间的装饰呈现出更多元的内容，建筑、室内陈设形成丰富多样的面貌。如私家园林、宗祠建筑、

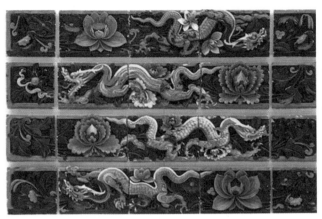

明清时期的建筑装饰局部

故宫太和殿的金龙藻井

书院建筑等类型都独具特色，又因各地地理位置、气候、民俗的不同形成了不同的民居建筑风格，布局也有一定的区别。其中较有代表性的如明清时期的北京四合院。

四合院不论大小，皆可从四面围合而成院落式住宅。根据户主的财力及地位，可形成二进、三进等层叠的套院，以纵向形成布局，另有横向带跨院花园的构成模式。基本空间有正房、耳房、厢房、倒座房、门房及后罩房等，另

有大门、影壁、垂花门、抄手游廊等组成部分。以三进式院落为例，大门开在东南角，侧面设有门房，与正房相对坐南朝北的位置还设有倒座房，可作为客房。最靠东的位置为私塾，最西为厕所，其间的位置可为佣人居住。进入大门，迎门的位置会设有照壁，具有遮挡及装饰门庭的作用。由此进入第一进的院落，便看到了垂花门，为前院与内院的间隔区域。再由垂花门进入便是第二进院落，坐北的房屋为正房，是主人的居所，其面阔、进深及装饰在整个建筑中最为显赫。受当时的宗法限制，品级较小的官员与庶民的正房不得超过三间，所以正房与厢房多采用三开间的格局，于两侧另设两间耳房，紧挨正房的山墙。正房的间数通常为"三正两耳"，即三间正房加上两间耳房，正中的明间，一般用作主人的起居室，两侧的次间常用作主人的卧室。晚辈则住于东西厢房，房之间以游廊互为连接。在正房的后方便是最后一进的院落，设有后罩房，作为女眷的居住区域。

明清民间的室内陈设相较于宫廷更具有生活气息。比例较大的案、床及立柜是室内陈设相对固定的内容，一般不会移动。桌椅之类则可根据场合的不同自由灵活地陈设。如在厅堂，核心位置摆放屏风，或者在屏壁上悬挂水墨立轴，左右各设一副对联，依据空间的使用目的以及季节随机更换。下方设有翘头案，上方陈设瓶器、奇石、古玩等内容，案的前方陈设对椅，中设方桌，桌上摆放茶具等实用器皿。其他椅子呈对称式布局，依长幼尊卑摆放于两侧。核心位置一般不会陈设内容，形成开敞庄重的氛围。又如卧室则更具私密性及生活气息，常设置于次间。除了床靠墙摆放，一些盆架及衣架、灯架、镜架、烛台等内容也是必不可少的。另有矮椅、贵妃榻、屏风等则需根据个人需要而增设。用餐空间以圆桌或方桌为核心，以墩、椅子或凳子形成围合式布局。一些大型宴会或喜庆节日，亲朋好友聚集在厅堂等大型空间中用餐，并分设多个席位。

另有一种宴会的陈设方式是采用分席而坐的坐法，这

种陈设在意大利人利玛窦所撰写的《中国札记》中有所记载，该书详细地描述了明朝上层宴会的陈设及礼仪，并在家具的形制及涂装方面也有详细的描述："这间房子装饰得十分讲究，但不用地毯，他们根本不用地毯，而是装饰着字画、花器和古玩。每个人都有一张单独的桌子，有时一个客人面前将两张桌子并在一起。桌子有好几英尺长，宽度也差不多，铺着贵重华丽的织物拖到地面，好像我们的祭坛的样子。椅子涂上厚厚的一层沥青色，并装饰着丰富多样的图画，有时也是金色的。"

关于餐厅的礼仪与陈设的位置，利玛窦也做了详尽的描述："在宴席开始之前，主人拿起一只金、银或者大理石等贵重材料制成的碗，倒上酒，放在一个托盘上，双手捧着，向主客（全席最重要的客人）恭敬地鞠上一躬。而后走到院子里，朝向南方将酒洒在地上，这是对上天的祭品。再次鞠躬后，主人回到餐厅，在盘子上再放另外一只碗，再向主客致敬，然后两个人一起走到餐厅中间的桌子前，主客在这个位置坐下。中国人的上座是在桌子长边的中间，或一列排开的几张桌子中间的一张……主人将碗放在一个碟子里，双手捧着，并从仆人那里取来一双筷子，小心翼翼地为主客摆好。筷子由乌木、象牙或较耐久结实的材料制成，不易弄脏，接触食物的一端以金或银包衬。主人为主客安排好席位之后，就给他摆一把椅子，用袖子掸一掸土。走回到房间中间的位置再次鞠躬行礼，并对每一位客人重复一遍这样的礼仪。同时，将第二重要的客人安置在主客的右方，第三重要的客人安排在主客的左方。所有椅子放好之后，主客从仆人的托盘里拿过一个酒杯，这是给主人的，主客叫仆人将酒斟满，然后和大家一起行鞠躬礼，并将放着酒杯的托盘摆在主人的桌子上。这张桌子会陈设在房间的下首，因此主人是背向南方的房门的，面对主客的席位。这位获得荣誉的主客也要为主人摆放好餐具，和主人为客人安排的方式完全一样。最后，所有人在左右就座，大家摆放好椅子和筷子之后，这位主客站在主人旁边，很文雅地重复拱手的礼仪，并推辞首位入席的荣誉，同时

在入席时很礼貌地表示感谢。"

　　与前述不同，明清时期"市隐"阶层的陈设则更具设计性。"市隐"主要是指一些厌倦官场的逢迎做作，并偏爱隐逸幽居生活的士大夫，他们"标榜林壑，品题酒茗，收藏位置图史、杯铛之属"，"罗天地琐杂碎细之物"用于赏玩，提出一套属于自己的"雅"文化理念，形成继宋代之后的又一个士人文化体系，这在室内装饰及陈设方面展现得尤为突出。明代文震亨所著《长物志》中有一番记载："随方制象，各有所宜，宁古无时，宁朴无巧，宁俭无俗。"这段话可理解为："在营造生活环境时，需根据空间为我们所提供的内容，如面积、形式、方位，而设置与其相协调的形象、色彩、材质等因素。设计者只有掌握这种内在的互动规律，才可以打造出符合自然且富有生命力的设计。祖先给我们留下的资源以及一些自然、朴素的物质更应被重视。"这段文字反映了明代空间设计的最高审美标准。书中还记述了当时不同功能的空间设置，如堂、斋、茶寮、卧室、琴室、浴室等内容，并对装饰细节有非常详尽的描述，例如："堂之制，宜宏敞精丽，前后须层

明代"市隐"生活

明代"市隐"生活

明代"市隐"的居住空间

轩广庭，廊庑俱可容一席，四壁用细砖砌者佳，不则竟用粉壁。梁用球门，高广相称。层阶俱以文石为之，小堂可不设槛槛。"关于堂的设计，以明亮整洁为妥，前有庭院，后有楼阁，走廊可容纳一席，墙壁以朴素的砖或粉墙（色彩偏白、偏暖）为主，梁设计成拱形，台基采用带有自然纹理的石材，较小的堂屋甚至可不设窗槛。

另外，对于室内的陈设文震亨也做了更明确的解析，并以"位置"为独立篇章，详尽描述当时的陈设位置及内容，例如："斋中可置四椅一榻，他如古须弥座、短榻、矮几、壁几之类，不妨多设，忌靠壁平放数椅，屏风仅可置一面，书架及橱俱可置图史，然不宜太杂，如书肆中。""斋"主要用于读书、休闲。这一节的大意是，在斋中陈设"四椅一榻"，如古制的须弥座、短榻、矮几、壁几等内容可视情况多陈设一些，忌讳以队列的形式靠墙摆放过多的椅子，屏风只设一面，书架或书橱可以用来陈设书画卷轴或古代典籍，但不可过于复杂，不然就会像街市的书店一样。

如这段文字所述，"四椅一榻"的主要家具内容至少有两种陈设方式，或者将榻陈设于空间作为核心位置，将四椅分列两旁，或者将椅子与卧榻分为两个部分形成空间的划分，即榻可作为休闲区域，四把座椅形成会客区域。文中所说古须弥座等内容不妨多设，说明空间面积较大的

话，可根据四把座椅及卧榻的陈设情况，适度加入其他家具，形成协调关系。以当时士人的审美趣味而言，或许会采用非对称式的陈设格局，尤其又处于斋室这类相对休闲的空间里。椅子靠墙以对列式摆放看起来显得僵硬死板，缺少变化，故而绝不可用。一面屏风的设置，则成为空间的焦点，或者陈设于门口，又或者陈设于榻的背后。这里虽未提及过多的细节陈设，但须弥座（古代带有雕花的石材基座，刻有俯仰莲纹等装饰）这类富有古意，且可在上方陈设瓶花、香具或茶具等的内容，尤其在朋友相聚之时，可作为承载类家具使用。

清代士人李渔可谓清代极具代表性的"前卫设计师"。

汉白玉须弥座

苏州艺圃博雅堂的室内陈设

苏州艺圃的室内装饰

苏州艺圃园景

他所著《闲情偶寄》的《居室部》及《器玩部》几乎成为清代室内装饰最具创新意识的著作，如结合不同空间的使用功能，采用不同的设计方式，以便有效使用，并满足审美的需求。窗的设计，需"制体宜坚""宜简不宜繁，宜自然不宜雕斫"，一方面保证产品的使用寿命，另一方面降低产品的制作成本。他的许多作品可谓别出心裁，如"梅窗"的设计，仅取几根随形的枯木，根据枯木的自然形态即制作出窗棂，并以不同颜色的纸剪裁出纸花及绿萼加以点缀，可谓别具一格。

地面设计强调用砖铺设，"止在磨与不磨之间，别其丰俭，有力者磨之使光，无力者听其自糙。予谓极糙之砖，犹愈于极光之土。但能自运机杼，使小者间大，方者合圆，别成文理，或作冰裂，或肖龟纹"，这便是说，好的设计不在于材料的奢侈，铺地的砖只需精心设计便可形成好的效果。如有好的条件便将其磨光，如果条件不允许，即便是粗糙的表面也别有一番趣味。只需将砖的大小、方圆相互搭配，拼接成如"冰裂""龟甲"等形状，一样可以达到优美的效果。

不同空间的墙面效果拥有更具趣味的创意，如厅堂的墙面用满墙着色的花树，以铜条制成鸟架及虬干搭配铁丝做成自然形态的鸟笼，养鹦鹉、画眉等鸟类，形成生动自然的效果。书房的墙壁，则仿照哥窑瓷器，以酱色为底，将豆绿纸笺撕成不规则的造型，贴于底色上。

在茶具、香具、画品装裱样式等器物的选择与陈设方式方面，李渔提出独到的见解，对功能、材质及产地进行了非常详细的阐述，更强调功能而并非珍品名物。他在陈设方面提出"忌排偶，贵活变"的原则。"忌排偶"，并非刻意遵循不对称的陈设形式，而是视情况而定。他以"鸳鸯二壶"为例，指出"若夫天生一对，地设一双，如雌雄二剑、鸳鸯二壶，本来原在一处者，而我必欲分之，以避排偶之迹，则亦矫揉执滞，大失物理人情之正矣……或比肩其形，或连环其势，使二物合成一物"，意思是说，类似于鸳鸯二壶这种摆件，就器物的设计目的而言便是以成对摆放而出现的，硬要将其拆分陈设未免显得过于牵强。

苏州艺圃的园景

在摆放时，将二者并肩或连环摆放，使它们看起来更像是一体的，这样便只有排偶之名，而无排偶之实了。

此外，李渔还提出，合理的陈设一定要视时间、地点、器物的形态及大小形成纵横曲直的摆放，如三个物品则适宜于摆为"品字形"，可以"一前两后""两前一后"或"一左两右""一右两左"。而如果是四个物品则以一个较高的或较大的"主体物"为主，其他物品则在"主体物"的周围，形成疏密关系，间距不得一致，这便称为"参差"。

"贵活变"，意思是说人所观察到的视觉效果直接关乎心情，居住空间应定时移动室内陈设品的位置，如将高处的物品挪至低处，将分开陈设的内容摆至一处，或者将密集在一起的物品分散开来。这样才可使物品富有生命力，好似人世间的悲欢离合，形成"日异月新"的效果。

1. 家具

明代家具是中国家具发展的成熟期。无论是家具的制作工艺还是装饰特点均达到较高水平。同时，建筑的结构特点更多地融入家具设计，如"侧角收分""横撑"等结构部分。"榫卯"根据不同的位置加以运用，常见类型包括：明榫、暗榫、燕尾榫、抱肩榫等。材料方面，凸显材料的固有质地及自然纹理，形态富于细节变化，并雕刻于重要位置，不做过多修饰，使家具更加简洁朴素，代表类型如官帽椅、圈椅、玫瑰椅、罗汉床、翘头案、架子床等。

早期清代家具基本承袭明式家具的特点，并无明显的风格特征。乾隆时期，为满足皇室贵族的需求，家具的样式发生了一定程度的改变，材料更加奢华，常以紫檀为材，造型厚重饱满，腿部粗壮，出现大量的镶嵌家具，如以铜、珐琅、玉石、珊瑚、象牙、瓷、竹、木等为材料。家具异彩纷呈，富有雍容华贵的美感。同时，出现了如清式太师椅等新的家具样式。清式家具的装饰纹样多辅以带有吉祥寓意的装饰，如五福捧寿、喜上眉梢、麒麟送子、松鹤延年等。清代中期，家具更加华丽，并混合运用多种装饰手法，如雕刻、镶嵌、彩画同时出现于一件家具上。

随着鸦片战争的爆发，清代家具设计发展缓慢，但一些西方的家具样式开始涌入中国，尤其体现在上海、两广等地。清代末期，带有西方装饰特点的家具类型开始增多，装饰更加"西化"，一些欧式风格的家具造型开始被大量运用，并出现了中式吉祥图案与西洋家具造型混用的手法。

明清家具包括以下几种常见类型：

（1）坐具类。

① 四出头官帽椅。

因整体造型酷似古代官帽的幞头而得名。现今存世的在山西大同华严寺金代阎德源墓出土的四出头扶手椅，当时尚未定名为官帽椅，但其式样已具备四出头官帽椅的基本造型。经典的四出头官帽椅多运用曲线形的搭脑，中段部分呈罗锅式，两端挑出上翘。素面三弯靠背板嵌入搭脑，下方与椅盘后大边相接。扶手两端外撇，以榫卯结合后腿上截与向前倾斜的三弯形鹅脖，呈"S"形的靠背板与人体脊柱曲线贴合紧密。扶手为三弯弧形。座面下安沿边起线的壶门券口牙子。圆腿直足，四腿带侧脚收分，腿间安步步高赶脚枨。

清·黄花梨四出头官帽椅

② 南官帽椅。

其样式相较于四出头官帽椅搭脑和扶手少了四个出头。常见的有两种类型：高背式和矮背式，矮背式造型精巧，最高为 100 厘米左右。结构采用闷榫角接合的正角榫接的方式，造型更具整体性。框架部分无多余添缀，使造型结构方正洗练。边角部分多做倒角处理，以缓和直线带来的僵硬感。

明末清初·黄花梨南官帽椅

从正面看，搭脑两端多呈向下倾斜的趋势。侧面呈弓形环抱式，非常吻合人体背部结构。靠背板多呈长方形或直棱造型。后腿部分多呈梯形，上窄下宽，使造型更加稳固。座面样式采用矩形或梯形。多数扶手部分与鹅脖连成圆滑的曲线造型，婉转流畅，方中带圆，具有弯曲的柔和效果。券口部分通常运用曲线或矮老加罗锅枨。

③ 明式玫瑰椅。

形制上承宋式，江浙地区多称其为"文椅"。为中式座椅中极有代表性的式样之一，其特点是靠背、扶手皆为较方正的直线造型，与椅面约成 90°，靠背较低，仅比扶手略高，尺寸较小。常见的靠背饰有券口牙条，其下运用横枨、矮老或卡子花，也有满是透雕的样式。玫瑰椅因

清·鸡翅木直棂玫瑰椅

其造型小巧，故而摆放时不会占用太多空间。明清时期的绘画作品中，常见此椅对面而设，摆放于桌案两边，或采用并排、围合等方式，陈设手法极其灵活。又因其精致美观，适宜闺阁房或文房陈设。

④ 禅椅。

禅椅的造型酷似宋代较流行的靠背扶手椅及明代玫瑰椅，更具唐代绳床的神韵。禅椅体现了家具由宋至明代的

明·禅椅

演变过渡，可跏趺而坐。扶手向内缩进，靠背较低矮，只有盘腿坐才能靠到靠背。椅面宽大，下部多用罗锅枨及矮老，足部运用步步高赶脚枨。

常以木、竹或天然而不规则的枝干制作。明代用于坐禅的椅子可分三类：四出头大官帽椅、禅椅和矮南官帽椅。

⑤ 梳背椅。

椅背部分嵌有垂直于座面的直根，均匀排列，因形似木梳而得名。据闻，此设计来源于一种当时流行的"柳条式"户榻。

梳背椅按形制可分为两种，一种不带扶手，另一种带有扶手。没有扶手的也称为一统碑式梳背椅。带扶手的梳背椅的主要特征为靠背以及扶手都嵌有垂直于座面的直根，也称为直根围子玫瑰椅。

清·黄花梨梳背玫瑰椅

⑥ 交椅。

明代交椅承袭宋式的诸多特点，有直靠背及弧形靠背两种。其中最具代表性的是弧形靠背交椅，在古代更是陈设于堂内，供身份尊贵之人使用。

明·黄花梨圆被交椅

交椅有着柔韧自如的弧线形扶手，清代《工部则例》称之为"月牙扶手"，由三至五节榫接而成，以铜、铁等饰件进行包裹，如采用铁制，便会运用鋄金、鋄银等工艺进行装饰，使其看起来异常华丽而精致。扶手、靠背、腿足部分加以脚牙，一方面可加强各部件之间的联系，另一方面也可起到装饰作用。座面处设有软屉，既提高了舒适度，也便于折叠。椅子下部安装了踏床（又称脚踏）可恰到好处地掌握人体腿部的弯曲度，提升舒适感，更增加了下方的质量，使整个椅子更加稳固。

⑦ 圈椅。

圈椅的弧圈连接搭脑与扶手，使造型更加整体、统一，并使人体肩臂摆放自然、舒适。两端外撇，曲线变化婉转自然，前面部分形成一个较开敞的空间，便于人体起坐。椅子下方运用三面素牙条或"洼堂肚"券口牙子，轻盈而洗练。到了清代，圈椅的造型趋于烦琐，如在靠背部增加带有雕花的角牙，椅子下方运用束腰、马蹄及托泥造型。

明末·黄花梨双龙纹圈椅

⑧ 太师椅。

早期太师椅的形制并不固定，相传最早的太师椅类似于圈椅，只是在圈弧处有一个凸起、略带涡卷的造型，可承托头部。直至清代，太师椅的样式变得混杂多样。乾隆年间，太师椅增加了靠背扶手，并运用直线，雕刻烦琐，

清中期·红木嵌大理石灵芝纹太师椅

体量厚重敦实，常由紫檀、黄花梨与酸枝木等奢侈木材制成，甚至运用镶嵌瓷片、螺钿、大理石、珐琅等工艺，今天的太师椅主要指此类款型。明清家具，该款型大量运用于官家，故而成为权力及地位的象征，一般陈设于宫廷及官员衙署之内。清中期以后，太师椅逐渐进入普通家庭，陈设于中堂，以显示主人的身份地位。

（2）床榻类：罗汉床。

为传统中式家具极具特色的样式，集坐、卧于一体。围屏中分三面、五面以及七面。又分有束腰和无束腰两种造型。常见的有束腰罗汉床牙条较宽，弯弧有力，俗称"罗汉肚皮"。大部分装饰主要表现在围屏之上，如采用雕刻、镶嵌等手法。

明·黄花梨素围子罗汉床

（3）屏风类。

① 座屏风。

由上部的插屏和下边的底座组成。插屏可自由拆卸。以硬木做框，中间为屏芯。屏芯部分的装饰手法丰富多样，运用镶嵌、刺绣等装饰手法。底座起到承载与稳定插屏的作用，常加雕饰处理。座屏风的插屏数又有独扇（插屏式）、三扇（山字式）和五扇不等。

② 折屏风。

一般为四扇、六扇、八扇，最多至十二扇。主要由屏框及屏芯组成，也有不加屏框的屏板状围屏，每屏扇之间以屏风铰链或合页相连。

明·黄花梨座屏风

（4）桌案类。

① 案几。

明清时期，案的形态趋于成熟，大致可分为两种类型，一类为案的两端高起的翘头案，另一类是两端齐平的平头案。案的下部多采用四足或嵌装镂花透雕挡板等装饰，效果丰富多样。直至明清，常将"几"和"案"并称，源于其造型样式极其相似，已很难划出明确的界限。此时案几更充分地体现出不同的用途，如案类家具有书案、画案、琴案等，几类家具有香几、花几、琴几、炕几等。

明末·黄花梨夹头榫平头案

② 桌。

较有代表性的是八仙桌，外观方正稳定，用材经济，实用性较强。后期被大量运用于厅堂，常伴以两把座椅陈设于厅堂正北墙壁的位置，沉稳内敛，极富庄重感。清代八仙桌的造型较完善，通常是束腰造型，有的腿部则呈三弯腿的造型，压板雕刻烦琐精细，极富艺术感。桌面常以两拼或三拼的木板做面心板，或运用石材、瘿木、瓷板等材料。

明末·黄花梨仿竹八仙桌

（5）橱柜类。

① 闷户橱。

兼具承置物品和储藏物品双重功能。外形如条案，但腿足采用侧脚做法。有可供储藏的空间箱体，叫"闷仓"。南方不多见，北方使用较普遍。

黄花梨二联屉闷户橱

② 圆角柜。

因为柜帽四个转角呈圆弧造型，突出圆形线脚，下部柱脚外圆内方，四足由柜体上小下大作"侧脚收分"，圆角柜便因此而得名。圆角柜的柜门不用合页，转动采用门轴直接插入，极具明式家具特色。圆角柜全部由圆料制作，顶部不仅四脚是圆的，四框外角也是圆的，故名"圆角柜"，也可称"圆脚柜"，民间戏称"面条柜"。

明末清初·黄花梨圆角柜

③ 亮格柜。

集储纳与展示于一体。亮格是指不用门的隔层，两侧及正面透空，有时装有围栏或壶门券口牙子。明式家具中称带有亮格层的立柜为"亮格柜"。上部是一至两层的亮格，下部是装有铜饰件的柜。常见于厅堂或书斋，亮格部分则用来陈设古玩摆件。

清早期·黄花梨雕龙亮格柜

④ 多宝格。

也称为"百宝格""博古格"或"博古架"。由清代兴起，所运用的格子可高低错落、大小不等，甚至采用不同的几何形式，为中国传统家具造型增添了几分参差之美。可根据不同的格子造型陈设不同的器物，堪称中国古代室内陈设非常独特的家具类型。有的因体量庞大，也可起到分割室内空间的作用。

榆木多宝格（一对）

2. 织物

明代织物的生产规模及种类相较于前朝有了更加明显的提高。较有代表性的丝织品有织锦、漳绒、潞绸、缂丝等种类，以及妆花、本色花等新的类型。其中各地在丝绸之作方面均有较高成就，如苏州的宋锦、四川的蜀锦以及南京的云锦都进入较成熟的阶段。丝织品的构成形式及寓意在原来的基础上有了更加新颖的内容，如灯笼纹锦、落花流水纹锦、婴戏图、八宝双狮、仙鹤寿录、麻姑献寿等。刺绣在明代也有了更加明显的变化，并在各地形成不同的风格，如北京撒线绣、松江顾绣等。明代织物的色彩进一步完善。色彩与纹样紧密搭配，通过晕色以及黑、白、灰、金、银等无彩色的穿插使效果疏密有致，色彩虽典雅富丽，却毫无媚俗之感。

清代织物承袭明代传统，并衍生出带有清式特点的风格，丝织物制作技术更加先进，出现了更加精密复杂的多组经纬制作技艺及其绒织物。各种不同的丝绸种类在不同的地域有着不同的效果。苏州的宋锦、成都的蜀锦及南京的云锦依旧在织造业占据主导。除此之外，棉织技术及毛织技术也有了更加明显的进步，松江布仍是最负盛名的种类，并广泛运用于民间。毛织品则以新疆毯、藏族毯及北京毯为代表。尤其是北京毯，承袭元代毯子的传统，并结合汉族装饰及波斯地毯的特点形成独具特色的风格。在清代宫廷，壁毯、炕毯以及地毯作为重要的室内张设加以运用。装饰纹样方面，清代装饰还形成了更加丰富的构成形式，较有代表性的如缠枝花式、散答花式、团花式、几何加花式等。效果追求烦琐多变，并多以吉祥寓意图案为主。

3. 灯饰

明代灯饰的样式开始向装饰性及世俗化延伸，无论是灯的样式、材料还是制作工艺都极为丰富。其中以木、竹为框架材料的灵台宫灯开始流行，常于正月元宵节悬挂

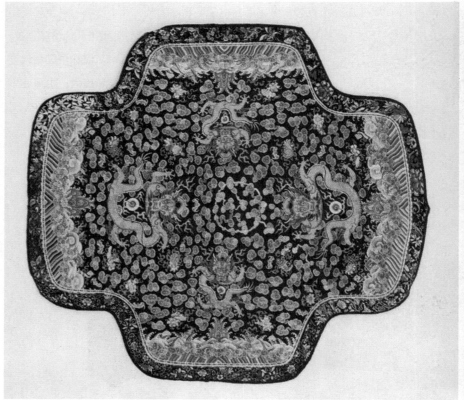

清代刺绣

清·五彩缂丝加绣《九阳消寒图轴》

明·黄花梨龙头宫灯

于富贵人家的大门楼厅。为了与室内的家具相协调，一些木制的书灯、灯架开始流行。书灯常搭配灯罩陈设于书案之上。而灯架多采用落地式，可随意变换陈设位置。另外，因油灯的使用率开始降低，烛台的数量逐渐增多，较有代表性的如立钎式烛台。台座类似于钟形，并装饰有镂空雕饰，台柱上下各设一小一大的两个六边形烛盘，在较小的盘心位置竖有长烛钎。明代烛台的装饰工艺较丰富，除了瓷器之外，还有掐丝珐琅、铜、银、锡等材料。清代的灯饰在乾隆时期达到了鼎盛，来自欧洲的传教士汪执中、纪文负责宫廷玻璃器的烧造，并完成了圆明园西洋楼的吊灯制作。同时，红木灯具也开始增多，并有着精细的雕花，以丝绸、羊皮、玻璃制成灯罩，灯罩有方形、椭圆形等不同的样式，同时大量使用青花、粉彩、玉石、金、银、象牙、玳瑁等材料。无论是灯罩部分还是灯座的都充满烦琐的细节，色彩浓艳华丽，饰以带有吉祥寓意的图案，如寿字纹、回字纹、福字纹、寿字纹、四季花卉等。

4. 画品

绘画技法上，明代山水和花鸟画的表现较突出，同时形成了变形人物的造型突破及墨骨敷彩肖像的人物画处理技巧，墨戏画及杂画等也达到较高水平。绘画派系繁多，代表画派有承袭南宋院体宫廷绘画的浙派，以及致力于发展文人画的吴门画派、松江画派、苏松画派等。主要画家及作品有沈周《庐山高图》、文徵明《溪山幽居图》、董其昌《高逸图》、徐渭《荷花图》、陈洪绶的人物绘画等。

清代绘画延续了元明两代绘画的传统，一方面文人画的审美意趣上崇古思想较突出，另一方面许多画家也推陈

明·沈周《庐山高图》　明·文徵明《溪山幽居图》

明·陈洪绶《无法可说图》

出新，创造出较独立的艺术风格。早期绘画中，康熙、乾隆时期宫廷绘画及文人画有了重大突破，形成与以往不同的新风格。民间绘画在此时也有了明显的发展，尤其在年画的表现上有了明显的进步。文人画以写意为主，风格更加自由多变，画家有了更加个性的表达，主要画家及作品有石涛《搜尽奇峰打草稿图》、朱耷《水木清华图》、王时敏《落木寒泉图》等。

在扬州，画风创作技法表现得更加鲜明，出现了一批画家，即"扬州八怪"，他们一方面承袭如石涛、朱耷的绘画风格，另一方面也逐渐确立了自己的画风。主要题材为梅、兰、竹、石，多以泼墨写意为主，形式怪异，不拘一格。主要画家及作品有金农《东萼吐华图》、黄慎《十二司月花神图》、汪士慎《洒香梅影图》、郑燮《竹石图》、李方膺《风竹图》等。

清代中后期，上海出现了"海派"。大写意花鸟画有重大发展，将书法、篆刻与绘画相结合，笔力雄劲、墨法浓烈，更加强了色彩的表现，代表画家及作品有赵之谦《瓯

中草木图四屏》及吴昌硕《梅石图》等。任熊、任颐、任薰、任预并称"四任"，擅长人物肖像及写意花鸟，作品灵活清新、雅俗共赏，代表作品如任熊《十万图册》等。画家虚谷擅长花鸟草虫，并以枯笔干墨形成清逸的画风，代表作品如《蕙兰灵芝图》《松菊图》等。民国初期，高剑父、高奇峰、陈树人开创了岭南画派，将中国绘画与西方绘画相结合，并借鉴素描、水彩画法，代表作品如高剑父《浇花之后》。另有画家李鳝，受徐渭、石涛画风的影响，擅长泼墨画法，营造豪迈奔放、酣畅淋漓的效果，代表作有《芭蕉萱石图》。

在民间，木版年画较盛行，较有代表性的如杨柳青、桃花坞、杨家埠、绵竹、佛山等地区，并形成风格各异、异彩纷呈的局面。杨柳青是北方年画的中心，清代早期便

清·朱耷《水木清华图》　　　　清·郑燮《竹石图》

民国·高剑父《浇花之后》

清光绪年间杨柳青木版年画《连年有余》

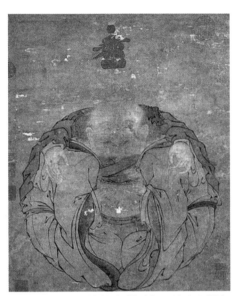

清·桃花坞《御制一团和气图赞》

明·汪中《得趣在人册》

已声名远播，继承了北宋雕版印刷的制作技艺，并结合宋、元、明、清的绘画特点，常表现带有吉祥寓意的题材，色彩强烈、造型质朴，有明显的装饰效果。诞生于江苏苏州的桃花坞年画除了表现美好的吉祥题材，还将城镇繁荣的风物展现得淋漓尽致，并将传统的年画风格及西方绘画的明暗关系与透视相结合。

5. 花品

因明朝的官员宅第制度明确要求"不许于宅前后左右多占地，构亭馆，开池塘，以资游眺"，使明代的宫廷插花并未得到明显的发展，插花活动仅偶尔出现于元旦或端午等节日。此时的文人花却得到了一定的发展。插花作品更强调自然野逸的审美品位，对于插花及陈设花品时的情境、时机及环境提出更加系统的观点。花器以"宁朴无巧"为原则，常运用先秦、两汉的青铜器、宋元青瓷为主，甚至花几的样式及供花所用之水的选择都非常考究，同时根据室内空间的特点对插花的样式进行划分。概括来讲，可分为"堂花"及"室花"两种。堂花是指陈设于厅堂内的插花，花材种类常用一至三种，以古拙苍劲的虬枝为最，花器以对称、中正的古青铜器或较大的瓷器为代表，搭配

常被明代士人用于插花的青铜觚

古拙厚重的天然几。室花是指陈设于书斋案头的小型插花，强调简洁高雅、清新明快。花器常运用造型简洁的古瓷器，花与花器的比例需根据花器与花材的特点而定，如瓶高则花材短于瓶器6.6厘米，如瓶低则花材高于瓶器6.6厘米。在花学领域方面也较有建树，如袁宏道的《瓶史》、张谦德的《瓶花谱》、高濂的《瓶花三说》等。

清代的宫廷插花在康雍乾三朝得到较好的发展，样式基本上承袭了宋代及明代文人花的某些特点，有更加明显的装饰性。花材常采用六种以上，运用历代较有代表性或

带有吉祥寓意性的花材，如牡丹、芍药、山茶、水仙、莲花、松、竹、梅、万年青等。在花器的选择上，遵循《瓶花谱》"春冬用铜，夏秋用瓷"的原则。花器样式更是种类丰富，极尽奢华，主要以商周及两汉的青铜器、历代的名瓷为主。受元代及明代插花的影响，多运用一些器物以及水果与插花搭配出更加丰富的装饰效果。常见的搭配器物如如意、花笺、灵芝、炮仗、奇石、古玩等。所搭配的水果类陈设如佛手、柿子、柑橘、桃、枣等。除了为生活增添装饰元素之外，更赋予装饰物吉祥的寓意。

受当时盆栽艺术的影响，清代的文人花除了承袭前代的传统之外，更强调对自然写景效果的表现，如利用花材营造山林湖泊、旷野池塘的效果。插花陈设方面，还出现了一次插贮三至七瓶同置一处的现象。

清代，有一些特殊的插花工具。如清代文人沈复的《浮生六记》中所提到的"用针宜藏，针长宁断之，勿令针针露梗"。这里指的"针"便是一种类似于剑山的花材固定器具。沈复还主张以阔口花器来插花，一方面可使花器容纳更多的花材，另一方面可使花枝形成更加强烈的力量美。另外，李渔《闲情偶寄》中提到"瓷瓶用胆，人皆知之；胆中着撒，人则未知行也"。这里的"撒"是一种用木材或植物枝杈卡在花器口内的器具，用来固定花材。

6. 其他

明代手工业水平逐渐提高，促进了当时商业的繁荣，青花瓷、单色釉瓷器及彩瓷都得到了较好的发展。单色釉瓷的色彩出现了鲜红釉、黄釉、甜白釉、孔雀蓝釉、孔雀绿釉、紫金釉等。成化年间，青花瓷还借鉴吴门画派的艺术特色，形成一些写意山水人物的纹饰，画风洗练简洁，富有神韵。建筑彩画、织物纹样及民间绘画也对瓷器纹饰产生了一定影响，丰富了青花纹样的表现内容。"五彩"是当时陶瓷装饰工艺的一大进步，是指以釉下青花或深褐色勾描轮廓，再与丰富的釉上彩色釉料相结合，常运用红、绿、黄、紫等强烈的配色，形成缤纷夺目的效果。成化年间的"斗彩"也是彩瓷制作技术的一大进步，所谓"斗彩"

是先以釉下青花描绘出主要的纹饰，入窑烧制之后，以多种彩釉进行覆染，再入炉烤制而成。题材多为鸡、虫、花、果、人物等。除此之外，因与西方贸易的往来，一些带有西方装饰特色的瓷器也大量出现。景德镇的陶工将部分西方纹样运用于瓷器装饰当中，并大量销往国外，对欧洲国家的瓷器装饰也产生了一定的启发。

漆工艺在明代也有了明显的发展。剔漆工艺是一种在金、银、木等器胎上涂刷上百层的色漆，再用剃刀雕琢出繁复的浮雕造型。有剔红、剔黄、剔黑、剔犀等不同的种类。明宣德年间的宣德炉是明代较有代表性的工艺精品，也是中国历史上首次尝试以黄铜铸造的器皿。每一件铜炉均是冶炼12次的精铜，并加入金银等贵重金属。器形多采用《宣和博古图》中宋元时期的名窑用器的形制，古朴典雅，含蓄内敛。因烧制工艺及材料的原因呈现出不同的色彩，较著名的有茄皮色、茶叶末、蟹壳青、藏经色、土古色等。景泰年间的掐丝珐琅工艺制作技术已相当完善，俗称"景泰蓝"。以铜胎为主，经制胎、掐丝、烧焊、点蓝、烧蓝、磨光、镀金等复杂的工艺处理方可完成。色彩以钴蓝、天蓝、宝蓝等釉料为主，再填入鸡血红、草绿、菜玉色、车渠白、葡萄紫、玫瑰色等色，形成典雅的艺术风格。纹饰以缠枝莲、龙凤图案及吉祥图案为主。常被宫廷制作成礼器及室内陈设品。如故宫太和殿的香炉、"太平有象"、

明·万历年制彩瓷花器　　　　明·江西省景德镇青花瓷碗

清·珐琅器

大明宣德款三足饕餮纹鼎式炉

用端、仙鹤烛台。

　　清代的陶瓷制作技术在明代基础上得到进一步完善。其中，康熙时期出现了粉彩瓷，即经低温烧制的彩绘方法，又称"软彩"。先以高温烧制白瓷，在器皿上勾描图案的轮廓，在含砷的白色上打底，施以色彩釉料。敷色时，用干净的笔小心地将色彩洗出深浅浓淡的变化。借助砷的乳浊作用，色彩可相互渗透融合，降低纯度，形成莹润柔和的色调。粉彩特殊的表现力使作品可仿制出惟妙惟肖的中国花鸟绘画，进一步丰富了陶瓷装饰的表现力。珐琅彩瓷是清代陶瓷极具代表性的精品。以瓷胎画珐琅釉，又称"古月轩"，国外则称为"蔷薇彩"。珐琅彩瓷的特点是胎壁薄而匀整，施釉精细，瓷质温润，色彩富丽堂皇。制作极费工，乾隆时期之后已不多见。常见的装饰纹样有西番莲、缠枝牡丹、灵芝、锦鸡、梅兰竹菊、山水、人物等。珐琅彩较少出现大件器皿，以小件居多，常见的有杯、瓶、盘、碗、盒等种类。清代的玻璃制作工艺有了明显进步。康熙年间便成立皇家玻璃厂，并从广州招募玻璃匠师专为宫廷烧造玻璃器，"套料"玻璃器开始出现，就是在玻璃器上装饰胎色不同的色料，而后在外套的玻璃表面上雕琢出花纹，同时将玻璃棒加热至半熔的状态，再附于器皿的表面。其中，"白受彩"的出现使清代的玻璃装饰工艺有了明显突破。这是一种在白色的玻璃器上套以红、蓝、黄、绿等色的装饰手法。清代的玻璃器形品种多样，如炉、瓶、盆、钵、盘、碗、罐等器皿，颜色种类有珊瑚红、亮深红、亮玫瑰红、亮宝石红、桃红、淡黄、娇黄、雄黄、亮茶黄、宝蓝、空蓝、亮浅蓝、亮深蓝、粉绿、翡翠绿、豆青、豇豆紫、月白、涅白、砗磲白、黑等20余种，同时出现了一些如夹金、夹彩等复色玻璃，装饰手法包括阴刻等浮雕装饰手法，也有描彩、描金等彩绘装饰手法。

清·康熙五彩人物故事瓶

清·嘉庆年款粉彩凤鸟花卉纹瓶

二、国外部分

（一）古埃及时期的室内陈设

古代埃及的住宅根据其空间主人的社会地位而出现明显的区别，一个普通的平民所居住的环境非常简陋，陈设很少。除了一些陶土制作的生活器皿之外，用泥土制成低矮的凳子，在上面铺设以藤草编织的席子或亚麻垫子便可作为家具使用。一些相对富裕的家庭或许还会增设一张做工不太考究的桌子。

地位较高的贵族则可享有较豪华舒适的花园式建筑。在园内除了林立葱郁的树木以及鲜花，还有平静美丽的池塘。建筑奢华宏伟，以厚实的泥土制作墙面，以坚固的石材制作立柱，并仿照棕榈树干的形状，形成装饰效果。房屋可以是多层结构，楼上设计有朝向北方的凉廊，以饰有美丽图案的织物分隔空间。在炎热的酷暑时节，可用于露天睡眠。

在花园中央的主厅内天花板由木材支撑，高大的窗户利于采光与空气的流动。在关键位置还设有壁龛，内部供奉洗礼所用的箱子，以石材制成。家具的种类虽不多，却

古埃及建筑及室内装饰

舒适耐用，且保证精致的装饰效果，室内陈设着茂盛的绿植及鲜花。主厅的后方便是主卧，建构一个较高的台面做床，作为卧室的主要陈设内容。其他卧室则设在主卧的后方。另外，还出现了独立的浴室及卫生间。

1. 家具

古埃及时期为家具设计奠定了较规范的形态及样式标准，常见的家具类型包括床、箱、凳等类型。床是古埃及家具当中最有特色的类型。当时，一个家庭除了历法允许的时间内，男、女主人不睡在一起。因此，床多简洁狭长，宽度通常不超过 1 米。床头下方的腿部略高，使床体形成一定的斜度。床帐及床垫都以亚麻或纱布制作，枕头的材料则采用铁或木材，并增加一块较厚的麻布作为枕巾。装饰主要体现在腿部，运用如公牛腿、狮子腿等动物造型，或以睡莲或纸莎草等植物装饰，支撑在以珠子为装饰的小圆柱上。床以硬木为主要材料，表面运用彩绘或镶嵌等手法，形成精致富丽的效果。

箱类家具发展得较完善，常用来储纳衣物及室内布艺用品，并配以金属铰链。随着生活的需求及制作工艺的进步，一些小型箱柜还带有抽屉。

另一种较有代表性的家具是凳子，可分为可折叠及不可折叠两种类型，座面以植物纤维或皮革编制，腿部依旧运用动物的腿脚造型。椅子的样式也较成熟，并出现了供双人使用的长椅，为增加舒适度，还用麻布或皮革制成软垫，以水鸟羽毛作为填充物。已出土的古埃及家具中，第

古埃及家具　　　古埃及家具

四王朝王后赫特菲蕾斯墓室中的椅子最华丽，除座面及靠背之外，其余部分皆以绚丽的黄金来镶嵌。腿部雕刻成狮爪的造型，扶手由三朵莲花的图案作为装饰。

2. 织物

纺织在古代非常重要。古埃及神话中，负责纺织的女神名叫 Neith，她的头冠是类似于织布梭的造型。当时，织物以亚麻为主，轻盈、透气，使用非常普及。除此之外，还有灯芯草、大麻、纸莎草及少量的羊毛织物。早期色彩以白色或原麻色为主。新王朝建立之后，色彩更加丰富，如番红花色、蓝、绿、土黄、暗红等，或手绘色彩纹样。室内布艺与家具密不可分，例如，在炎热的季节，以饰有纹样的织物为室内隔断，地板铺设灯芯草席，以亚麻为材的床帐用绕于顶端的铜制钩环进行固定。

古埃及箱柜样式　　　古埃及家具

古埃及法老梳妆挂毯

3. 灯饰

古埃及，人们已掌握较完善的制灯工艺。灯具以石材为主，并在灯具上采用雕刻手法，形成丰富的装饰效果。另外，埃及哈索尔神庙的浮雕壁画中，一个人手托长锥形的透明管，管较细的部分以莲花形覆盖，较粗的一端形状浑圆，并以螺纹状的物体支撑。管内还有一蛇形物体从莲花中跃出，较细的一端通过一条线与一个罐子相连。这个透明管酷似灯泡，因此，许多学者推测其为一种燃油灯或燃气灯。

4. 画品

早期的室内绘画除作为一种装饰艺术，还起到记事表情、宗教祭祀、宣扬功业、彰显王权的作用。绘画主要依附于建筑，以壁画为主。古埃及人认为，人死后会在另一个世界得到神的赐福，从而获得新的生命。因此，古埃及陵墓装饰异常豪华，人们认为这样便于死者的灵魂更准确地寻觅到自己的墓室和身体。绘画更多地运用于陵墓装饰。题材上包括贵族的战争场景、贵族狩猎、宗教仪式，以及农耕、歌舞、宴会等。创作风格上，以水平线划分空间场景，不受空间透视的限制。依据尊卑和远近规定人物大小，造型以线条为主，色彩丰富饱和，结合平涂手法，形成简洁而纯粹的艺术风格。

底比斯·阿门苟太普三世时期的壁画

5. 花品

古埃及是世界上较早运用花卉装饰的国度，葬礼上，女人们手捧鲜花恭送死者进入另一个世界。埃及法老即将出征时，将鲜花布满自己的战车。

莲花是埃及最具代表性的花卉，埃及人将其视为神灵，是南尼罗河之神"Hap-Reset"的象征，并运用于礼仪性或重大场合。节日之时，作为一种高贵的礼遇，将莲花环戴在客人头上，主人手执莲花，以示对客人的尊敬，同时借由花卉区别主宾身份。另外，古埃及人将花卉置于瓶中使其不萎，这也证明古埃及是世界上较早以花卉为陈设的民族。公元前2500年的贝尼哈桑墓壁上，明确绘制了睡莲瓶花的壁画以及公元前2400—公元前1800年的五口插瓶都印证了这一点。此外，花器还出现了碗、钵等不同的形状。

古埃及壁画中以睡莲作为装饰随处可见

6. 其他

雕塑在古埃及被赋予神圣崇高的宗教地位，并用来装饰宫殿与神庙。众多题材中，埃及法老形象的雕塑最多，一般在圆雕中，目视前方，上身裸露，下着短裤，双手放置在膝盖上，雕塑在表现手法上较写实，表情及姿态尽显和谐、中正、庄严以及诚挚的气质。

古埃及雕塑艺术

古埃及浮雕壁画

古埃及素有"黑土之国"的美誉。早时，古埃及人便掌握了陶器的制作工艺，并将陶器大量运用于日常生活中。其中，一种在土红色陶器顶部施以黑色釉料的"黑顶陶器"最具代表性。受到西亚风格装饰影响的彩绘陶器也随之出现。另外，玻璃制作工艺在古埃及有了较大发展，第十二王朝时期，玻璃器皿常运用于皇族的装饰品及日用品中，很多器皿用马赛克进行装饰。编织工艺在日常生活中非常普遍，由灯芯草、棕榈纤维编制的篓筐成为埃及人的生活必需品，主要用于收纳。

（二）古希腊及古罗马时期的室内陈设

关于古希腊室内陈设的例证虽然不多，但可从一些现存古希腊壁画、陶瓶上的绘画和史诗中寻得相关资料。古希腊时期，公共建筑是古希腊人主要的活动区域，人们投入大量的精力，将这种宗教祭祀及政治社交场所建设得壮观华丽。其中，用于公共筵席的餐厅是古希腊时期非常重要的空间，从而衍生出一些独特的陈设元素（这与当时希腊以牲畜祭祀的古老公共仪式密切相关将珍贵的食物献祭于众神之后，前来参加献祭活动的人们将剩余食物进行分食，进而成为一种公共性质的聚餐活动）。其中，主厅称为安德罗（Andron），墙壁镶嵌马赛克或挂满壁画，地面以大理石铺设。在主厅用餐的主要为地位较高的男性，周围另设几个厅，用来款待其他客人。厨房或设于建筑之内，也可能设在室外，不断供应种类丰富的美食。厅主要呈方形，以炉灶为中心，长榻是主要的家具，以围合的布

局陈设在高于地面的石台上，小型餐桌约处于与长榻持平的高度，以青铜或木材制作，有时也摆放专门用来陈设餐具的架子。餐具包括铜制餐盘、用于烹饪的浅口大盘、双耳大杯、青铜储酒罐等。双耳尊在古希腊筵席中的地位非常特殊，常视为空间焦点，陈设位置与在场的每一位客人保持相同的距离，象征古代希腊政治体系的平等分配。

古罗马室内装饰

古希腊人对于私人住宅则更多地停留在吃饭、睡眠等基础生存概念上。古希腊住宅建筑有较开放的庭院，中心有一个较浅的蓄水池。另设一个祭坛，供奉希腊主神宙斯。院墙上有许多壁龛，夜晚可点燃灯火进行照明。建筑分为两层，以砖石结构为主，室内功能设计已经非常完善，包括门厅、起居室、浴室、厨房、设烟道的厨房干燥间、储物间、杂物室等。室内墙壁运用彩色灰泥，一层铺设马赛克，二层铺设木板。窗有可移动的隔板，以避免阳光直射。

罗马帝国虽然征服了希腊，但却对希腊人所创造的文明情有独钟，并沿袭古希腊文化艺术的成果。希腊建筑师被雇用来建造宅邸，承袭希腊优秀传统的同时，适度融入了独特的元素。

庞贝古城的遗迹揭示了当时罗马人的居住环境，不强调建筑外观，在面向街道的墙面并没有过多的窗户，壁面上绘制壁画，配有延伸的廊柱，看起来非常简洁。面向内

古罗马式庭院

部的房子构成更加丰富，有供奉祖先雕像的门廊，不远处是带有立柱的私人房屋，排成一列，可作为休息厅，并在中心位置设有喷泉或雕塑。周围是一些功能空间，如餐厅、浴室、卧室等。较富裕的家庭里，室内装饰非常华丽，墙壁常绘制希腊神话题材的壁画，地面铺设精致烦琐的拼花。

宴会厅具有社交作用，装饰也最精美。常见的罗马宴会厅至少配有三个比例较大的长榻，长榻前面配有可移动的餐桌。大型多枝烛台是宴会必不可少的陈设，将整个空间照亮，室内精美的壁画及织物可以看得很清楚。布局上采用半围合式，即 C 形布局，主人位及最尊贵的位置则设在最外侧。

1. 家具

古罗马家具中，最有代表性的是用于公共餐厅的长榻，榻的主体运用羊毛或亚麻织物覆盖，配以青铜色的头靠，以皮条或细绳编制。腿部造型以矩形为主，常用金属或宝石镶嵌，榻的脚部由白银制作。此外，榻上还设有垫子、褥子以及餐具。人以左臂支撑身体，卧于长榻之上用餐。筵席中的小型餐桌以青铜制作，有三个鹿蹄形的腿部，不使用时，常收纳于长榻的下方。

此外，一种名为克里斯莫斯的椅子极具代表性，椅子的肩部承接弯曲的靠背，弯刀形的腿部极其轻盈，座面通常以藤条编织。还有一种运用兽足的可折叠凳子也精巧方便，通常由奴隶随身携代，以便贵族随时坐下休息。

古罗马基本上承袭了希腊时期的传统，并在此基础上

古希腊最具代表性的家具：克里斯莫斯椅

进行适度改变。一种带有罗马独特风格的狭台，安置于墙壁上，由三条桌腿支撑。另一种厚重的餐厅用桌，主体运用厚实的木材或石材。1 世纪末出现了一种带有高靠背和厚软垫的罗马长榻，形态及装饰相比于希腊长榻更加华丽精致。另外，由藤条编制的梳妆椅成为妇女的最爱。黄铜或铁制的折叠椅则专为罗马地方行政官所设计，为表现尊贵，椅子弯腿上镶嵌有珍贵的材料。

2. 织物

希腊时期的织物依旧以毛、亚麻、细棉布等材料为主，色彩非常丰富，常见的有橙、黄、红、靛蓝、黑等色彩。现存希腊织物中还有提尔紫羊毛平纹织物，上面装饰着华丽的金丝织锦及一些神话动物。

毛织物在古罗马时期得到充分发展，北欧是毛织物的生产基地，主要生产一些格子或条纹的装饰布艺，大量运用于室内装饰及服装领域。大型织锦挂件是当时最具代表性的室内陈设织物，采用丰富的色彩搭配，主要是蓝白相间。题材以几何图案或神话图案为主，搭配狩猎及牧羊的场景。刺绣工艺在古罗马时期已有较高成就，最流行的称为"秋天图案"和"冬天图案"，其装饰特色非常接近当时的马赛克图案效果。

3. 灯饰

古希腊时期出现了一种陈设于餐厅区域的烛台，装饰有三只兽腿，由黄铜制成。古罗马时期，烛台的比例加大，由青铜或银制成，常出现在贵族宴会厅中。另有一种由青铜制成的细长落地式烛台，形态较纤细，腿部同样运用三只兽脚的造型，只是更加烦琐精致。除此之外，还有一种小巧的壶形油灯，由黏土制成，一端采用锥形嘴的设计，可更好地避免灯油溢出。

4. 画品

古希腊绘画现世的很少，它们更多地体现在希腊瓶绘上。希腊瓶绘指古代希腊时期绘制于陶器上的装饰绘画。有三种风格极具代表性，分别是：

① 东方风格：受埃及、两河流域影响的绘画风格，以植物纹样及动物纹样为主。

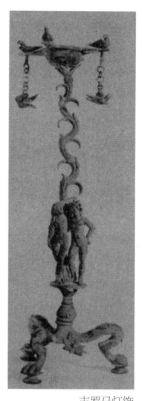

古罗马灯饰

古希腊陶瓶

② 黑绘风格：将人物绘制为黑色，背景依旧保持陶土本有的赭石色，着重表现轮廓，一些细节部分略以线条勾描。

③ 红绘风格：出现于公元前 6 世纪末，表现手法与黑绘相反，人物保留陶罐赭色，背景以黑色涂饰。

古罗马时期，室内绘画以壁画为主。湿壁画（趁湿绘制于灰泥上的壁画类型）普遍运用。罗马湿壁画的基底通常为白色，采用六层以上的灰泥，最后三层使用细腻的大理石粉，每一层基底保持绝对的平整光滑。可绘制出精致的轮廓，以维罗纳绿土作为暗部色彩，以排线的方式凸显

黑绘风格陶壶 希腊陶瓶画《阿甲利斯与阿扎克斯战后休息》

红绘风格陶壶 希腊陶瓶画

法尤姆出土了大量蜡板肖像画

罗马坎巴尼亚城的斯塔比亚别墅卧室内的壁画《采花少女》

立体感。厚实的涂层保证了颜料长时间不干，适宜长期绘制，且便于修改完善。另外，干壁画（以干灰泥做底的壁画类型）制作工艺也非常普遍，通常为有色底，以红、黄、黑、蓝色为代表。酪素颜料（白色凝乳，与熟石灰混合后成为液态乳，通常以水进行稀释，成为酪素丹培拉）可使干壁画拥有更好的稳定性。

庞贝古城壁画是古罗马时期绘画作品的代表，题材有罗马时期的人物生活、希腊及罗马的神话传说、建筑风景等。代表颜色如庞贝红、孔雀绿、埃及蓝等。

在罗马统治时期的埃及，法尤姆出土了大量蜡板肖像画，这是一种当时埃及上层社会的特殊习俗，通过颜料描绘肖像，在葬礼时用于死者木乃伊的包裹布上。一般为43厘米×23厘米，早期以蜡纸创作，后期将蜡画及胶画的技术相混合，进而发展成纯粹的胶画，在木板上进行创作。色彩丰富，注重明暗对比，形象写实生动，具有明显的希腊风格，并用木质画框进行装裱。

5. 花品

公元前5世纪，古希腊出现了以鲜花供奉神灵的习俗，同时，将鲜花制成花环或将鲜花插入陶瓶进行室内装饰，神坛上以对称方式摆放供花，由此形成西方花卉陈设的雏形。古罗马沿袭古希腊传统，宴会厅必不可少的便是鲜花，并将花瓣撒在餐桌上，使餐厅具有缤纷富丽的效果。另外，每年冬春两季，古罗马人用叶子编成花环献祭农神，祈求来年丰收，后来演变为西方人在圣诞节编制花环的习俗。

6. 其他

古希腊的雕塑表现手法以写实为主，并奠定了欧洲传统雕塑的基调。其发展大致可分为三个阶段：古风时期、古典时期、希腊化时期。

"古风时期"是希腊雕塑的发端，多借鉴埃及雕塑的处理手法制作人像，效果古朴、粗犷。"古典时期"的希腊雕塑追求"真实的完美"，其艺术形象更加客观写实，是希腊雕塑的全盛期。"希腊化时期"指从亚历山大远征开始至罗马帝国征服埃及托勒密王朝这一历史时期的雕塑艺术，题材广泛，崇尚客观、真实的美。

古罗马雕塑继承了古希腊传统，早期刻意模仿希腊艺术的效果，甚至直接抄袭，到后期逐渐形成属于自己的艺术风格。相比于古希腊，古罗马雕塑更加崇尚严谨、写实效果，注重刻画人物面部细节，精雕细琢，神态活灵活现，充分体现出古罗马文化强调思辨性、客观性的艺术理念。

希腊人将青铜制作工艺运用于生活的方方面面，如餐具、酒具、镜饰等。收藏于塞萨洛尼基考古学博物馆的青铜镀金双耳瓮，除了运用精致的敲铜工艺，更在表面采用镀金工艺，表现出非常成熟的工艺水准。

金属制作工艺在古罗马时期得到充分发展，银器最具代表性，主要制成食器、酒杯等日用品，采用敲打、锻锤等工艺制作浮雕，搭配乌金等材料进行镶嵌。另外，古罗马时期陶制工艺受古希腊陶器生产技术的影响，衍生出"特拉·希吉拉达"风格，以赤陶结合浮雕贴饰为主。此外，

古希腊《路得维希宝座浮雕》

希腊雕塑家米隆的作品《掷铁饼者》

古罗马玻璃器

古罗马波特兰花瓶

古罗马也是玻璃工艺极其昌盛繁荣的时期，艺术效果以多变的抽象图案与绚丽的色彩见长，并将浮雕装饰运用于器皿表面，代表作品如著名的"波特兰花瓶"。

（三）中世纪时期的室内陈设

330 年，东罗马帝国将首都迁至拜占庭，这是一个位于博斯普鲁斯海峡区域的希腊城市，后更名为君士坦丁堡。拜占庭地处东西方之间，包括北非、埃及、叙利亚、小亚细亚、亚美尼亚、西西里以及意大利和西班牙的部分地区。在文化方面可谓多元共存、异彩纷呈。不同的民族和宗教在这个时代创造出辉煌的文化艺术。虽然关于当时的建筑及室内装饰方面的文献屈指可数，但从拜占庭所遗留下来的一些手稿、壁画、镶嵌画等资料中，依旧可了解到那个时代的一些风格特点。

拜占庭时期的装饰洋溢着前所未有的奢华气息。镶嵌画是拜占庭时期较有代表性的装饰，但仅局限于宫殿建筑、教堂及贵族宅邸使用。据记载，宫廷空间更加宽阔，如宴会厅可容纳 36 个长榻，桌子等承载类家具用黄金铸造，并铺设刺绣等华丽的织物，餐刀及勺等餐具已出现（未出现餐叉，最早的餐叉出现于 17 世纪，四齿餐叉则在 18 世纪普及开来）。美丽的刺绣装饰于贵族阶层的宅邸，制成床单、被褥等。大量银制器皿运用于日常生活中。

在西欧，罗马作为世界中心的地位逐渐动摇，战争使

拜占庭时期的室内装饰　哥特时期贵族阶层的室内装饰效果

西方欧洲经济明显衰退。分裂的局面导致仅有一些宗教中心及具有一定生产力的城邦还在维持着相对稳定。有势力的军事首领确立了自身地位，并建起高大的城墙用来防御外敌，城堡分布在欧洲国家辽阔的土地上。

人们的生活方式出现了翻天覆地的改变。等级制在中世纪早期愈发明显，不同的阶层在不同场合运用的室内装饰有所区别，贫富分化极其严重。另外，中世纪还出现了一种特殊传统，即统治者一年中不断巡视自己的领地，表示对领地子民的关爱。因此，统治者不断更换居住空间，这使得室内装饰不断变化。领主在某个区域待一段时间之后，将空间陈设移至下一个居所，包括家具、织物、日用器皿，甚至窗户上的玻璃。室内陈设用于储纳的箱柜占据多数，一些可折叠或拆卸的家具也较流行。因此，家具有了"MOBILIER"这一特殊称谓（意指"可移动的财产"）。统治者每更换一次居住空间，便意味着一次新的室内陈设。14 世纪，战争开始减少，统治者才不必总是更换自己的居所。

很难以一种概括的方式形容中世纪室内空间的使用功能，因为当时一个空间可能兼具多种用途。"大厅"作为一种较有代表性的空间出现在国王及贵族们的生活中，主要用于政治议事、盛大的仪式、皇室婚礼及庆宴等。放在这个空间的坐具平日里靠墙摆放，使用时放到室内的中央形成陈设。相对固定的是在中央高台上横向摆放了一个长方形巨型礼仪桌，通往其他空间的门口放置了屏风。主人坐在桌子中央，其他家庭成员或尊贵的客人围坐左右。如果人数较多，较低的位置增加一些体积较小的桌子，宴会结束后这些小桌便撤下。

陈设是彰显宴会级别的必要内容，有时在靠近餐桌的位置陈设专门用来摆放餐具的橱柜，并明确要求，除了负责上酒的仆人，其他人不得靠近。里面摆放品类多样的餐厅用品。不同级别的空间中，根据身份的不同，柜子的层次数量有明显区别，如国王与公爵五层、公爵夫人四层、伯爵三层、骑士两层，而没有任何爵位的仅有一层。餐桌

上的内容可谓琳琅满目，桌布以猩红色或毛制织物覆盖，并在这一层布上再覆盖两层面积较小的白布，而且必须露出底布的边缘。以金、银铸造餐具，满是雕刻的敞口的平底大杯，杯盖用金银甚至水晶制作，菜品也雕刻成大理石雕塑的模样。上菜时称为"mess"的大盘摆放在贵族面前，由四个人共用。国王或领主使用摆放精致的餐具用餐，通常右侧是盐罐，左侧位置依次是：面包盘、餐刀、白面包以及用餐巾包裹的勺子。

晚上，大厅作为仆人的卧室。因为财富在当时主要集中在贵族手中，社会动乱使得大部分弱小平民不得不效力于国王及贵族，以求活命。当时，家庭成员包括有血缘关系的成员，仆人以一种特殊的被雇佣身份，成为贵族家庭的组成部分。虽然如此，仆人无法享受优厚的睡眠待遇，甚至连床都没有。他们睡在床垫或褥子上，或找来一个厚实的麻袋，填充一些叶子、小树枝，度过漫长的夜晚。

中世纪的贵族卧室

中世纪很多空间的功能都与礼仪息息相关。"礼仪卧室"通常只出现在国王或公爵使用的空间中，在内部放置一张装饰华丽的巨型"礼仪床"，有时搭配一把座椅，但几乎不会被使用，一方面供人来欣赏，另一方面在诞生贵族子嗣的日子里将新生儿放在床上，接受洗礼。专供国王就寝的另有一间较私密的寝室（或称为"内室"），兼具会客、家庭办公室、书房及卧室功能。较有代表性的陈设是带有罩篷的四柱床、储纳衣物的箱子、地毯等内容。除此之外，还出现了"枢密室"与"退避室"。前者用于会见重要客人，后者是一个用来与亲近的朋友进行私密谈话的理想场所。

1. 家具

拜占庭时期的家具样式以古希腊、古罗马及东方样式为基础，并向宫廷品位靠拢，体量巨大，材料极其奢侈。其中，宫廷的御座较有代表性，运用厚实的坐垫，结合雕刻、彩绘、象牙及珠宝的镶嵌。

较有代表性的是"马克西米御座"，采用座面，靠背呈弧线形，雕刻烦琐，有树叶、水果及动物造型，板面上采用圣经的题材。箱子的使用非常流行，尤其是大型储藏箱，也可用作椅子或书桌，上面饰以嵌板或金银等贵重材料。

中世纪的西欧家具礼仪性较强，如一种陈设于宴会的高型座椅，只有主人才可使用，在椅子的后面有一个装饰

拜占庭风格家具

拜占庭风格家具

华丽的罩篷。以确定空间主位的印象，这种罩篷几乎成为一种象征，广泛运用于重要的家具位置。床在中世纪运用较少，只出现在国王或领主的私人寝室中，早期由四根简洁的带有螺纹的柱子支撑，搭配床周围悬吊的布帘，围合成一个较私密的空间。13世纪，四柱床架搭配罩篷使用，并以床品、挂饰来区分等级。

仿罗马时期，箱子成为最主要的室内家具，上面装饰建筑浮雕造型，并搭配鲜艳的色彩及铁质金属饰件。御座采用木、石头或铁等材料，雕刻手法借鉴建筑装饰。此外，还有一种可折叠的座椅，采用镀铜工艺，顶端加上罩篷，腿部采用兽足雕刻。

哥特时期的家具更多地将建筑装饰内容运用于家具方面，引入教堂的火焰式、尖叶式、卷叶式等图案。礼仪椅有一个高靠背，采用箱型坐基，带有嵌板的坐具类型逐渐取代可折叠的凳子。另外，还出现一种带有镂空窗花的食物储纳柜，这种柜子常陈设于卧室中，多用来储纳食物，可解决人们夜晚饥饿的问题。床的功用开始变得更加完善，床帏及帐架固定在床柱上，框架部分采用大量雕刻。

哥特风格箱柜

2. 织物

丝绸制作工艺在拜占庭时期有了很大发展，宫廷及教堂中，随处可见丝绸作为悬吊装饰。贵族卧室的床单、床帐、被褥运用精致的刺绣。色彩方面，织物倾向于绚丽闪耀的效果，常用金色、红色、绿色等色彩。图案以宗教与叙事为主。8—12世纪出现了以狩猎或战争题材为主的图案装饰。后期题材更加丰富，并运用狮子、大象、公牛等动物纹样。

西欧国家的织物在此时也有了较大发展，其中最具代表性的是丝绸。意大利丝绸制造业主要集中在威尼斯、热那亚、佛罗伦萨及卢卡，并取得了较高成就。卢卡丝织品"蒂阿斯帕尔"很有代表性，装饰纹样以鹦鹉、羔羊、上帝的图案为主，精品为教皇所收藏。另外，还有亚麻混合织品"亚麻萨然塔斯米"以及混织的金银丝花缎，纹样以枝蔓、花鸟、人物为主。威尼斯装饰以狮鹫（GRIFFIN）纹样为代表。

711年，信仰伊斯兰教的摩尔人入侵伊比利亚半岛（今西班牙及葡萄牙），经过八年的战争，最终统治了西班牙南部大片的疆域，养蚕技术在此时传入伊比利亚。至756年，倭马王朝的国王哈里发建立"安达卢西亚的新娘"（科尔多瓦），即西班牙伊斯兰教的首都，带有阿拉伯风格特点的装饰开始在西班牙地区蔓延。

当时的西班牙织物中，以金银线装饰的提花丝织品最具代表性，并出现了如库法体阿拉伯文、纳斯基草书等阿

拜占庭风格织物艺术

拉伯风格的图案装饰，为削弱纳斯基草书过分生硬的棱角，还在图案之中加入花草纹、涡卷纹、棕榈叶等图案进行柔化。此外还有一些中世纪寓言插图的内容，如狮鹫、双头鹰、狮子、孔雀等纹样也较流行。

12世纪，西西里及埃及装饰在一定程度上影响了西班牙的织物，较宽的条带图案交互在织物上，装饰形式明显简化。13世纪，"西班牙摩尔式"的图案大量运用，图案以横向、纵向、对角等线条组织，形成方形、星形及玫瑰形等复杂的效果。

3. 灯饰

在中世纪早期，大部分照明工具的形式较简易，以陶、木为主要材料。在欧洲教会及皇室的宫殿，出现了最早的吊灯，多以木材为主，呈十字形，结合凸起的木钉固定蜡烛。随着吊灯逐渐普及，灯的样式和制作材料出现变化，灯冠的层次增多，尽可能多地布置蜡烛。材料更加豪华，大量采用鎏金青铜、银以及天然的水晶等材料。另外，烛台的样式日益丰富，收藏于格洛斯特大教堂的一件青铜镀金烛台，通体运用镂空雕刻，台座将烦琐的龙与怪兽盘踞在一起，中间的部分还有四位福音传播者，并在烛台顶盘外沿刻有"神圣之光在黑暗中闪烁"的文字。

4. 画品

拜占庭时期的艺术融合罗马晚期及东方艺术的特征，内容包括马赛克镶嵌画、壁画、圣像画等，大量装饰于教堂的天花板及墙壁，题材主要是《圣经》中的故事和统治者的生活，严格遵循神学所制定的传统样式。艺术效果多采用对称构图，造型较概括、抽象，视觉效果极其华丽。尤其是在镶嵌壁画方面成就突出，主要镶嵌小块的彩色理石或彩色玻璃。

拜占庭时期出现了架上绘画，使用胶、蜡、碱液混合的丹培拉完成，有的用鸡蛋丹培拉制作。描绘人物时，暗部采用微妙的绿色与红色，形成对比，并运用一些沥青类的透明颜料，使画面效果更加和谐。

仿罗马时期的绘画与当时的教堂紧密相连。法国圣萨凡教堂的门廊壁画具有代表性，该壁画取材于《新约》故事，采用单线平涂的手法，画面效果非常质朴。细密画在那个时期很快得到发展，形象概括，色彩华丽。如法国的勃艮第四托修道院画派、德国的雷赫瑙画派，都创作出了大量的作品。另外，绘画运用配套的画框，标志着绘画装饰逐渐成熟。

13世纪是西方绘画技术发展的重要阶段。当时的"马

荷兰画家迪尔科·鲍茨的作品《最后的晚餐》。空间室内设计与陈设有明显的中世纪装饰特点，在室内所悬挂的吊灯，已具有相对完善的造型设计，但当时，类似图中的灯饰仅局限于贵族空间使用。

意大利拉韦纳圣维塔尔教堂镶嵌画《狄奥多拉皇后与侍从》

拜占庭时期的圣像绘画

帕·科拉维克拉"手稿详细记述了微型绘画的制作方式以及镀金工艺的制作配方，胶蜡颜料运用于木板、画布，蓖麻油作为丹培拉及胶画上光油的内容。

5. 花品

中世纪，鲜花被赋予神圣的含义，如百合象征圣母，代表圣洁；粉色石竹象征神性的爱。可见，花卉象征宗教信徒们的虔诚之心。新鲜花卉作为献给神的礼物，陈设于教堂或祭祀的场合。中世纪的宴会厅中，为营造自然清新的氛围，贵族用大量绿叶铺满宴会厅的地面。平民在自家院中种植新鲜花卉，并陈设于室内，作为装饰。

欧洲中世纪教堂壁画

6. 其他

金属制作工艺在中世纪有了较高的发展。拜占庭的金属珐琅工艺成为当时最具代表性的工艺门类。艳丽的珐琅彩与金银等贵重金属制作成圣十字架、圣遗物箱等与宗教相关的物品。

仿罗马时期的雕塑艺术与宗教密不可分。如教堂大量运用圆雕及浮雕的装饰，并采用民间寓言故事等题材，同时借由看似夸张的人物造型反映独特的创作视角。

仿罗马式的金属工艺受到加洛林王朝艺术（查理曼统治时期，768—814 年）的启发，明显承袭古典时期的题材和样式。其中，以金属制作的基督教圣物盒最为流行，结合雕塑、镶嵌等工艺，题材以宗教及历史人物为主。形象刻画上，采用写实手法，强调人物气质及微妙细节。

哥特时期的浮雕装饰很有代表性，尤其是高浮雕的创作，突破以宗教为题材的限制，出现了带有世俗情感的内容。对于人物情感的表现尤为突出，并在造型、动势上有明显改变，如意大利雕塑家 G·皮萨诺在普拉多大教堂制作的圣母像，形成明显的动势，人们将其形象地称为"哥特式倾斜"。彩色玻璃窗镶嵌画是哥特教堂最具代表性的装饰工艺品，运用铅制条框围合成轮廓，镶嵌红、蓝、紫等色彩玻璃，在光线的影响下形成美轮美奂的效果。珐琅镶嵌工艺在哥特时期非常成熟，通常是在金属浮雕表面施以透明的色彩釉料，使金属器物形成更加丰富的装饰效果。这种工艺大量运用于装饰圣遗物箱及容器。

拜占庭时期的银壶　拜占庭时期的金属器皿，以黄金与玉石相结合

（四）文艺复兴时期的室内陈设

1453 年，土耳其入侵拜占庭，大量希腊学者涌入意大利，他们携带了许多珍贵的古代文献，其中包括罗马建筑师维特鲁维的《建筑十书》，这为欧洲文艺复兴的建筑及室内装饰奠定了基础。出版社的出现使得人们有足够的时间研究古代装饰。在泰特斯的巴斯罗马艾斯奎莱山上，人们发现了耐诺金屋。拉毛灰泥的壁面遗迹为 16 世纪的室内装饰提供了良好的素材，并影响了壁画、家具、织物、金属、陶器等装饰。

意大利的威尼斯与热那亚是当时较有代表性的贸易港口城市，这为意大利的经济发展提供了有利因素。佛罗伦萨及米兰等城市达到前所未有的繁荣。日渐富裕的商人们开设银行及交换所，并乐忠于为各种装饰艺术提供赞助。罗马主教更是呼吁恢复罗马的世界核心地位，一些新的宫殿及别墅需要更加专业的人员来设计，"建筑师"作为一个专业称谓开始出现。文艺复兴便在这样的背景下产生，并经由意大利传播至欧洲各国。

文艺复兴时期，古典风格的样式广为人知，石材墙面运用粗细不同的质地，叠柱、券柱式、拱门、拱廊等元素显得独具特色。室内采用理石及拉毛效果的墙面，拥有丰富多样的古典细节，尤其在一些较大型的宫殿建筑中更加精致，壁画用来烘托奢华的氛围。

当时的空间功能也发生了不小的改变。除了用于正餐的大厅，还出现了专门用于品尝甜食的"小宴会室"设置在花园中。面积不大的空间，内部摆放样式简单的桌椅，陈设糖雕、糖渍的鲜花以及水果。

书房作为一种展示学识及财力的空间备受重视，兼具会客功能。寝室更加华丽，运用理石铺设地面，绘画、毛皮或织锦是室内墙壁较流行的挂饰。家具数量不多，但更加温馨、精致，床以支撑架被设置在较高的平台上，罩篷加强了私密性，箱子是重要的储物家具及坐具。

人们越来越重视空间私密性，与卧室相连的区域单独设置"密室"（有一种说法，"密室"的前身是专门用来做祈祷的祈祷室），可在此阅读、写信等。整个密室虽然空间面积有限，但非常华丽，精雕细琢的陈列柜成组摆放，并陈设大量珍奇古董供人欣赏。祈祷书是密室中最重要的陈设，往往被忠实的信徒以精细的天鹅绒及丝绸包裹书封，配以丝质的流苏，点缀着带有贵族纹章的黄金或鎏金纽扣。此外，密室也是欣赏袖珍画的理想空间，袖珍画通常请专人绘制，所绘内容一般是自己家人的肖像，并装饰在精致的小型相框中，储纳在柜子里。主人在闲暇之余欣赏，或用来怀念身在远方或已逝的亲人。很长一段时间里，密室一直作为纯粹的私人空间，设置在家中。随着时间的推移，密室最终成为"陈列室"，即陈设家族成员肖像或壁毯、绘画及雕塑的大型空间，同时增加了会客功能。

1. 家具

意大利文艺复兴时期最著名的家具是体量庞大的婚礼箱，箱子的装饰非常华丽，有人还专门聘请画家在箱子的

文艺复兴时期的住宅空间

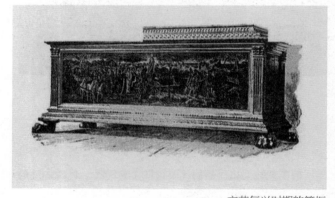

文艺复兴时期的箱柜

文艺复兴时期的箱柜

嵌板上进行绘画装饰，题材以古典神话、宗教或文学为主。此外，还有运用浮雕涂金工艺的装饰。16 世纪，箱子的装饰出现变化，彩绘逐渐减少，更多地模仿古代的石棺，样式更加厚重。带有靠背和扶手的椅式箱子逐渐普及，用来储纳主人的财宝，也是财富与地位的象征。这个时期，轻便的 X 形椅大量普及，在意大利称为"萨伏那诺拉椅"或"但丁椅"。除此之外，家具镶嵌技术在意大利充分发展，将青金石、理石、金属等材料镶嵌在家具面上，形成富丽堂皇的效果。

文艺复兴时期的箱柜　　意大利斯卡贝罗风格的椅子

在法国，大量古典装饰、神话题材的内容以雕刻的手法运用在家具上，如斯芬克斯、哈尔毕厄（希腊神话中的鹰身女妖），同时，狮鹫作为装饰运用于婴儿摇篮车上。餐桌及餐具柜是法国的最主要家具类型，餐具柜的设计，受到了建筑的影响，分上下两部分，依靠壁缘支撑，并在壁缘上固定抽屉。后期出现了一种以断裂山花为顶部、螺线形细腿的碗橱，装饰愈发丰富，柜体采用精致的雕刻，并用贵重的实木及理石进行镶嵌。椅子的设计轻便，主要框架均呈柱形，依靠下方的几根撑架支撑。靠背较低，有时在扶手处雕刻公羊头的造型。

西班牙家具在文艺复兴时期尤为突出，"穆德哈尔式"工艺成为典型，用丰富的木料及骨料进行镶嵌。金属工艺与皮制工艺在家具中使用较为普遍，锻打铁艺及银制工艺大量运用于家具装饰。

英国文艺复兴家具的特点集中体现在伊丽莎白女王执政时期。二至三层的橱柜依旧是富有与尊贵的象征，支撑架制成兽形，衬托豪华的银制餐具。宫廷中，这类餐厨采用豪华的镶嵌工艺。一种球茎形的装饰被大量运用，如桌子的腿部、橱柜等。其中，"茶杯和盖子"的造型尤为突出，球茎造型上面采用雕刻的手法，装饰叶形图案，搭配爱奥尼克柱头与女神像，厚重而烦琐。

2. 织物

14 世纪，佛罗伦萨及威尼斯的丝绸工业进入繁盛期。威尼斯最具代表性，如著名的纯丝制品"Diasperity"，另外还有以亚麻及丝的混合织品"Sarantasimi of linen"。织物主要运用植物、鸟兽、人物等装饰图案，以及狮鹫及狮子的象征性图案。东方织物纹样对当时的意大利织物产生较大影响，萨珊王朝的纹样多采用不对称装饰，形成明快多变的效果，这一点深刻影响了意大利的织物设计。15—16 世纪，意大利天鹅绒制作工艺有了明显进步，通常搭配金丝，形成富丽闪亮的效果。

这个时期，装饰以植物为代表，石榴及大型枝状图案被大量运用。另外，S 形曲线大量运用于织物纹样，简洁而富有动感，很自然地将蓟花、松果等图案以概括的手法结合起来。

在意大利，挂毯设计在 1516—1530 年间经历了一次根本性的革命，将神话场景及戏剧性的情节引入挂毯，其装饰效果宛如一幅巨大的文艺复兴壁画。其中最著名的是拉斐尔设计的《使徒行传》。刺绣方面，因壁画及雕刻的影响，文艺复兴怪异图案及烦琐多变的伊斯兰风格装饰在欧洲广为流行。

受意大利设计的影响。14 世纪的西班牙，丝绸装饰逐渐摆脱"西班牙摩尔式"中的阿拉伯元素，鸟兽等纹样逐渐减少，植物装饰大量运用，如棕榈叶、莲花等，常搭配浅米色、红色及绿色。刺绣工艺明显进步，复杂交错的编织图案在西班牙广为流行，在平纹缎子上以金线刺绣而成，并通过加厚，形成较立体的浮雕效果。

16 世纪的意大利刺绣

荷兰风格吊灯

文艺复兴风格的贵族空间内，壁毯作为当时重要的室内张设被大量运用。

英国伊丽莎白时代，室内织物的配色呈现出富丽缤纷的效果。印度或波斯的毯子出现在宫廷中，更多情况下，悬挂在墙壁或作为桌布，只有极特殊的情况下铺在地面。因此，毯子的称谓有所不同，铺在家具上的是"边毯"，铺在地面上的是"地毯"。此外，拉毛或拉绒工艺运用于毯子或软垫，并有一个特殊的名字——"火鸡"。

3. 灯饰

15 世纪的吊灯以金属吊灯为主，尤其在德国、荷兰等地非常普及，一般以银及黄铜制作，再做抛光处理，体量巨大，呈圆形，搭配线形的灯茎，在光线的映衬下形成闪亮夺目的效果。16 世纪末，法国将经过打磨的水晶运用于鎏金的青铜吊灯上，但这种以昂贵材料制作的灯具仅出现于皇室宫殿中。

1676 年，乔治·雷文斯克罗夫特（英格兰人）改良了铅水晶的制作工艺。这种水晶非常便于切割，并拥有比天然水晶更高的折射率。

4. 画品

文艺复兴时期架上绘画逐渐成为主流，绘画技法有了突出进步，如乔托将希腊蛋清丹培拉创作技法引入意大利，并将丹培拉大量运用于打有石膏基底的布上，用水、蛋清及无花果树枝的汁液对颜料进行研磨，使用亚麻油及山达脂进行上光处理，使绘画作品的色调更加温馨。休伯特·凡·埃克将丹培拉底色层与树脂油透明色相结合，尝试在丹培拉中加入一定成分的乳液，使丹培拉有了更加完善的覆盖功用。

绘画在此时逐渐摆脱宗教意义，逐渐与人们的生活息息相关，绘画的室内装饰意义逐渐加强。文艺复兴后期，油画因稳定的色彩与更加自然的过渡，被更多画家所关注。尤其在威尼斯一些宗教建筑或贵族的宅邸建筑中，许多壮观、雄伟的绘画题材采用油画进行表现。绘画艺术的进步使架上绘画更加流行，几乎每一幅作品都装有画框，成为室内陈设的亮点。

文艺复兴的绘画以意大利为代表，作品以写实为主，结合科学理论和对世界的实际观察，艺术作品充分利用人体解剖学和透视法，更具写实性，绘画色彩更加强调和谐自然的效果。意大利文艺复兴的代表画家有达·芬奇、拉斐尔、提香等。达·芬奇的艺术作品中充分利用科学的研究成果，体现出和谐空间与造型的处理，以及对人性深入的刻画。在古希腊，庄重、典雅、均衡之美走向现实与客观的创作境界。拉斐尔的作品更多地表现出平和自然的气质与永恒纯净的情感。拉斐尔尤其擅长圣母像的题材，笔下的圣母形象焕发着人性的真实、秀美、温情、宽容，投射出母性的光辉。提香是意大利威尼斯画派的代表画家，他以丰富的色彩变化创造了独树一帜的风格。他的画作主要借助冷暖交错形成丰富的节奏，并借由透明色削弱高纯度色彩的刺激感，形成更加微妙的色彩变化。题材表现方面，提香的作品充分表现出人的欢愉与享乐，对于当时的神学思想形成了一定的冲击。

因为地域的差异及信仰等因素的不同，文艺复兴时期的尼德兰艺术保留了许多哥特时期留下的印记以及明显的宗教气息。代表画家如凡·埃克兄弟、博鲁盖尔等艺术

意大利 达·芬奇《抱貂女郎》

意大利 拉斐尔《西斯廷圣母》

意大利 提香《酒神巴库斯和阿里阿德涅》

尼德兰 扬·凡·埃克《画家夫人玛格丽特像》

尼德兰 勃鲁盖尔《巴别塔》

德国 荷尔拜因《大使们》

大师。凡·埃克兄弟的作品强调明暗及透视关系，擅长肖像画、风俗画以及风景画，尤其在人像描绘上更加突出，强调细节的刻画，对于画面内容的质感刻画得更加深入。勃鲁盖尔被誉为尼德兰艺术史上的"农民画家"，其创作题材多以农民生活为主，造型夸张怪诞，具有深刻的隐喻色彩。

德国文艺复兴艺术表现出更加严谨的气质，在那个时期诞生了大量肖像画及风景画作品，尤其在版画方面有着突出的贡献。代表画家如丢勒及小荷尔拜因等艺术名家。丢勒的作品呈现出德国文艺复兴艺术特有的严谨性，充分反映了对透视及解剖的研究成果，造型精确、缜密，尤其在金属版画创作方面非常明显。小荷尔拜因以肖像绘画而闻名，善于捕捉人物表情的微妙变化，对于画面细节的描绘也达到极其精细的程度。

5. 花品

随着文化艺术的蓬勃发展，插花在文艺复兴时期逐渐侧重形态及色彩的搭配，甚至强调象征及隐喻的表现，这一点从尼德兰文艺复兴时期的静物绘画作品中有所体现，并因此诞生了著名的"佛兰德斯风格插花"。常见花材如百合、鸢尾、郁金香、大丽花等，种类非常丰富，同时结合水果、贝壳等材料，对插花加以点缀，形成更加丰富的视觉效果。佛兰德斯插花主要表现为放射式的块状体，有多组放射点，花材与花器的比例为 2～3 倍。最昂贵的花材放置顶端，并不受季节限制，将四季花材插贮于一起。

此外，15 世纪末还出现了一种"千朵花"的插花形式，采用放射式插法，可呈现 3～4 面式的设计。通常"千朵花"的花材种类较丰富，花材没有明确的主次，不采用组群技巧，而是随意插贮，自然而活泼。

此时，意大利出现了"德拉罗毕亚式"的插花类型，该类型的设计创意源自意大利佛罗伦萨陶艺家德拉罗毕亚，其创作的陶艺作品为一种上釉的赤陶，并以水果与花的浮雕进行装饰。造型极具趣味性及装饰性，故而运用于

比利时画家阿姆布洛修斯·波斯夏特的作品《花瓶与鲜花》

文艺复兴时期的圣像绘画，圣母头顶除了覆盖华丽的罩篷，还串联着德拉罗毕亚式的花艺装饰

花艺的设计。德拉罗毕亚的花艺是以鲜花、水果、农作物或缎带串联为弧线造型，形成对称规则的形态，悬挂于壁面上，常用于圣诞节。

6. 其他

意大利雕塑家米开朗琪罗的作品是欧洲雕塑史上的一座高峰，在深入研究人体解剖结构的同时，着重表现人的力量与气势，以雄壮刚强的艺术想象演绎一种英雄精神。他创作的女性形象也具有刚健之气。

陶瓷在文艺复兴时期有了很大发展，其中较有代表性的是"马略卡式"陶艺。其特点是采用素烧方式，施加白色釉料，待干后进行彩绘处理。色彩艳丽缤纷，以蓝、绿、黄等色彩为主，图案有植物、人像、鸟兽，并配有文字。后期则出现了战争场景及神话故事题材，场面极其宏大，制作工艺非常成熟，彩绘手法非常写实。制作的器皿以生活用品及陈设饰品为主，如壶、花器及盘子。

文艺复兴时期，意大利威尼斯慕拉诺的玻璃制作工艺已相当成熟，并在世界上广为知名，在器形上大多模仿金属器，优美明快的色彩及彩绘技法使这种玻璃器形成独树一帜的审美效果。除此之外，威尼斯慕拉诺的镜子作为彰显财力的奢侈品陈设于一些豪华的空间，尺幅巨大，为形成更加精致的效果，带有浮雕装饰的镜框使镜子更加引人注目。

文艺复兴时期，金属制品的使用远不如中世纪时期那样普遍，但制作工艺更加精良，意大利的青铜制品极其发达，常运用于器皿及建筑的装饰当中，题材丰富多样，一些雕塑家参与金属器皿的制作，使金属装饰更富有艺术感。题材主要以神话故事及动物为主。石雕工艺大量运用于室内陈设品中，如酒杯、陈设瓶器等。除了精美的雕刻技艺，用材极其奢侈，如水晶、青金石、玉石等，搭配金属镶嵌，呈现出明显的贵族化倾向。16 世纪，法国在意大利"马略卡"陶艺的基础上研制出一种独特的风格，被称为"田园陶艺"。这种陶制品采用浮雕装饰手法，以蛇、虾、鱼以及昆虫为题材，较写实。

意大利 米开朗琪罗《圣母怜子像》　意大利威尼斯有盖高脚酒杯

德国陶艺呈现出与意大利截然不同的装饰倾向，其中"哈弗拉式"陶器最为著名，这是一种独特的铅釉陶器，釉料表面呈现出亮丽的色泽，以蓝、绿、黄等色彩为主。另外，德国炻器（介于陶与瓷之间的产品，相比于陶器有着更加严格而纯粹的选料）的发明促进了西方陶瓷艺术的进步。

（五）巴洛克时期的室内陈设

巴洛克风格源自 16 世纪末至 17 世纪初的罗马。当时，罗马教廷为消除宗教改革带来的威胁，提倡通过华丽壮观的建筑及室内风格表达对上帝的崇敬，并借此彰显对改革者的不满。17 世纪欧洲君权的加强以及贵族财力的不断

提升促进了这种风格的发展，并使其迅速蔓延至欧洲其他国家。其最重要的特点是不对称的构图形式及动感多变的造型，装饰风格更加世俗化。

巴洛克时期宫廷在功能划分方面更加明确细致，不同房间形成大大小小的套房，并贯穿相连。"礼仪房"是一种举办重大仪式及贵族进行社交活动的空间，也是彰显财力的最佳场所。这里，天顶壁画延伸出来，极具动感，富有梦幻色彩。墙壁被卢卡或热那亚的昂贵丝绸所包裹。家具的装饰较烦琐，或直接运用贵族收藏的古董家具，更多地用于参观，而并非使用。室内悬挂大型水晶吊灯、巨大的镜饰、壁毯以及古董瓷器等。此外，"沙龙"（Salon）套房开始出现。这个最早仅仅用来供国王及贵族陈列绘画作品的区域，逐渐变成兼具社交及展示功能的空间。以品评绘画为由，名流、学者们可充分展现各自的文化艺术方面的修养，间接扩大个人的知名度与影响力。

凡尔赛宫是法国极具代表性的宫廷建筑，并在巴洛克时期建造得金碧辉煌，法国贵族借此机会使这座宫殿成为举办大型宴会的舞台。专用餐厅在此时出现，比以往布置得更加严谨周密，并增加更加烦琐的礼仪，甚至每次用餐均要体现"神圣"之感。

餐桌为方形，涂上柔和的色彩，餐椅与餐桌的色彩及款式须一致。周围摆放文艺复兴及当时艺术大师的油画作品，以及镀金金属器皿、古董瓷器、盔甲、动物标本等。国王背靠壁炉处于餐桌更加核心的位置，7 ~ 8 个来宾依据个人的等级地位以同等距离就座于国王两侧，离国王越近，身份越尊贵。

餐桌摆台在当时逐渐完善，甚至堪称一种被"艺术化"的装饰性陈设。17 世纪末，国王制定了更加系统的礼仪规范，其使用的任何东西与众不同，如御用餐具是一个由黄金制成的船形餐具盒，里面装着餐勺、餐巾、试毒角等必备器具。另外，以糖、杏仁或冰制作的巨型堆塑摆放在餐桌的核心位置（确保国王始终引人注目）。菜品端上来时，根据种类及色彩摆放成标准造型，依据方形、菱形、

人字形及金字塔形的顺序依次摆放。餐巾的折叠方式非常丰富，据说可折叠成20多种样式。烛台与餐具由金银制成、搭配茂盛的鲜花。一些重大节日，还可加入喷泉、大理石雕像等装饰。

法国宴会中琳琅满目的摆盘效果

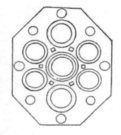

法国宴会中琳琅满目的摆盘效果

寝室极具装饰性，除了昂贵的壁面织物以及绘画外，床的装饰更加华丽，床架上布满雕刻与镶嵌，并以丝绸、天鹅绒等织物作为床帐，床单及鹅毛床垫舒适温馨。床的比例巨大，据说在贵族寝室中，一张床可容纳八个人（床不限于躺卧休息，还兼具社交功能，可与朋友在床上读书、弹琴，以及讨论一些社会热点、时尚潮流等话题）。

极其奢华的巴洛克风格室内设计　　　巴洛克风格室内天顶壁画

1. 家具

巴洛克时期的意大利家具以宫廷为代表。为彰显贵族的富有，家具装饰极其奢华，样式上具有夸张、怪诞、梦幻等特点。例如，一种名为"御椅"的坐具，通体结构采用精致烦琐的雕刻，腿部运用人像柱式。扶手呈现出动感较强的旋涡状，并搭配镀金、贴金等工艺。桌子的样式采用厚重的彩色大理石台面，腿部结合镀金工艺及圆雕，形成女神、天使、人鱼、海怪特立顿、贝壳、海豚、黑人甚至中国龙的造型。橱柜运用高浮雕，结合不同的昂贵木材，并镶嵌彩色玉石。很多空间中，橱柜必不可少，同时是富有的象征，由矩形的上台架搭配许多抽屉组成。收藏成为贵族体现身份与地位的嗜好，古籍、宝石、标本、瓷器等时髦的收藏品陈设其中。东方风格的陈设品大量流入欧洲。仿照中式或日式风格的漆柜在贵族阶层中非常流行。以漆艺作为家具涂饰的装饰手法很快便被家具制造者看中，采用红色染料并结合虫胶，涂在白色底板上，同时，精细的金粉使其持久耐用。

对法国巴洛克家具设计贡献最大的家具装饰设计师安德烈·查尔斯·布勒创造了"布勒镶嵌法"。这种家具装饰工艺是将黄铜及玳瑁胶黏在一起进行切割，再将其小心地镶嵌在装饰面上。除此之外，也会运用银、角制、贝壳等材料。为了避免镶嵌材料因气候的变化而翘曲，用精致的铸铜及镀金处理拉手及铰链等部分，形成极其精致华丽的外观。这种工艺大量运用于橱柜及桌子制作。后期布勒推出最经典的设计——"五斗柜"，其灵感来源于古代石棺的造型，呈优雅的弧线形。法国巴洛克椅子类似于意大利式椅子，装饰烦琐，为增强舒适性，后期出现了高靠背，座面低、扶手弯曲。"像传教士忏悔小室"的安乐椅在靠背部增加"翅膀"造型，基本具备法式安乐椅的雏形。

英国巴洛克家具在查理二世执政期间较成熟，椅子设计有了很大发展，椅腿通常为"麦芽糖式扭曲"的造型，栏杆式的顶部是由天使支撑王冠的形态。椅子材料以藤编和木材为主。威廉与玛丽时期，出现了靠背较高的椅子，以更好地契合贵族高耸的发饰。巴洛克时期的英国，胡桃木逐渐取代橡木，成为主要家具用材，薄板与镶嵌广泛运用。

殖民家具偏重功能设计。早期殖民者不得不在生活资料匮乏的情况下开垦荒地，从当地茂密的树林中取用木材建造房屋。家具数量较少，比例巨大的木箱用来储纳衣物及生活用品。兽皮或由干草填充的床是全部家当。后来，与英国频繁的贸易活动推动了生活水平的提高。一个美洲家庭起居室内，有低矮的木质梁架，窗户由油纸或小玻璃拼合，室内以壁炉为中心。由此，"殖民式家具"应运而生，移民者们为适应当地生活环境对家具样式进行了一定程度

的改良。家具样式主要承袭英式风格，具有浓郁的中产阶级趣味，多具有佛兰德斯文艺复兴样式、英国巴洛克样式以及雅各宾式的特征（因当时信息获取方式有限，英国伦敦的新兴设计经很长时间才可传至其他地区。有的样式甚至经几十年才可被殖民地熟知）。17世纪晚期，部分住宅依旧保留中世纪建筑特色，家具风格并不明显，具有储藏功能的家具为主要陈设。除此之外，一些造型朴素简约、极具乡村风格特点的桌椅也较为流行。

卡尔文椅、布鲁斯特椅与板条椅是殖民风格最具代表性的家具样式。最典型的特征是靠背部采用纺锤式棍状靠背，卡尔文椅运用一排纺锤，布鲁斯特椅运用两排纺锤，甚至在椅子的下半部分也采用此类造型。板条椅的靠背部分更加简约，靠背采用规则的板条样式，有的椅子座面由藤条编制，显得极其朴素。

软包椅是较流行的坐具样式，靠背及座面运用皮革或土耳其织物包衬，椅子腿部具有17世纪车木腿型的特点，如圆节点形、螺旋形等样式。

桌子通常采用简约厚重的形态，腿部造型较粗壮，异常稳定。腿型多来源于17世纪家具腿部的样式，如喇叭形、圆形节点形等。

路易十四时期的家具

路易十四时期的家具

威廉·玛丽于 1689 年继位之后，进一步增强了英国与美洲的联系，一些新兴的家具样式及先进技术大量流入殖民地，使其装饰特征相比于早期殖民时期更加丰富。橱柜类家具依旧是美式风格最具代表性的家具类型，除硬实方正的形态，两个或四个抽屉提高了功能性。高脚柜采用倒起伏夸张的喇叭形，结合腿部，加强家具的美观性。桌椅类家具的样式更加丰富，大部分采用形态纤细的车木旋腿，搭配"布拉冈扎"式脚，如著名的波士顿椅、门腿桌等。波士顿椅约流行于 1715 年，造型纤细高挑，靠背运用柔和的曲线造型，座面部分采用皮革软包，腿部前端运用车木横撑及车木腿，搭配布拉冈扎式脚。后腿与靠背相连，直至连接到背顶。

2. 织物

自 1637 年起，花卉图案大量出现在意大利刺绣上，巴洛克风格特征逐渐明显。图案中有丰富的植物枝蔓，搭配玫瑰、蓟花等造型。色彩对比更加强烈，互补色的运用是一大特色，如红与绿、明黄与蓝、金与紫等。17 世纪中期，锦缎的制作达到较高水平，柔和的光效衬托金色或彩色织就的丝线图案。刺绣方面，教堂以丝绸或装饰金线的刺绣作为室内陈设的盖布。一些窗帘及桌布以天鹅绒以亚麻布或丝绸为底的刺绣进行装饰，图案采用精致的花卉。

法国巴洛克时期，织锦壁毯业空前繁荣，并于 1662 年成立著名的戈贝兰织物所，生产大量壁毯设计珍品。这个时期的织锦壁毯，尺幅宽大，做工精致。通常这种壁毯经线采用麻或锦，纬线多采用丝或毛，搭配金线，呈现出华丽的效果。一些艺术家参与壁毯设计，壁毯有了非常高的艺术价值。效果以写实为主，以希腊神话、历史战争为题材，其中，以路易十四生涯为题材的《国王的故事》壁毯多达 14 幅。法国巴洛克风格的刺绣强调将装饰与古典风格相结合。17 世纪 90 年代，刺绣结合文艺复兴时期的装饰以及远东纺织品上的图案，形成较新颖的视觉效果。

英国巴洛克时期，亚麻做底的刺绣采用丰富的卷花图案，并将印度风格的图案运用于绒线刺绣的挂件。或许是受到绘画的影响，在荷兰，利用针绘技术，将静物画融入本国织物。

3. 灯饰

巴洛克时期，水晶吊灯在宫廷中的运用更加广泛，法国国王路易十四以大量水晶鎏金吊灯装饰凡尔赛宫，以彰显皇室的财力。此外，还有一些以木制吊灯，易于雕刻，方便加工，多有涡卷形曲线的灯臂以及丰富的细节。以金属制作的六角形罩形灯广泛运用。这种灯饰有玻璃制成的灯罩，相比于装饰华丽的枝形吊灯更加实用。

巴洛克时期国王宫廷的壁毯，描绘了 17 世纪法国宫廷的陈设布置，内容丰富

凡尔赛宫内部悬吊巨型水晶吊灯

巴洛克时期一些较豪华的空间中，运用一些造型烦琐的壁灯，通常与镜子连接在一起，加强照明效果，并结合雕刻，华丽而精致。雕刻的题材一般是天使、花卉、莨苕叶等图案。此外，还有一种造型简洁的框式壁灯，以矩形或倒梯形的框架，搭配玻璃灯罩。

蜡烛在 17 世纪是非常昂贵的奢侈品（平民通常将点燃的灯芯草浸入动物的油脂，进行照明，或直接借助壁炉的火光）。这使得烛台更加华丽，较有代表性的是枝状烛台，细节精致，植物曲线自然流畅，并常以白银制成。

4. 画品

绘画的陈设意义在 17 世纪变化明显，鉴赏及收藏绘画名作成为彰显贵族品位的标志。1667 年，在路易十四的支持下，法国宫廷举办了欧洲第一个真正意义上的美术作品展览。

绘画的题材逐渐通俗化，肖像画开始增多，并广泛陈设于大厅、卧室及书房。巴洛克作为主流风格对欧洲绘画产生了较深远的影响。画风崇尚华丽、动感的效果及个人情感的表现。巴洛克的法国代表画家是西蒙·弗埃和夏尔·勒布伦。西蒙·弗埃的作品深受意大利画家卡拉瓦乔和威尼斯画派影响，奠定了其在巴洛克时期艺术大师的地位，并成为路易十三的首席宫廷画师。他的作品常借助欧洲古代典故，深入细致地刻画人物。

弗兰德斯（弗兰德斯是西欧的一个历史地名，泛指古代尼德兰南部地区，位于西欧低地西南部、北海沿岸，包括今比利时的东佛兰德省和西佛兰德省、法国的加来海峡和北方省、荷兰的译兰省）的绘画以鲁本斯的作品为代表。他的作品以强烈的动势和明亮的光效著称，擅长表现健康、激情的人物形象以及丰富的戏剧性，在作品《劫掠吕西普斯的女儿》以及《斯卡蒂斯河神与安特卫普》中体现得淋漓尽致。

荷兰艺术大师伦勃朗擅于使用光影的对比表现作品的效果，将人物的形象、光影以及质感表现得极其逼真，并形成丰富的空间层次，如他的代表作《夜巡》极具创作特色。除伦勃朗之外，荷兰涌现出许多绘画大师及名作，如维米尔所《戴珍珠耳环的少女》、哈尔斯《吉卜赛女郎》等。

弗兰德斯 鲁本斯《斯圣母开天》

荷兰 伦勃朗《萨斯基亚扮作的花神》

荷兰 维米尔 《倒牛奶的女仆》

5. 花品

西方插花在 17 世纪迎来第一个繁荣的时期，植物学及园艺设计有更大发展，欧洲皇室成立了许多从事植物研究的实验室。东方进口的瓷制花器对西方插花产生较深刻的影响，除了作为陈设饰品之外，广泛运用于插花。西方插花技巧已较成熟。花材的选择、形态、色彩、主次均有一定之规，并采用更加丰富的形态设计，常见的有金字塔形、圆形、扇形、菱形等。花材的选择方面，多采用色彩艳丽、体积较大的花卉品种，除玫瑰、蔷薇、百合、鸢尾、大丽花等主要花材之外，还有石竹、唐菖蒲等。路易十四的凡尔赛宫中，因宫廷庆典的需要，大型花艺非常普遍，花艺多采用圆形、半圆形或舒展的扇形，插花作品中的花材种类明显增多，整体效果饱满而庄重。

巴洛克插花 1

巴洛克插花 2

法国画家夏丹的花卉作品

修饰性花艺有了更加显著的发展，大量运用于室外及室内的植物造型设计中，受宫廷趣味的影响，植物造型强调样式的新奇与动感的设计，如球状、锥状、螺旋状等，由下方开始修剪，形成自然和谐的效果。

当时，"可乐尼亚式"的插花较有代表性，采用放射式的插入方法，形态较密集。几种材料重复，叶子主要作为辅助性材料使用，后期大量运用于新娘捧花，广受欢迎。

6. 其他

巴洛克时期的代表雕塑家是意大利的贝尼尼，他的作品充分体现巴洛克风格动感、鲜活和梦幻的审美特点。《普拉东抢劫珀耳塞福涅》将人物之间争斗时激烈的动态表现得淋漓尽致。《圣德列萨的迷幻》将修女德列萨恍惚迷幻的神情刻画得恰到好处，对人性进行更深刻的挖掘。

巴洛克时期，意大利威尼斯依旧是欧洲玻璃生产重镇，代表器具是各式各样的高足酒杯，色彩丰富，质地莹润，搭配成熟的玻璃刻花工艺，雕琢出复杂的花卉纹样。德国纽伦堡则擅长珐琅及旋盘宝石刻花技术，与威尼斯形成不同的装饰风格。

意大利 贝尼尼《普拉东抢劫珀耳塞福涅》

巴洛克时期的金属工艺空前繁荣，大量制作精巧、造型多样的金属器丰富了人们的生活，尤其在室内陈设方面，个个造型奇巧，别具匠心。德国奥格斯堡生产的金属器盛行于欧洲，其中不乏以人物、动物为造型的器皿，形态逼真，兼具实用功能。

陶瓷制作方面，荷兰德尔福特受中式及日式瓷器的影响，创造出带有浓郁东方风情的"中式风格"陶瓷，并运用花鸟、亭台楼阁、龙、狮子以及中国人物等图案对瓷器进行装饰，即"希诺瓦兹里纹样"。同时，参考中式青花瓷，多采用青、白两种色彩。为适应西方人的生活方式，器皿造型以欧洲传统造型为主。

（六）洛可可与乔治亚时期的室内陈设

17世纪末，烦琐浮夸的公共生活方式逐渐被贵族厌倦，人们开始将心思花在自己的住所及别墅的装饰上，个性化、舒适度成为室内装饰的主命题。除了一些礼仪性较强的场所，浪漫、纤细、精致的室内设计大量出现，这率先体现在贵族开设的旅馆中。1699年，法国勃艮第女公爵的"小动物园宫"被一个富于朝气的年轻设计师设计成有"孩童般的趣味"的装饰主题，标志着巴洛克的时代被新的室内装饰风格取代，即"洛可可"。由此，"洛可可"

以一种截然不同的审美效果成为18世纪早期室内装饰的主流。

"接待厅"作为重要的礼仪性空间，有着更加完善、一体化的设计效果。在法国，柔和圆滑的曲面充满了整个空间，弱化了顶面与墙壁的界限。大型木制吊灯上涂刷鲜艳的色彩，搭配水晶，形成空间的焦点，一些落地烛台陈设在空间的角落。为形成更加理想的夜间照明效果，壁毯被白色、"粉笔色"的木制壁板或丝绸材质的壁布所取代，雕花采用花卉、莨苕叶、天使的造型，以及Chinoiserie风格的元素，如中式园林、花鸟、官吏等内容。有的墙面运用红色及蓝色的单彩画，描绘四季、自然风景、四德（勇、义、智、节）等内容。很多细节采用金色处理（便于在夜晚的烛光下形成闪烁的效果，也不难解释当时贵族的服装上均采用金银等反光性较强的线条）。

部分家具依旧摆放在靠墙的位置，为与室内其他装饰和谐统一，沙发或座椅运用相同的色调，靠背顶部微微隆起，与墙壁嵌板下端的隆起完全契合。另一组家具摆放在空间核心，方便贵族谈话或打牌。单独的两个座椅陈设于壁炉两侧。椅子在不同的季节由不同的织物包衬，夏季采用印花棉布及丝绸，冬季采用装饰大马士革图案的织锦或

洛可可风格室内一景，家具以壁炉为核心进行陈设

洛可可时期的壁面装饰，淡雅的色彩以及精致的植物雕刻成为较有代表性的装饰元素

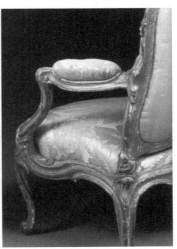

路易十五时期的家具细节

天鹅绒。同时，根据色彩及纹样，采用不同的窗帘及布艺挂饰。壁炉上方流行悬挂狭长的巨型镜子，烛台摆放在镜子两侧，一方面可在视觉上拓展空间，另一方面可在夜晚形成更加完美的间接照明效果。壁炉架上摆放"扭曲"的"壁炉钟三件套"（一个壁炉钟加上两个枝状烛台，通常以铜鎏金制作）。壁炉口设有小型屏风，除了挡风还可起到一定的装饰作用。

路易十五统治时期，除了公共性质的大型集会，人们愈发享受更加安静的小型聚会与家庭时光。专门供贵族家庭使用的侧房非常重要，通常设在社交空间不远的位置，根据访客类别的不同，使用功能也有所不同，如有的用来专门接待重要客人或密友，有的供家族成员使用。空间陈设更加灵活，富有生活气息，家具样式的设计强调简洁实用，为满足小型空间的需求，家具比例较小，并采用精美的古董及绘画进行点缀。

18世纪初的宫廷宴会与早期并无过于明显区别，但摆台的细节越来越多，"什锦盒"的陈设开始普及，除了大小不等的餐盘及一些甜食被精心罗列其中，盒子上方还设有小巧的烛台，成为当时宫廷宴会的主要照明工具。

宫廷宴会不断"叠加"的礼仪终于导致贵族们有所不满，国王本人也厌恶这种礼节烦琐的集会。"保守主义者"指责其有违皇家传统，甚至"伤风败俗"。尽管如此，小型聚餐逐渐增多，路易十五有两个餐厅，一个在春夏两季使用，一个在秋冬季节使用。此时，"餐厅"作为固定的用餐空间更加明确。国王经常举办一些较放松的聚餐活动，参加的人多是较亲密的近臣，空间与座次也不固定。餐桌的陈设逐渐摆脱了严谨的规格，菜品的内容愈发丰盛。路易十四时期军费开支庞大，金光闪闪的金银餐具被美丽雅致的彩瓷取代，使得用餐环境更加优雅闲适。

寝室的设计比以往更加隐蔽，床通常靠墙摆放，罩篷的面积有所加大，有的床甚至设置一个附室。

洛可可风格无疑影响到欧洲其他国家，如俄罗斯、瑞典、意大利等地区，甚至处于分裂状态的德国地区。曾在巴黎游学的设计师弗朗索瓦·库威利斯创造了著名的"巴伐利亚洛可可风格"。他设计的空间非常独特，称为"镜厅"。这是一种规模较小的室内空间，室内主体以冷灰色系为代表，墙壁及家具上的金色线条在多面镜子的反射下形成更加梦幻的效果。另一种"腓特烈洛可可"则在腓特

波斯坦无忧宫内的装饰与陈设

波斯坦无忧宫内的装饰与陈设

烈大帝的倡导下兴盛起来，设计师约翰·奥古斯特·纳赫将棕榈树、中国龙等元素融入洛可可风格设计。

当时，英国依旧坚守自己的装饰传统。18世纪初期，英国贵族主要生活于私人住宅中，如果宫廷没有重要的议会或重大庆典，他们更乐意在乡村别墅中较闲适放松地生活。当时的设计师主要是一批有着学识的文化学者，对艺术及建筑有独到见解，这无疑对室内陈设产生了深刻的影响。

乔治亚风格广为流行。这种风格强调欧洲古典时期建

乔治亚风格的室内装饰

英国可折叠式餐桌，折叠后可作为壁炉屏风

英国翼状扶手椅

筑以及文艺复兴帕拉蒂奥式的设计原则，对称、严谨、典雅的建筑结构与传统装饰对其影响深远，尤其在英国的一些殖民地区，备受富裕商人的青睐。住宅、庄园宅第、乡村别墅以及边远地区的农家院落中均可找到这种风格的踪迹。

乔治亚式风格有丰富的门廊装饰。空间功能区域划分更加严谨、明确，并分隔了独立的书房。白色石膏以及古代题材的浮雕及花边使英国室内装饰设计明显区别于法国。家具方面，虽然早期时髦的镶嵌工艺流行一时，但最终还是被简洁实用的样式取代。一些家具仅在局部保留部分雕刻细节。另外，随着室内功能的丰富及娱乐活动日益增多，家具功能出现了更细致的划分。

便捷的家具设计使许多家具并非固定陈设于一个区域，经常将不同的家具自由转换于沙龙、退避室、音乐室等空间中。如一种轻便小巧的三叠桌，有可以展开的桌面用于喝茶，桌面再次收起时，铺上一张桌布成为牌桌。一种有着三足支撑的收放式圆桌，桌面与下半部分自由折叠或旋转，桌面平放时作为早餐桌，竖起来作为遮挡壁炉的屏风。书房中，一种专门用来书写的写字柜，有隐藏性的台面，搭配小型抽屉与放置信件的架子，并在上方设有双开门的书橱。

与以往不同的是，人们愈发重视空间私密性。走廊的出现使每一个卧室都相对独立，一些高层建筑中，每一层楼梯均设平台，通往不同的空间。更私密的卧室开始出现，并强调在门的位置不可以直接看到床，必须有相应的遮挡物。家具的舒适度有所提高，流行于18世纪的翼状扶手椅陈设在老人的房间，与床相对，通体以柔软的内衬及织物包裹，靠背两侧往往设有弓形起拱，头可靠在上面休息。虽然如此，卧室依旧没有完全摆脱社交用途。

1. 家具

法国洛可可风格在家具方面呈现出与巴洛克截然不同的美。路易十五执政时期，沙龙文化在宫廷中十分流行，社交及文艺活动主要由贵族妇女主导，因此，法国宫廷装

饰完全摆脱路易十四时期辉煌磅礴的装饰意向，转而走向强调自然优雅的审美品位。路易十五式以其精致柔美的装饰效果与绝对的舒适度赢得法国宫廷的喜爱，并成为当时最为流行的家具风格。

路易十五式家具以曲线为主，刻意避免直线，多搭配C形或S形装饰。腿部运用经典的"卡布里式腿"（Cabriole Leg，S形），也被形象地称为"芭蕾舞式腿"，样式极其轻盈，脚部采用涡叶形装饰（Scroll Leaf）或海豚头形装饰（Dolphin Head）。框架部分采用雕花，搭配贴近或木材本有的色泽。靠背、坐垫、扶手、床垫采用软垫，面料以丝绸、印花棉布、大马士革锦缎或天鹅绒为主。

较经典的路易十五式坐具分为以下几类：

（1）"Canapa 长椅"，又称"土耳其床"，一种座面宽敞的椭圆形沙发椅，靠背、扶手与腿足部分蜿蜒起伏。

（2）"Fauteuil 椅"，最典型的路易十五式椅型，扶手向外开敞，座面前端较宽，后端向内缩进，稳重舒适。

（3）"Bergere 椅"，一种类似于单人沙发的安乐椅，运用弹性座面，内外均以织锦软垫包衬，非常舒适。有的靠背两侧类似于翅膀，有很强的围合感。

斗柜是最具代表性的橱柜样式，柜面上采用实木拼花工艺（饰有花卉图案、风景及人物）。局部运用镀金的铜饰件（以人物胸像、花卉为主要装饰），营造出富丽的效果。台面多运用角砾岩大理石（当代制作方式较简易，多以油漆或彩漆饰面，简化镀金铜饰件，而台面多以木材取代大理石）。

"Bureau 椅"是最为经典的桌类家具，写字桌装饰华丽，腿部纤细优雅，带有明显的路易十五装饰特点，常用于贵族府邸的书房中。三个抽屉上饰有镀金铜饰件。另有一种活动门板桌，桌子上组装一种自由开启的面板，可作为写字台。路易十五式的桌子边侧多呈婉转的弓状，被形象地称为"丘比特之弓"。

18 世纪初期，英国上流社会流行休闲放松的生活方式。英国贵族将目光投向乡村地产。大批学者参与乡村住宅建设，提升了住宅品位与质量，乡村住宅在将近一个世纪的时间里愈造愈繁荣。

安妮女王式家具便诞生于这样的背景下，其摒弃华丽的饰面，以优雅简洁的线条为主要元素。最经典的莫过于安妮女王椅，其运用箍形椅背顶及花瓶造型的波状曲线靠背，搭配"落进式"带垫装饰，扶手采用涡卷形，形状酷似牧羊人带有弯钩的棍杖，运用延长、高挑的 S 形腿，前腿膝部通常饰以扇贝形装饰、狮面或卷叶形装饰，足部饰有肉趾脚、漩涡型脚、狮脚及爪球状的装饰（爪球状脚源自中式古典装饰"龙戏珠"）。因其形态纤细优雅而称之为"线条美人"。安妮女王式的用材通常以橡木、胡桃木为主，受中式家具影响，饰有黑色或红色的油漆。

法国勃艮第风格写字桌

洛可可风格写字桌

法国 镀金山毛榉木羊毛织绣沙发

齐宾戴尔式，也称 "托马斯风格"，是 18 世纪英国最为著名的家具样式，也是历史上第一个以家具生产商的名字命名的家具，并成为高级家具工艺的代名词。其倡导者托马斯·齐宾戴尔（Thomas Chippendale，1718—1779 年），是 18 世纪享誉世界的英国家具生产商与家具设计师，因其大力改革并推广欧洲家具设计，被称为"欧洲家具之父"，自 1753 年于伦敦圣·马丁街开办"橱柜和室内装潢货栈"而彰显出独特的经营天赋；于 1754 年推出著作《绅士与橱柜制作者指南》（*The Gentleman and Cabinet-Maker's Director*，配有 160 幅插图）。该书几乎成为当时伦敦家具样式的集大成者，自此齐宾戴尔名声大噪，甚至影响了背美及英国殖民地的家具设计师及工艺师。伴随着层出不穷的家具样式，齐宾戴尔的影响一直延续到 18 世纪末。

齐宾戴尔式家具的风格多变，包括洛可可、哥特等欧洲历史上极具代表性的家具装饰特点，同时促进了"中式风格"在欧洲的流行。当时，齐宾戴尔为英国皇室所设计的一套具有"中式韵味"的宫廷家具，引起当时欧洲家具界的强烈反响。

齐宾戴尔式椅子的靠背颇为独特，与安妮女王式柔软的波状曲线靠背不同，椅子的靠背相对硬朗，无过多起伏，并运用烦琐的镂空雕花，形成富丽的装饰效果，除了箍状背顶之外，多采用弓形背顶板，两侧向上翘曲，有三种靠背类型最常见：

（1）薄板透雕靠背（Splat Back），有绶带、竖琴等花纹。

（2）阿利斯靠背（Allis over Back），采用中式风格或哥特风格窗花。

（3）梯背（Ladder Back），有四根横档，呈弓形。

齐宾戴尔式的腿部较粗壮，前腿上端较宽，通常饰以扇贝形装饰或卷叶形装饰，足部饰有毛脚及球爪状的装饰，有的家具前腿采用方正的直腿，后腿采用弯弧的弯刀造型，四腿之间设有横撑，更加简练利落。后期于美国流行的齐

英国齐宾戴尔式家具

英国齐宾戴尔式家具

美国齐宾戴尔式家具　　　安妮女王式家具

北美后殖民时期的柜子，顶部造型为"无边软帽顶"

北美后殖民时期的翼状扶手椅

意大利洛可可风格家具

契合宫廷贵族的品位。更具有实用性的橱柜样式在美国更加流行。北美设计师将安妮女王式及齐宾戴尔式进行了改良，融入美式特有的简洁与厚重。低矮的抽屉柜带有凸凹的正立面，局部采用闪亮的镀金铜制饰件。高脚柜高大厚重，柜顶运用"天鹅颈"式及三角顶，运用最为频繁的是"无边软帽形"的柜顶，造型烦琐，多搭配精细的雕刻。下部运用较高的弯腿显得雄壮有力。桌类家具简洁轻巧，均采用极具代表性的齐宾戴尔式弯腿与爪球脚的造型。床的设计方面，维多利亚阿尔伯特博物馆中收藏着一件带有中式风格特色的作品。其顶部样式类似于中式亭子，搭配中式窗棂的花格，床帐是洛可可风格。

意大利洛可可风格相较于法式洛可可风格更加强调形态的夸张性，尤其在威尼斯家具中，如沙发的比例无限扩大或拉长，甚至可坐十个人。五层柜开始在意大利流行，并在家具上涂满柔和的色彩，如象牙色、绿色或蓝色的底，做彩绘处理。

2. 织物

18世纪初的法国，昂贵的金属材料结合丝绸，大量运用于室内装饰中，对称的"点状花回图案"和不对称的"卷状花回图案"广为流行。贵族的品位不断改变，18世纪30年代后期出现"怪异图案"与"花果图案"的装饰风格。"怪异图案"的设计灵感来源于东方，有明显的异国风情，以斜向构图结合花边，形成丰富的层次，常以粉、绿与褐色以及红、褐与金色的搭配。"花果图案"以果实及花卉为主题，其中穿插具有东方风情的建筑及人物。另外，一种小型的花卉图案以一种排列式布局形成较明快的效果。18世纪四五十年代，法国织物装饰有了更大突破，如采用平纹或菱形纹，织成波状或Z字形花卉，并搭配动物皮毛与织物，形成特殊的肌理层次。

英国虽然弱化了家具装饰，但却使室内织物装饰的需求日益高涨，缤纷夺目的羊毛、丝绸、印花棉布充斥于每一个家庭。这种需求在美国也愈发明显，美国早期的织物主要依赖进口，多为英国羊毛织物以及印度的棉布。当时，

宾戴尔式的沙发，体量宽大，通常采用波状造型的沙发靠背、卷筒式的扶手，以华丽的锦缎进行包衬。

齐宾戴尔式较有代表性的橱柜造型兼容洛可可风格、中式风格、哥特风格的特色，个性张扬而富有异国情调，

18 世纪意大利刺绣绣片　18 世纪初，大型的花卉图案是贵族阶层普遍使用的纹样装饰

悬吊于宫廷的水晶吊灯为洛可可风格的陈设营造出梦幻瑰丽的效果　　1810 年的英国吊灯

1740 年的织物，闪亮的金色丝线覆盖于艳丽的红色，形成鲜明的对比　　18 世纪的宫廷织物

带有哥特风格装饰英国罩形灯饰　洛可可风格的枝状大烛台

德国生产的粗麻布流入美国市场。得益于技术的进步与优越的地理条件，美国的纺织业有了很大发展，羊毛业、棉麻业较繁荣。织物材料多为亚麻和毛，图案较朴素，斜纹、条纹的装饰及格子形装饰较多。受德国的影响，还出现了条纹复杂的"浮纬花图案"。

3. 灯饰

18 世纪，豪华的枝形吊灯依旧是引人注目的室内焦点，悬挂于大厅中央。灯的材料以木材或金属材质为主，六个以上的悬臂支撑蜡烛，闪亮的水晶营造出华丽的效果（虽然仿水晶玻璃晶体制作技术已然出现，但贵族依旧喜欢威尼斯慕拉诺所制作的铅晶玻璃）。其中一款洛可可风格的花坛式吊灯尤为突出，金属骨架结合玻璃管状及球状造型，搭配彩色的玻璃花卉，闪亮诱人。罩形灯运用极为普遍，种类丰富，除了一些简洁的造型，还效仿哥特风格，

以尖券及镀金的金属饰件进行装饰。

洛可可风格的枝状大烛台是宫廷装饰中较有代表性的灯饰，通常由金、银或铜鎏金制成，富有贵族家庭将其用于餐桌或壁炉台上。灯的燃料依旧没有明显突破，大部分人靠灯油照明，而以蜂蜡制作的蜡烛作为昂贵的奢侈品，仅使用于贵重灯具。

当时的北美，人们以碟形或船形的贝蒂灯、油灯以及壁炉的火光进行照明。吊灯是一些比较简洁的支架，通常以铁或木材制作。壁灯运用也较普遍，通常由镀锡的铁片加工，还有一种装饰性较强的壁挂式壁灯，较深的框架嵌入一幅风景画，以涂蜡的云母制作，最前端设置一个金属

或玻璃烛台。

4. 画品

洛可可绘画的题材以华丽精致的贵族生活为主，也包括肖像画、风景画、神话题材等。风格淡雅柔和、甜美梦幻。最具代表性的是法国洛可可绘画，主要画家有：弗朗索瓦·勒穆瓦纳、让·安东尼·华多、弗朗索瓦·布歇、让·奥诺雷·弗拉贡纳尔、让·朗克等。除此之外，欧洲其他国家还出现了意大利的提埃波罗、英国的霍加斯、雷诺兹等名家。

华多是法国洛可可风格的代表人物，1702年先后跟随舞台画家基罗和版画家奥德朗学习绘画。作品充满富丽、典雅、梦幻的视觉特点，契合洛可可风格的审美情趣。如他的代表作《西苔岛的巡礼》，描绘了三个少女，各自带着自己的恋人，准备乘船前往希腊神话中充满欢乐、享受爱情的美丽岛屿。画面色彩淡雅，天空明朗，树林葱郁，人物异常生动，以不同的动作及角度，将情侣喜悦、闲适的情绪表现得淋漓尽致，并借由近景至远景的关系，于视觉上拓展空间。

布歇是法国洛可可风格绘画最具代表性的画家，任法国宫廷首席皇家画师，并担任法国美术院院长。常以神话题材表现人体之美，笔法细腻，色彩典雅柔和，尤其善于描绘女性甜美柔嫩的皮肤质感及微妙的姿态。他的作品《梳妆的维纳斯》将女性甜美娇贵的情态描绘得极其生动，并以柔和的光感、华丽的锦缎及宫廷器皿作为烘托，使背景中大面积艳丽的蓝绿色调与温暖、明亮的人体形成鲜明的对比。此时的维纳斯已不再是古典时期庄重而具有神圣气质的女神，画家只是借用神话人物题材，将维纳斯表现成一个高贵、闲适的贵族女性。

朗克善于描绘肖像及神话题材，其父安托安·朗克也是著名艺术家。朗克自小跟随父亲研习绘画，于1703年进入巴黎绘画与雕塑皇家学院，于1707年成为法国宫廷御用画师。他的《伊莎贝拉·法尔内塞皇后》是其肖像绘画的代表作。画面色彩浓艳华丽，将法尔内塞皇后卓尔不群的气质表现得极其生动，将服装面料及首饰的质感描绘得细致入微。

5. 花品

18世纪西方花卉的种类开始增多，尤其是大量引入中式花卉。花品的运用不局限于皇室宫廷，普通家庭也经常可见到花卉陈设。用于插花的花材及样式更加丰富，一些画家将花卉为题材，从而衍生出著名的"绘花艺术"。

法国 布歇《梳妆的维纳斯》

法国 弗拉贡纳尔《秋千》

法国 朗克《伊莎贝拉·法尔内塞皇后》

洛可可风格花器　　塞夫勒瓷器中的经典用色，蓬帕杜
玫瑰红色

美国威廉斯堡的圣诞花艺

在法国，受洛可可室内风格的影响，插花在宫廷中广为流行，花材以玫瑰为主，强调绚丽的色彩及曲线的形态，搭配精致的瓷器，营造出艳丽缤纷的效果。

得益于园艺设计的发展，1714 年在英国诞生了"英国花园式风格"，花园式风格的特点是插贮的效果中正、对称，有明显的轴心及水平线，花器核心位置投射出较自然的弧线，与其他部分的直线形成明显对比。上方及左右两个位置较突出，这也是英国花园式风格较明显的特色。以玫瑰花为主要花材，以花园中丰富的四季花材为辅助材料。花器较奢侈，以银器及昂贵的瓷器为主。

北美威廉斯堡出现了独特的插花风格，多运用土生或

花园生长的花材清新自然，最经典的是方正的造型。花器较奢侈，一般采用银器或瓷器。冬季可融入干花进行插贮。威廉斯堡的圣诞花艺设计较有特色，在花卉的基础上增加水果及农作物等材料，尤其水果强调丰富饱满的视觉效果，具有一定的体量感。花多呈现出放射状，但没有明确的放射点。花器较自然雅致，多以陶瓷制品为主。

6. 其他

1708 年炼丹师约翰·费里得里希·博特格在一名物理学家的帮助下，烧制出一块闪亮的白色瓷片，这也是

塞夫勒瓷器

德国麦森陶瓷工厂制作的"蓝色洋葱"瓷盘

欧洲陶瓷史上第一块真正意义上的硬质瓷。1710 年 1 月 23 日，麦森皇家瓷厂宣告成立，经过多年技术及装饰风格的不断创新，逐渐成为欧洲最负盛名的陶瓷工厂，并被贵族称为"白色黄金"。麦森工厂的瓷器以日用器皿、人物、动物等题材为主，造型精致，色泽优美。著名的瓷器画家贺罗特擅长 Chinoiserie 风格图案的设计，并将欧洲的花卉虫鸟与人物场景相结合，创造出缤纷绚丽的效果。另一方面，受法国洛可可风格的影响，麦森瓷运用贵重金属与瓷器相结合的手法，使瓷器更加华丽高贵，赢得了欧洲贵族的青睐。

1740 年，在国王路易十五的授权下，法国成立"万塞纳皇家陶瓷工厂"，专门负责为皇家烧造陶瓷用器。万塞纳皇家陶瓷工厂所生产的陶瓷主要以软质瓷为主，开始仅仿制德国麦森陶瓷、中式陶瓷以及日式陶瓷。1748 年，金属工艺设计师让·克洛德·杜普雷斯将银、青铜等金属器皿的制作工艺融入陶瓷工艺。画家让·杰克·巴契利尔更在 1750 年完善了万塞纳皇家陶瓷的瓷绘制作技艺。至 1756 年，工厂又设立在离塞纳河边的塞夫勒小镇，更名为"塞夫勒皇家陶瓷工厂"，自此诞生了法国陶瓷史上最负盛名的"塞夫勒陶瓷"艺术。其于 1759 年被蓬帕杜夫人收购，有着极高艺术品位的蓬帕杜夫人对塞夫勒瓷器的发展起到极其关键的促进作用，塞夫勒陶瓷也形成了独特的风格。

塞夫勒陶瓷的色彩可谓异常丰富，经典色彩如鹅黄色、淡绿色、翠蓝色，以及最负盛名的"蓬帕杜玫瑰红"，并搭配洛可可风格的曲线纹样或绘画进行装饰。题材多为花器、人物雕塑、餐具、茶具、钟表等类型。石膏模具注浆制作技术的提高使瓷板逐渐普及，法国陶瓷工艺师将塞夫勒陶瓷与家具镶嵌装饰相结合，为洛可可风格的家具装饰增加了更丰富的表现材料。虽然塞夫勒的软质陶瓷无法实现如麦森硬质陶瓷的硬度与洁白的色泽，但可实现更加柔和素雅的质地，与色釉结合得更加充分。

英国在陶瓷制作方面也有明显进步，1748 年诞生了骨质瓷，由坯土当中加入 40% 的动物骨灰烧制而成，釉面光滑、白度高，呈半透明效果，是非常精良的装饰瓷器。

（七）新古典主义时期的室内陈设

18 世纪中叶，人们愈发厌倦洛可可风格烦琐多变的装饰效果。承袭古代传统的帕拉蒂奥式建筑遭到了更多质疑。一些人认为，即便是文艺复兴呈现的"古典"，也仅停留在表面，缺少精准的数据以及更加深刻的内涵。

古代废城赫库兰尼姆、庞贝、雅典以及帕斯托穆这些希腊遗迹的发现，使人们开始了解更加标准的古希腊及古罗马的装饰艺术。随着考古工作的不断深入，埃及与叙利亚的装饰风格被设计师视为难得的题材。一时间，关于古代艺术的著作铺天盖地，如尼古拉斯·科奇《赫库兰尼姆遗迹》、阿约·翰温科尔曼《古典艺术史》等均促进了古典艺术的复兴，这使得"新古典主义"在欧洲迅速蔓延开来。路易十六的法国宫廷中，第一个真正意义上的新古典主义设计是 1771 年建筑师 C·N·勒杜克斯为皇家夫人巴里夫人所设计的"卢福斯安娜亭"，整个建筑及室内陈设均采用古希腊装饰风格。新潮流在宫廷中不断推进，洛可可风格烦琐的装饰被简洁、朴素的元素取代，曲线开始减少，中正、严肃、对称的直线及古代元素出现在设计中。1795—1799 年的五阁员执政时期，古典陈设艺术更加完善，类似于罗马时期的长榻及落地灯台被大量复制，古典题材的画品在画家大卫的笔下成为永恒的经典。

在英国，室内装饰与陈设发生了不小的改变。沙发频繁用于退避室中，并精心装饰，陈设于最显赫的位置。越来越多的装饰摆放于室内。除了沙发、座椅、窗帘、地毯等较有代表性的陈设之外，还有挂境、画品、瓷器等。

人们对"高品位生活"的追求以及建筑师社会地位的提高，使得新古典主义风格风靡欧洲。从罗马学成归国的罗伯特·亚当是 18 世纪最著名的建筑及室内设计师之一，他曾对古代遗迹中的绘画、雕刻深入研究，并开创了独有的风格。在其设计的空间中，大量运用带有浮雕的白色石膏墙面，搭配柔和的淡蓝、淡绿色彩的嵌板，空间宁静雅致。地面拼花与顶面装饰相呼应。除此之外，一些新的室内陈设元素大量出现，如餐厅中总是陈设一个侧桌，用来储纳餐具。桌的下面放置一个古代石棺造型的葡萄酒冷却器，以锌制作；另一个是储酒器，配有隔层。在侧桌两端陈设柱基与古典风格瓶罐，一方面用于装饰，另一方面兼具实用功能。两旁的元素另有用途，一个柱基上设有陈列架及加热架，另一个柱基是夜壶架（当时，英国人喜欢喝啤酒，甚至有人每天饮酒数量比饮水还要多，而夜壶则毫不避讳地放置在餐厅）。罐子用于存放刀具或储纳冰水。

亚当的设计不仅改变了室内装饰的面貌，更对空间功能的划分提供了更加独特的见解。例如，他为德比郡凯德尔斯顿庄园的室内设计，将古希腊及古罗马的装饰贯彻始终，尤其是一些会客区域，如接待厅、退避室、沙龙等空间，甚至门把手都与以往不同。亚当将这种社交性较强的空间连为一体，访客来到这里就像来到一座庞大的博物馆，穿梭于古代建筑装饰及古典题材的名画中。

亚当的设计很成功，同时使人们的生活有了更加明显的"对外性"，以前的私密空间成为展示舞台。

新古典主义后期，不同的装饰风格陈设于一个空间中，如希腊风格、中式风格、都铎风格、新庞贝风格。中产阶

路易十六时期的宫廷室内设计

英国设计师罗伯特·亚当的室内装饰设计

路易十六时期的宫廷的室内陈设

英国亚当风格陈设

级的住宅中还出现了"小客厅",其便成为客厅的雏形。

1. 家具

新古典主义时期,法国诞生了路易十六式家具样式。路易十六式,又称"玛丽安托瓦内特式"(Marie Antoinette),是法国新古典主义时期最著名的家具样式。其流行于法国路易十六皇帝执政时期,最大特点是替代了长久以来路易十五式柔美的 S 形弯腿。采用上粗下细的直线腿部造型,有的腿的横断面采用圆形,有的采用方形,上面用直线或螺旋形的凹槽,纤细高挑;1770 年以后,运用矩形的外框结构,局部加入以古希腊古罗马时期的装饰题材如希腊神话人物、卵矛、莨苕叶、盾牌等。

椅子的造型进行了一定改良,靠背主要为椭圆或平齐形,装饰花环形的纹饰,以及丝带结缠树枝形,或丝带结成蝴蝶结的雕刻。矩形靠背的背顶形态,背顶中间有一个弯弧的凸起,即"篮子提手形"。凸起的背顶如果是方正的则为"帽子形"。椅背两侧多运用直柱造型,顶端由冷杉制作成球状或叶尖状。扶手柱与腿部相连。装饰花卉纹样的小方体连着扶手柱与纤细的椅腿。

较有代表性的还有安乐椅,扶手与靠背相连成流畅的曲线。在玛丽王后的倡导下,家具以银白色为主,搭配润泽柔软的缎面及美丽的花果图案,并在局部采用金色点缀,装饰风格充满清逸、典雅的审美趣味。

此外,还有一种较特殊的靠背椅,为纪念 1738 年蒙特高尔菲兄弟第一次乘坐热气球飞行,特意将椅背造型制成气球状。

法国著名家具雕刻师乔治·雅各布为法国家具注入了新的活力,他深受英国家具风格的影响,将桃花芯木运用于家具制作,除了与众不同的支脚架与圆形的座面,将英式家具中的薄板透雕靠背运用于家具中,并采用竖琴的雕刻及军刀腿的造型,推动了后期帝政式家具的萌生。这种家具称为"伊特鲁斯肯风格"。五阁员执政时期,乔治·雅各布受当画家大卫的影响,直接取材于古典造型,设计出漩涡为靠头板的床、以青铜制作的 X 形圆形座椅及弯腿状的希腊座椅等家具款式,这种设计更贴近古典时期的家具样式。

英国新古典主义的代表家具样式是赫普勒怀特式及谢拉顿式家具。两种家具类型由两位著名的设计师而得名。

乔治·赫普勒怀特(George Hepplewhite),生年不详,卒于 1786 年 6 月 27 日。生前籍籍无名,直至死后才被人们熟知,早年跟随罗伯特·吉洛(Robert Gillows)当学徒,随后从兰卡斯特搬到伦敦。自 1760 年开始在圣伊莱斯经营家具公司,死后,遗孀爱丽丝·赫普勒怀特(Alice Hepplewhite)继承了公司。与赫普勒怀特的经营思路不同,爱丽丝主张通过为家具工艺师提供家具设计图纸获得更大的发展,于是在 1786 年 10 月 10 日将公司所有家具进行拍卖,并于 1788 年出版《家具制作师和包衬指南》(George Hepplewhite The Cabinet-Maker and Upholsterer's Guide)一书,书中记录近 300 种未署名的家具样式,仅有 10 个是赫

路易十六式家具　　　　　路易十六式家具

英国新古典主义风格家具　　英国新古典主义风格家具

普勒怀特的签名作品。据闻，那些没有署名的作品由爱丽丝所绘。

赫普勒怀特经营的家具样式既实用又美观。最为著名的是他的椅子设计，利落简洁的线性结构使家具轻巧而有庄重感。椅子拥有丰富多样的靠背造型，如椭圆形、箍形以及最经典的盾形（据闻，盾形靠背的使用并非赫普勒怀特首创，但人们总是喜欢将其与赫普勒怀特联系起来）。在靠背部分采用丰富的镂空雕刻，如绶带、麦穗、竖琴等，样式丰富多样，最著名的是"普鲁士王子羽毛图案"。由竖直的渐尖式（tapered）垂直柱前腿延伸出扶手，在靠背一半的位置连为一体，后腿采用弯弧有力的弯刀造型。整个家具简约而富有线形美感，是英国新古典主义时期最具代表性的家具样式。另外，赫普勒怀特风格的餐厅家具较有特点，陈设于墙壁的餐具桌保留赫普勒怀特纤细流畅的造型，尤其是竖直的腿部造型成为其主要特点，餐具橱正面通常有着起伏的弧形曲线，几乎没有过多的金属饰件，非常简约。立柜的设计非常有代表性，通体运用直线造型，庄重而挺拔。玻璃门运用折线窗格，非常工整。柜的表面完全没有雕刻，而借助木材的纹理形成装饰效果。

谢拉顿式家具由 18 世纪英国家具设计师托马斯·谢拉顿（Thomas Sheraton）所创，兼具法国路易十六式、英国及赫普勒怀特式的优点，形成独具个性的设计风格。

谢拉顿于 1790 年开始将自己的全部精力投入图案艺术创作中，并且成果颇丰，先后推出了著名的《绘画书》（Drawing Book）、《家具词典》（The Cabinet Dictionary）以及尚未完成的《家具师、包衬师和总体艺术家大百科》（Cabinet-Maker, Upholster and General Artist's Encyclopaedia）。谢拉顿虽然从未有过属于自己的家具制作工厂，但多家家具生产机构进行家具工艺及制作方面的培训。

谢拉顿风格的椅子个性独特，靠背相较于赫普勒怀特的低一些，向后伸展的扶手与靠背顶的横栏交会，多将方形、矩形运用于椅背、沙发背几镜子上，椅背纹样通常

运用极具代表性的细棱脊线装饰（reeding）和凹槽装饰（flutings），以及类似于竖琴、双耳瓶的传统装饰图案，与扶手下端及腿部精致的渐尖式（tapered）垂直柱形成纤细优雅的效果，制作简单，使用方便，很快在英国以普及（虽然谢拉顿式与赫普勒怀特式有着许多相似之处，但谢拉顿式家具多在家具腿部增加 X 形横撑。）

新古典主义时期法国家具设计影响到欧洲其他国家的设计，意大利家具主要效仿法国路易十六式家具。法国大革命爆发之后，衍生出意大利执政内阁式家具，样式基本承袭路易十六风格的特点，仅局部的雕花或线条形态做了一定变化。

这个时期出现了美国联邦式家具，早期结合赫普勒怀特、谢拉顿风格的装饰特征，后期受到法国五阁员执政时期家具设计的影响，弯腿造型逐渐减少，腿部大量运用军刀造型。

2. 织物

新古典主义时期，洛可可丝绸烦琐多变的曲线植物图案逐渐减少，简洁的直线条纹图案开始盛行。同时，出现了一些新的装饰，如环状、团花、乐器、战利品等。

刺绣装饰中，自然风格的花卉图案依旧流行，其中最奢侈的是以金属线或丝线绣制的产品，以缎子为主，采用不同的针法进行加工，广泛运用于壁板、床上用品的设计中。除此之外，一些极具象征性的古典主义题材逐渐增多，甚至用来包衬家具表面以及装饰屏风的织物。全白刺绣工艺在佛兰德斯有了很大发展，棱结花边广为流行，以平纹细布为衬底，运用纬纱抽线以及拉线刺绣，结合精美的暗花刺绣。另外，意大利绗缝技法以精致的做工成为织物陈设极具代表性的产品。

铜版印染技术的出现使印染工艺在当时得到很大发展。这种工艺的唯一缺陷在于因铜版印模雕刻过于精细，很难完成套色，但毫不影响其魅力，反而受到人们追捧，通常印染的色彩是从植物中提取的红、褐、紫三色，或靛蓝色。图案多以花卉、飘带、鸟雀或波斯、印度的装饰纹

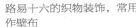

路易十六的织物装饰，常用作壁布

18 世纪 60 年代的织物，淡雅的色调依旧流行，闪亮的饰物在夜晚的宴会上反射出斑斓的光泽

18 世纪末的织物，局部采用小巧的花卉刺绣

样，最负盛名的是法国织物设计师于埃所创作的朱依纹样，除了更精良的做工之外，朱依纹样依托于神话故事或文学作品中的场景，如《堂吉诃德》《鲁滨逊漂流记》等，以及当时的社会现象，如美国独立战争、法国国庆等。

美国独立战争后，美国本土纺织工业开始萌芽，但由于战争以及英国织物对于美国本土产业的冲击，美国在将近 20 年的时间里织物产业停滞不前。劳动力匮乏使织物产业受到了很大阻碍。然而，在极其艰难的情况下，美国依旧制作出较精良的织物产品，装饰主要受欧洲其他国家风格的影响，欧洲传统的花卉图案成为其织物装饰的主要元素。

3. 灯饰

新古典主义时期，照明用具呈现出庄重、严肃的审美效果。吊灯烛台的数量增多，华丽的中央吊灯有五个、六至八个的灯头。罩形灯愈发烦琐，罗马装饰纹样大量运用于灯的细节。烛台样式丰富多样，直接效仿古罗马青铜器

或运用希腊人物、斯芬克斯的造型。成为较奢侈的工艺品。当时的银制烛台开始批量生产，其加工方式是将银片加工成筒状，冲压出造型，再于内部填充木材、沥青或灌注金属。

另外，瑞士物理学家艾梅·阿尔冈发明的菜籽油灯是一个重大突破，一个圆柱形的灯芯搭配两个同心金属圆筒，

18 世纪末的水晶吊灯　　　　18 世纪末的壁灯

亮度是其他灯具的十倍。出现于 1782 年的阿尔冈灯也是一大创举，一般以银及谢菲尔德盘制作，有一个凹的灯芯，得到更多的氧气，使火焰更加明亮，再以玻璃罩子加以保护。这种灯通常是用鲸鱼油及猪油为燃料，逐渐替代蜡烛照明。

4. 画品

伊丽莎白·维杰·勒布伦，是 18 世纪著名的女艺术家，因出众的艺术才华被封为"法兰西皇家绘画雕塑学院

法国 伊丽莎白·维杰·勒布伦《自画像》

法国 大卫《萨宾妇女》

院士"，代表作多以人物肖像为主，曾为法国皇后玛丽·安托瓦内特绘制许多肖像画。法国大革命之后，她流亡国外，但未停止创作，为欧洲皇室贵族创作许多肖像画，受到欧洲皇室的推崇。代表作品有《拿玫瑰花的玛丽·安托内特》《戴有樱红色缎带的自画像》等。

随着法国大革命的爆发，画家采用古希腊、古罗马的题材及革命题材，绘画作品起到鼓舞革命士气的作用。新古典主义成为主流绘画创作风格。大卫便是这个时期的代表画家，他所创作的《贺拉斯兄弟的誓言》《马拉之死》及《萨宾妇女》等作品充分体现了新古典主义绘画的特点，以理性、崇高、道德、典雅为创作标准，构图、色彩等严格遵循古典法则，画面中出现的服饰及家具均是古典时期的样式。

5. 花品

新古典主义时期的插花没有洛可可时期的奇巧，而是主次分明、清新自然，强调对称式构图。花器选择上，带有古希腊、古罗马风格的花器取代华丽多变的洛可可风格花器，精致的玻器或以陶瓷结合青铜镀金工艺的器皿颇受人们喜爱。造型更多地借鉴古希腊陶瓶及罗马银器的样式，使得花艺更加严谨、中正。

新古典主义时期的壁面装饰凸显出欧式宫廷插花的风格特点

6.其他

新古典主义时期的陶瓷制作工艺表现出新古典主义提倡的对称、庄重，并融入古希腊、古罗马的题材。如英国陶瓷艺术家韦奇伍德改良的"碧玉炻器"便是代表。金属器直接复制古罗马时期的样式，制成贵族的餐具、陈设品及教会所用的祭祀用具。常采用浮雕的手法，将形象刻画的非常深入。威尼斯的刻花玻璃器在玻璃制作工艺方面较有代表性，不追求过分的装饰，采用规则对称的形态，题材以自然风景及贵族生活为主。

（八）欧美国家19世纪的室内陈设

19世纪是欧美社会生活发生重大变革的时代。"工厂方式"取代以往的学徒制，使传统的手工制作技术面临严峻的挑战。快速崛起的工业化生产对社会生活起到推动作用。艺术品及装饰物品设计成适于批量生产的工业化产品。这为逐渐富裕的资产阶级提供了充足的资源，他们成为"新贵族"，积极影响着"时尚的步伐"。多数人主导房屋装饰风格，而不理睬少数贵族及艺术赞助人的审美标准。

虽然这种趋势如此明显，但在19世纪早期，传统贵族式品位依旧占有一席之地。新古典主义风格的倡导者们继续演绎古典艺术的辉煌。法国统治者拿破仑皇帝积极参与其中，并成为最具代表性的艺术赞助人。

古罗马及古埃及风格的庄严与宏大迎合了统治者的需要，"帝政式"应运而生，并在后期演变为"英国摄政式"和"美国帝政式"。另外，与军事相关的装饰题材大量运用，并更直观地呈现出来。

陈设被视为古典建筑的组成部分，并与政治息息相关。枫丹白露宫的御座厅中，华丽的御座陈设在核心，月桂花环、蜜蜂图案及"N"字（蜜蜂象征严谨有序与各司其职的帝国秩序；"N"字象征拿破仑本人），色彩醒目。御座通常放置在猩红色丝绒的高台上，由屋顶下垂的帷幔环绕御座，以显示王权的庄严。高大的金色立柱耸立于两侧，柱头雕刻展翅的金色雄鹰。许多沙发仿照古罗马或古埃及

的样式，比例增大，作为接待厅必备的陈设，靠墙摆放。大多数空间里有"小五斗柜"，抽屉更多，并搭配古典装饰。

圆桌运用得更加频繁，用途多样，有时作为小型聚餐的桌子放置在餐厅，有时作为陈设桌放置在陈列室的中央，腿部总是装饰古罗马、古埃及的神像或狮子的腿足。卧室中，装饰有纵向的长枪或利剑的罩篷环绕着床，靠墙摆放。床呈"船"形，并有着"土耳其式"涡卷形尾部。几乎所有陈设都与古典艺术及军事有关。画品的陈设服务于政治，较有代表性的如画家大卫的《拿破仑像》。

如果说法国大革命的宴会主要运用"会议"形式，以作为传播革命思想的有利区域，那么称帝的拿破仑则将传统皇室的宴会进行了"复兴"。曾一度陈设于国王面前的黄金宝船再次出现。闪亮的枝状烛台、精致的绣花桌巾，以及中央巨大的甜点都是彰显国王地位的必要陈设。

相比之下，英国却"告别传统"，发生了翻天覆地的变化。1851年5月1日，在维多利亚女王与阿尔伯特王子的赞助下，约瑟夫·帕克斯顿的"水晶宫"内，第一届伦敦"万国工业博览会"隆重开幕。该博览会也是世界上第一个国际博览会。长563米的巨大建筑中，展示了来自1.5万个展览方的10万件展品。在其中，英国的工业设计产品最出众，并有意放置在最明显的展位上。这次展览彰显出维多利亚时代的设计者们对于高度发达的工业文明的自信，成为展示英国工业成果的舞台。

博览会的室内设计产品中，不乏高达472.44厘米的中央煤气吊灯、圈绒"织锦挂毯"。奥地利家具设计师索耐特更是一鸣惊人，发明了一种可通过蒸汽对木材进行弯曲加工的索耐特曲木椅，其简洁而实用的优点颇受中产阶级家庭喜爱。另外，铸铁家具及金属床大量出现，较成熟的金属床由易于弯曲的钢管搭配精致的铜饰件进行装饰。复合纸、有机材料、弹簧等工业成果也令这场盛会增色不少。此外，会上还展示了一些先进的生产设备及制作工艺，如最新的蒸汽造纸技术以及新式铸造胶模具，后者更降低了铸造工艺的成本，加快了制作进程。

优厚的物质资源使自信的维多利亚人对空间功能进行重新设置。奢华的维多利亚住宅中，会客空间的功能更加明确，如晨间起居、台球运动、图书阅览等。"大厅"作为英国历史上的美好记忆再次受到重视，作为展示古董艺术品及喝下午茶的理想场所。一些空间运用厚重、深沉的色调（这源于照明技术的提高），工业色彩制作技术对自然染料形成明显的冲击。合成色料更加持久，不易褪色。如"铬黄"可呈现出三种不同节奏的色彩明度，通过改变大铬盐酸的比例而产生著名的"中国红"以及"波斯红"。金属方面，"铜绿色"非常普及。这些新型工业染料使维多利亚时期的室内配色呈现出艳丽夺目的视觉效果。房屋主人可尝试不同色彩的搭配，甚至根据空间的功能以及年龄或性别运用不同的色彩。

维多利亚中后期的室内配色较成熟，较典型的维多利亚风格色彩设计主张以明亮的色彩装饰吊顶及墙面（壁面的凹陷处，以明度略低的色彩适当协调），局部采用镀金或以金色颜料处理。即便屋门运用白色也需适当加入艳丽的色彩，使其与室内其他界面的色彩相协调。一些中产阶级家庭中，偶尔也会见到以纯度略低的粉色系处理吊顶。常见的有粉紫、粉红等色彩。同时，还出现了模仿木纹或大理石纹的上漆技术，壁毯和瓷砖图样日益增多，空间的色彩效果更加丰富。

19世纪末，英国一些地区再次复兴了安妮女王时期的装饰，朴素的乔治亚风格再次回归，纯净的白色大量运用，并对漆料部分进行抛光处理。

空间吊顶在大型住宅中起到关键的装饰作用。烦琐的浮雕以花卉为代表，核心位置采用玫瑰图案，下垂大型汽灯。墙裙高度几乎与家具扶手持平，由此向壁面延伸，直至天花板，形成三个部分。一些重要空间采用嵌板装饰，配以金色的画框，形成鲜明对比。壁纸的种类增多，成卷制造，起绒的墙纸、皮革效果的壁纸大量运用，模板印花的图案采用传统纹样，形成较丰富的装饰效果。会客区域的地面以几何图案的釉面瓷砖为主。其他区域以地毯覆盖，暴露的地板部分采用蜂蜡及松脂，进行着色和磨光处理。

虽然炉台与供暖设施日趋完善，但壁炉作为一种"象征"依旧予以保留，并异常华丽，外框一般由磨光油漆的木材及大理石制作。一些花卉、水果、垂饰、天使以及哥特复兴风格等题材使壁炉更加奢华。一般搭配铸铁的炉架，在炉架的两侧采用装饰着美丽图案的嵌板瓷砖，耐久且易于清洗。另外，一些壁炉将炉架、炉背及内部浇筑成一个整体。风箱的运用使空气更具规律性，提高了点火效率。

"广阔的舞台"中，家具彻底摆脱靠墙摆放的"命运"而成为室内的核心。陈设元素不断增多，甚至有些"堆砌"。在小客厅中，壁面上悬挂一些家族成员的肖像（摄影术的出现，使油画肖像不像过去那样流行）。主桌镶嵌着复杂

帝政风格的室内装饰

烦琐的雕刻，并铺设华丽的锦缎或天鹅绒，摆放银制相框，色彩浓艳的椅子成组罗列其中。配饰追求标新立异、独具一格。

空间私密性备受重视，以往兼具的会客功能已不复存在，功能仅局限于睡眠（这也产生一种偏激的现象，上流家庭中，男女主人各自有一间独立的卧室，在多数情况下分床而居）。

床以弹簧支撑，床品作为较重要的卧室元素备受重视，并层层叠加，包括亚麻、马鬃等材料，柔软而舒适，早期的亚麻及羊毛床单柔软的棉布取代，并以精细的绒布作为枕套及被套。卧室内摆放一个专门用来储纳床品的柜子。窗帘样式非常丰富，褶边边饰多元化。色彩提倡明亮、洁净。

维多利亚时期，生产效率的提高使装饰元素丰富多样，但新兴"贵族"局限的审美品位使当时缺少更加精良的设计产品，有些产品甚至冠以"古典复制品"的称号。当然，带有投机心理的商家助长了这种现象。早在 19 世纪 30 年代，A·W·N·普金对此忧心忡忡，并着手推动改革，理智地提出"完整设计"理念，将视野集中在哥特风格的表现上，同时加工了一批朴素、简洁的哥特风格作品。约翰·拉金斯在《威尼斯界石》中明确否定机械化大生产，提倡人的个性和创造力。这一切为 19 世纪末爆发的"工艺美术运动"奠定了基础。

工艺美术运动以著名设计师威廉·莫里斯为代表。他认为资本主义对利润的过分追求缺少应有的"忠实"，提倡通过手工操作，从中世纪艺术中寻找创作灵感及价值。这种理念贯彻于他设计的家具、壁纸、纺织品等装饰中。莫里斯的设计充分体现了自然、简朴的装饰效果以及中世纪风格的特色，如伦敦附近的贝克斯利希斯红屋设计，像中世纪庄园般极具魅力，在一定程度上对维多利亚时期过于浮夸的现象形成很大冲击。建筑师菲利浦·韦伯更是创造了类似于英国传统乡村风情的设计。19 世纪 70 年代，理查德·诺尔曼·肖开创了一种更古典的装饰意向，于伦敦西部的别墅设计更呈现出如花园般的自然效果，而这些

带有怀旧色彩的装饰意向成为后期室内装饰朴素风格的优秀范本。与此同时，唯美主义运动秉承与工艺美术相同的设计目的流行开来，而因赞助人有更雄厚的财力，加上"新奇创意"，唯美主义运动与众不同。充满个性的图案与温和的色彩形成更加时尚的效果，19 世纪 80 年代逐渐向朴素、平实装变。

后期的工艺美术运动在美国有了更加独特的表现。除了一些新材料，手工艺术的地位大大提升。加斯塔·斯特里在著作《手工艺人》中提到："为使住宅空间达到更加和谐的标准，手工艺可更完美地体现材料的天然之美。"基于这种观念，加利福尼亚的设计师查尔斯与亨利·格林打造出更加精细的手工艺人住宅，精良的细木工将木材天然的质地体现得淋漓尽致。

弗兰克·路易德·赖特是美国最具革新性的设计师，他提出的有机建筑思想对西方现代主义建筑设计意义重

维多利亚风格的住宅空间

大。赖特拥有良好的建筑设计功底，于1885—1887年就读于威斯康辛大学土木工程专业。1888年来到芝加哥，加入沙利文的建筑事务所。1894年独自发展设计事业，并开创了赫赫有名的草原式住宅风格。

莫里斯风格的室内陈设

工艺美术运动时期的室内装饰

赖特的设计融入了英国工艺美术运动、美国早期本土建筑及日本传统建筑的设计思想，弱化了人造建筑与自然环境的界限。如运用线条，于视觉上拓展空间，建造低矮的天花板，并以中央式壁炉为空间中心。采用木、砖、玻璃、纸、水泥等材料，使建筑效果更加天然、朴素。赖特的家具设计多采用直线形态，样式明快而简洁，同时结合造型及材质本身的特点，形成与建筑、室内环境相契合的设计。除此之外，赖特非常推崇对设计产品进行机械化批量生产。他指出："将物体截断、成型、磨光，用机械，完成这些工序，真是令人激动。这种便捷方式使贫富不同的人们同时体会到磨光面带来的舒适与明亮的美感。机械加工彻底释放了木材的天然之美，过去不合理的木材加工方式应坚决取缔。"这种极具突破性的理念在那个流行"历史风格"的时代卓尔不群。当时，欧洲社会对于机械加工尚未形成认知，现代主义设计还处于萌芽阶段。

1. 家具

帝政式家具流行于拿破仑称帝时期（该风格在路易十六末期便已出现，尚未流行），是19世纪早期法国宫廷的代表家具，深得拿破仑的喜爱，并成为标准的官方样式。帝政风格带有明显的政治色彩，拿破仑希望借此提高新政权的威望，并向世人展示国家的繁荣与富庶，于是便与皇后约瑟芬一同赞助设计师、工艺师，为其提供有力的经济支持。拿破仑酷爱古希腊、古罗马时期的古典风格装饰，帝政风格装饰中大量古典题材，并赋予当权者军事帝国的象征意义。家具采用庄重严肃的对称的造型，常用胜利女神像、月桂花环、戴着头盔的勇士头像、带翅膀的火炬、长矛、兽头兽脚等装饰关键位置，甚至直接复制古希腊、古罗马时期的工艺品。另外，因官方艺术家巴伦·丹浓大力提倡，古埃及风格的装饰也出现在帝政风格家具中，如家具扶手上的斯芬克斯、带翅膀的狮子造型以及天鹅。帝政风格家具的材料以桃花心木为主，桌类柜类的台面运用大理石，结合涂饰、镀金饰件等工艺，以彰显王朝的奢华与富有。

英国流行"摄政式"装饰风格，虽然受法国帝政风格的影响，但其产生的艺术效果丝毫不显张扬似乎，反而更加庄严朴素。与法国帝政风格的品位类似，古希腊、古罗马及古埃及题材的装饰出现在摄政风格家具上，兽头兽足造型备受青睐。较独特的是一种叫"特拉法格椅"的样式，异常出众，靠背弯曲，腿部呈前后弯曲状。椅背顶部运用缆绳、贝壳等造型，背部用铁锚形装饰，这些元素与海洋有关，据说是为纪念 1805 年纳尔森战役的胜利。

美国帝政风格混合英式、法式的装饰特点。最著名的

是流行于 1805—1812 年的"邓肯·法伊夫式"家具。虽然在家具史中，该样式归为"帝政式"范畴，却不像帝政风格家具那般华丽。其标榜"希腊化的轻便简洁"，某些方面借鉴谢雷顿家具样式，如涡卷形靠背及简洁的军刀状腿。

1812 年，法国家具设计师查尔斯来到纽约，将帝政风格发扬光大。家具样式更倾向于高浮雕装饰，体量庞大，极其厚重。与法国类似，美国帝政风格也钟情于希腊题材，以桃花心木、镀金饰件为主要装饰材料。

帝政风格家具

帝政风格家具

帝政风格家具

邓肯·法伊夫家具

邓肯·法伊夫家具

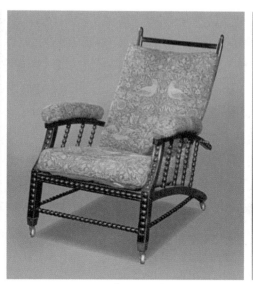
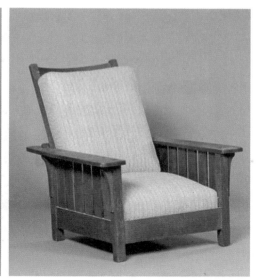

美国维多利亚风格家具　　　　美国工艺美术运动风格家具　　　　美国工艺美术运动风格家具

　　英国维多利亚女王统治时期，"新兴贵族"为彰显雄厚的财力及愈发优越的地位，将华丽浓艳的装饰充斥于住宅。他们更关心家具能否更直观地彰显奢华之美。维多利亚风格早期的样式虽不固定，但却倾向使用一些圆的造型，这一点在较有特色的"气球形座椅"上充分体现出来。另外，大量采用历史复兴风格，如19世纪30—50年代伊丽莎白复兴式，以及哥特复兴式、洛可可复兴式、新古典风格、东方风格。家具制造商将多种风格进行拼凑，形成异常繁杂的装饰现象。

　　美国维多利亚风格早期主要流行哥特复兴式及洛可可复兴式，一些建筑师设计了许多哥特风格的建筑，为与整体建筑相匹配，家具采用哥特式尖顶、三叶饰、四叶饰卷草纹等哥特式纹样。洛可可复兴式于19世纪40年代流行于美国，相比于传统的法国洛可可式家具，美国洛可可复兴式除运用路易十五风格的曲线造型，还加入烦琐的雕花，使家具更加华丽、厚重。一款由美国设计师，约翰·亨利·贝尔特设计的沙发最著名。该款型具有传统洛可可风格的主要特征，如C形、S形曲线以及烦琐的雕刻，体量更加宽大，背顶及腿部的雕花更加夸张，软包多运用皮革，并结合缝线铆钉工艺，庄严且厚重。

　　随后，路易十六式、文艺复兴式等历史风格先后流行于美国。19世纪90年代，安妮女王式、齐宾戴尔式以及中式风格加入流行大军的行列。

　　19世纪末的家具设计中，英国莫里斯公司生产的家具较有代表性，乡村式"索赛克斯椅"以藤草制作座面，既实用又简洁。一些哥特风格家具以橡木制作。随后的"新艺术运动"强调以艺术家独特的审美探索新工艺，并且对传统家具设计进行一定的挖掘，如借鉴哥特风格的植物纹样、巴洛克风格富有动感的视觉效果，形成独特的艺术风格。代表家具设计师如英国的麦金托什及西班牙的高迪等。

2. 织物

　　19世纪，织物产业发生重大革命，机械编织、机械纺纱为纺织品生产带来极大的便利，过去只有上流人群才可获得的装饰织物进入平民家庭。印染工业方面，色彩更加丰富，除了传统色彩之外，出现了纯绿色、铬黄、锰青铜等。

　　技术方面，英国于1815年后采用辊筒式印花技术，即在金属转轴上雕刻精致的图案进行印染，可生产大型印染织物。

织物的装饰题材极其广泛，除了中式、印度风格等图案之外，还运用欧洲古典及埃及题材的装饰，窗格造型等建筑题材时常出现在印花棉布的装饰中。1820 年以后，受室内设计风潮的影响，印花棉布转向复古风格。19 世纪 30 年代，印花棉布在欧洲非常普及，并且供不应求，导致较粗略的设计频频出现。

19 世纪末，威廉·莫里斯对印花棉布设计进行大胆改革，除了复兴手工模板印染技术之外，还将带有自然主义特点的花鸟图案与纺织构图结合在一起，并从波斯、土耳其、意大利中世纪织物纹样中汲取灵感，采用重复构成的手法，形成自然、流畅的设计风格。

人们对于壁毯的需求于 18 世纪中期开始下降，中式风格壁纸及绘画作品逐渐取代壁毯。19 世纪下半叶，壁毯重新流行起来。1876—1890 年，温莎王朝雇佣法国织工，织就一批温莎壁毯，并在芝加哥世界博览会上大放异彩。工艺美术运动期间，莫顿修道院挂毯作坊在威廉·莫里斯的指导下完成一批带有哥特设计风格的壁毯作品，虽

因成本限制，数量不多，但在工艺质量方面却极其精良。

刺绣方面，较有代表性的是德国柏林的梳毛纱刺绣图案设计，主要以斜向平行针法在帆布上制作静物图案及花卉。19 世纪 50 年代，以历史名画为题材的作品广为流行，有的采用仿土耳其地毯的立体式针法。

19 世纪下半叶，丝绸或天鹅绒为基底的丝线织物较流行，在桌布及窗帘上经常见到，沿用 18 世纪装饰风格，模仿绒线刺绣图案。

威廉·莫里斯设计的装饰图案对当时的刺绣工艺产生了很大影响，他倡导简化的工艺及自然朴素的艺术思想，由此，一批较前卫的刺绣设计流行开来，并影响到整个欧洲及北美的一些地区。19 世纪末，前卫设计图案备受青睐。如西·阿·阿士比设计的贴花圣坛纬帘，主要表现以贴花制作的植物造型。亨利·范·德·维尔德以大胆的色彩渲染贴花挂饰"天使的不眠之夜"。

19 世纪上半叶，尽管存在生产技术的缺陷并受到英国织物的冲击，美国织物依旧得到发展。美国纺织企业家罗威尔游历英国之后，改良原有的电力纺织机，提高纺织品的制作效率，并以良好的织物生产模式带来相当可观的收入。1816 年，美国以征收赋税的方式抵制英国辊筒式印花棉布，保护本土粗制布料，这一举措使毛纺织品及麻织品的数量大大上升。1867 年，美国成为世界上第一大丝绸消费国，从中国及欧洲大量进口高端丝绸。同时，人

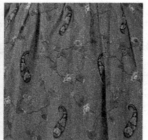

帝政风格的织物装饰　　　　　19 世纪的织物

19 世纪的靠枕，描绘水果和鲜花的图案　　　1900 年的织物

威廉·莫里斯的织物设计 1　　威廉·莫里斯的织物设计 2

造纤维制作技术在世界上名列前茅。辊筒式印花棉布的制作技术方面，美国织物也有一定发展，虽然布料的装饰种类无法与英国比拟，但出现了一些以精致的小碎花为图案的产品，并流行数十年。19世纪末，一些欧式设计创意影响到美国，威廉·莫里斯和一些法国风格的设计运用于美国织物上，同时还出现了许多工艺美术学校及新艺术社团，回归本土的织物设计日益流行。

3. 灯饰

19世纪初，照明燃料主要使用一种被提炼后的灯油，更加明亮，没有传统燃料燃烧时的刺鼻气味。这类灯的造型更加丰富，吊灯中，水晶珠串的数量明显比以前多，造型各异。镀金的黄铜或玻璃制作的吊挂油灯大量运用，主要配以灯罩以及金属链条悬挂，并装饰极其丰富的古典艺术造型，如天使、花环、棕榈叶等。烛台的造型更加丰富，除了沿用枝状烛台之外，还出现熊、鹿、雄鹰等特殊的造型。

自1850年起，煤气灯开始普及，以黄铜及锻铁为主要材料，用蚀刻玻璃及丝织品制作灯罩，并以切割玻璃制作大型吊灯。

电灯是当时最伟大的发明，但以碳纤维制作的灯丝无法实现理想的照度，并频频出现电力中断。灯的造型非常丰富，常见的如枝形、箱形、球形等。一种垂饰较低的汽灯较有代表性，多以纤细的灯杆形成精致的效果，并装饰柔和的植物造型，有的灯杆可伸缩调节。

除此之外，文艺复兴式及洛可可复兴式的灯饰大量出现，灯臂上有大量莨苕叶饰，结合镀金工艺，非常华丽。受新艺术运动的影响，灯的样式较新颖，如采用精致的锻铁结合螺旋金属进行装饰。另外，还有一种"古典英式"设计风格，采用氧化玻璃，尽显复古气质。1895年，装饰艺术设计大师路易斯·康福特·蒂凡尼设计出著名的蒂凡尼灯饰，以铅焊玻璃制作灯罩，多采用植物造型，并搭配鲜艳的色彩，很快备受关注，成为经典之作。

4. 画品

19世纪初，新古典主义绘画进入全盛期，画家安格尔创作出著名的《大宫女》《泉》及《土耳其浴室》等经典作品。浪漫主义是19世纪前期绘画风格的代表。作品注重情感表达及光影表现，笔触奔放，富于生气，有的作品运用隐喻、象征的手法，表达作者的社会见解及艺术理念。英国浪漫主义绘画早在18世纪中期便已成型，最著名的是英国浪漫主义时期的风景画，代表画家有约翰·康斯太勃尔及威廉·透纳。

19世纪后期的艺术流派以印象派绘画为代表。该流派大致分为三个阶段，印象派、新印象派及后印象派。印象派的绘画强调以直观印象表现自然，注重整体效果以及对于光与色的"捕捉"，代表画家如马奈、克劳德·莫奈、雷诺阿等。新印象派结合科学的光色规律，强调以点状的笔触组织色彩，弱化形象的轮廓。代表画家有毕沙罗、修拉等。后印象派的代表画家是塞尚、凡·高、高更。三位画家的创作观念及作品效果明显不同。塞尚被誉为"现代绘画之父"，擅长以主观方式处理客观事物，画面中的每个造型及色彩均为画面的构成部分，组织严密，相辅相成。19世纪末，表现主义先驱，挪威画家爱德华·蒙克，借由粗犷的笔触及强烈的色彩表现明显的主观悲剧意识，表

蒂凡尼灯饰

达创作者的内心情绪，为 20 世纪初德国表现主义绘画风潮奠定了基础，代表作品有《生命的饰带》组画系列、《病室里的死亡》《呐喊》及《生命之舞》等，这些作品摆脱传统装饰功能，侧重独立的艺术表现。

19 世纪末，英国摄影家雷兰达拍摄的《人生的两条路》"摄影新时代来临"的作品，同时也是画意摄影的里程碑。当时，摄影仅仅视为一门技术而非艺术，但这幅作品因视角独特而颇受维多利亚女王称赞。画意摄影主要指通过摄影技术呈现"绘画美感"的摄影手法，构图形式及色彩布

英国 康斯太勃尔《麦田》

英国 雷兰达《人生两条路》

置具有绘画般的效果。从此，摄影逐渐成为艺术家表现个人理念的重要方式之一。

5. 花品

英国维多利亚时期是欧洲古典插花的全盛期，花园中花卉种类繁多，温室也收集到更多进口的花卉品种，妇女杂志还刊登如何制作花篮等有关插花技巧的文章。维多利亚式插花的最大特点是色彩对比强烈，玫瑰花为必选花材，搭配常春藤羊齿类的叶材，并运用加强的放射式及夸张形态，花的高度为花器的 1 ~ 1.5 倍，富有华丽缤纷的美感。小型插花备受贵族青睐，以中小型玫瑰或雏菊插出的精巧花型陈设于贵族的府邸。欧式风格的几何式插法已非常成熟，小型花艺比较灵活，更加个性的造型流行开来。名为"SHOWER"的捧花形式广受欢迎，这种捧花有瀑布状的优美线条，装饰效果自然、浪漫。

德国"毕德迈尔风格插花"是 19 世纪较有代表性的花艺类型。该名称源自中产阶级的讽刺小说 *PAPA*。毕德迈尔风格的插花以半球形为主，将一朵或一组最重要的花材插于圆的中心位置，其他花材以同心圆的方式环绕排列，每一环的花材比例需一致，花形规则。此外，还有螺旋式、条状式等效果。插花时，可加入水果、蔬菜、贝壳、纺物、铁丝等材料。

19 世纪 米勒《雏菊》

新艺术运动时期，花材处理和花器形均侧重于张扬个性，除了放射状的传统插法之外，还出现了个性鲜明的平行插法，造型以波浪状、瀑布状为代表，搭配非对称的构成形式。随后的装饰艺术运动时期，花材处理更加自由，放射式与平行式并用。

6. 其他

19世纪初的法国，新古典主义风格蔓延至工艺设计方面，许多作品采用古希腊、古罗马及古代埃及的题材，甚至直接复制古代器皿。金属工艺制作方面，始于路易十五时期的奥迪欧（Odiot）工坊制作的金银器最具代表性，奥迪欧工坊被拿破仑皇帝委以重任，专门为法兰西宫廷制作御用器皿，甚至包括拿破仑本人的权杖与宫廷宴会所用餐具。器皿以古希腊、古罗马题材为主，造型庄重华贵、形象精致生动，是法国最具代表性的新古典主义风格宫廷用器。

瓷器装饰明显进步。瓷绘画家加布里埃尔·朗格拉斯于1805年游历了著名的塞夫勒陶瓷工厂，并对瓷器绘画产生了浓厚的兴趣。绘画功底深厚的朗格拉斯将风景绘画技巧运用于瓷器及瓷板装饰，经过不懈的努力，最终创造了自己的瓷绘风格。

19世纪英国维多利亚时期的工艺美术技术明显取得较大进步。英国银器制造业空前繁荣。诞生了许多银器制造中心，如伦敦、伯明翰、谢菲尔德等地，推出质量上乘、

19世纪中期的欧洲古董银器

19世纪后期的银制餐匙，镂空部分有鸟类以及人物装饰

做工精美的银制工艺品。银器制作手法种类多样，如浮雕、镂空、锤揲、刻花等工艺。此外，工业文明的发展也使英国银器制造工艺形成重大突破。为使造型更加丰富且硬度适中，银器制造商采用电镀银工艺，在一定程度上降低了制器成本。

（九）欧美国家20世纪的室内陈设

1914年，电灯在日常生活中得到普及，这使得20世纪室内装饰与陈设设计发生巨变。人们不必担心煤气灯的烟尘，由此吊顶变得低矮。明亮的光线使人们重新审视室内装饰，凸起的浮雕装饰过于厚重，需要一番改良，甚至舍弃不用（浮雕也容易储藏更多的灰尘）。金色或银色

奥迪欧工坊所制作的新古典主义风格陈设器皿

的装饰以及一些浓艳的色彩过于刺眼，应当根据实际情况进行调整。一些明亮、低纯度的亮色备受关注。

卧室中，便于清洁铁艺床及简洁的木架床大量运用，无需罩篷，四柱床逐渐减少。干净整洁的木地板以优美的纹理呈现，无需以地毯遮盖。客厅无需堆放太多东西，沙发继续充当主角，陈设在核心位置。小块地毯仅仅用来装饰，更多部分留给采用不同拼合方式的拼花地面，"人造纤维"丰富了织物的功能与种类，广泛运用于室内陈设。家用电器逐渐普及，冰箱、自动洗碗机与洗衣机的出现大大改善家庭卫生状况。

1927—1931年，英国人约翰·洛奇·贝尔德成功设计了家用电视机。由此家居陈设围绕电视摆放，供暖措施的完善也使昔日作为室内核心的壁炉无关紧要，仅在复古风格的家庭中作为象征元素予以保留。柔软的海绵床垫以及新型羽绒备受欢迎，人们不必为层层叠叠的被单、毛毯发愁，色彩艳丽的床单用来妆点卧室。开放式的空间布局非常普及，即便狭小的室内空间也可实现良好的通风，客厅、餐厅以及厨房之间没了界限，只需不同的地面处理划分区域。油烟净化设备日趋完善，并在厨房内设置吧台。

20世纪，室内装饰风格日新月异，不同的设计思想相互碰撞，设计师通过作品阐释设计理念。室内陈设设计成为不同观念的设计"语汇"与表述情感的媒介。

20世纪初的几年，"新艺术"装饰风格成为西方国家较有代表性的装饰流派，其拥有极富动感的有机曲线、非对称的构成形式，并从凯尔特及日式风格中汲取灵感，形成与工艺美术风格截然不同的装饰效果。19世纪90年代，该风格便在法国巴黎、维也纳、布拉格、布鲁塞尔等地迅速蔓延，并被人们奉为经典，巴黎新兴商业装饰及地铁系统中均有所体现。1900年的巴黎博览会上，由设计师海克特·圭玛德主导的作品大放异彩，作为一种新的时尚潮流，备受关注。然而，过于奢侈的制作成本使"新艺术"装饰风格仅停留于大型公共空间与相对富裕阶层中，虽然英国及美国也出现了此类装饰内容，但当时英国设计师主要关注如何大力传承工艺美术风格。"新艺术"装饰风格的壁纸、织物及陈设品仅在一些商店中出售。

此时，格拉斯哥学派查理斯·雷尼·麦金托什对"新艺术"装饰风格抱有极大的热情，并在设计中将该风格的曲线形态发展为简洁的几何形态，这一点体现在他设计的室内装饰、家具、钟表、灯饰等方面。其中，大面积的简洁明亮的色彩运用于室内背景，家具多采用柔雅的色彩或

"新艺术"装饰风格：霍塔旅馆

"新艺术"装饰风格的柜子

"新艺术"装饰风格的室内陈设品

麦金托什设计的家具

麦金托什的设计作品

无彩色，椅子靠背高耸，明显延伸。陈设器皿所用不多，但根据空间整体气氛，运用醒目的色彩，形成亮点。陈设效果与众不同，如格拉斯哥的山坡别墅设计中，拉长沙发的比例，而两把由他设计的黑色座椅陈设于两侧，几乎没有其他装饰，空间浪漫优雅且简洁朴实。

荷兰及德国对"矫饰"的"新艺术"装饰风格不以为然。在一次世界大战之后，幸存的设计师希望告别战争带来的阴影，致力于改变现有环境。荷兰率先将前卫的抽象艺术融入家居环境，一度流行的工艺美术风格及新艺术风格遭到强烈质疑。设计师格兰特·雷特维尔格将"机器加工"视为一种促进社会发展、改变旧现象的有效途径。他的思想在他主导出版的刊物《风格》中充分体现，从而衍生出著名的设计流派"风格派"；他强调运用最单纯的几何形式，即方正的直线造型，反对运用曲线，搭配红黄蓝三原色及黑白灰无彩色，构成纯粹的色彩效果。"风格派"在

宣言中指出："艺术应完全断除与自然物体的联系，采用基本几何形式及构成，体现宇宙永恒的法则——和谐。"

1907 年，德国慕尼黑诞生了"德意志工艺联盟"，强调质朴、简洁的设计之美，积极投入设计研发及宣传。建筑师、艺术家及工业人士组成团队，主张通过艺术、工业及手工艺相结合，设计更加精良的产品。德意志工艺联盟无疑为 1919 年诞生的德国包豪斯艺术设计学院树立了好典范。设计师沃尔特·格罗佩斯将德国魏玛的艺术学院及许多工艺美术学校结合，组建了一所综合性的造型艺术研究院，"包豪斯"由此诞生。"包豪斯"一词由德语 Hausbau（房屋建筑）一词衍生而来，实则该词的倒置，含义为"为建筑而设立的学院"。或许，连格罗佩斯自己都没想到，这所学院成为 20 世纪最具代表性的现代主义设计院校，不仅奠定了现代主义设计风格的理论基础，更培养出了一大批现代主义设计风格人才，对欧美各国的现代主义设计影响深远。这个现代主义设计的设计"摇篮"，强调结合设计问题，有针对性地寻找解决办法，在生产程序和造型之间自由探索，不受制于传统，对"机械美学"极尽赞美。"无关紧要"的装饰已不复存在。"标准化"的产品更加精简，这在后期"国际式"风格中发挥到极致。

设计师勒·柯布西耶是"国际式"风格的代表人物，他早期受到欧洲新艺术运动的影响。1904年游历欧洲各国，对历史上的著名建筑进行深入研究，于1910年加入贝伦斯设计事务所，这为其设计思想的形成打下了坚实的基础。1923年，柯布西耶出版《走向新建筑》一书，该书不乏激进的言辞，极力推崇现代工业的成就，明确"机械美学"理念，歌颂"机械美学"的理智性以及几何形式的简洁性与秩序感，并对"纯粹的标准化"生产大为赞扬。基于这种理念，柯布西耶视家具为"设备"，明确指出家具属于建筑的"生活机器部分"，并严格遵照人类工效学的标准。他认为，较理想的家具陈设仅具备三个部分，椅子，桌子，储纳功能极其完善的柜子。产品仅以最简约的形象出现，简洁的镀铬钢管及黑色钢座为主要材料，每件家具有多种用途。其他陈设异常"节省"，汛光灯负责照明，墙壁可悬挂一幅精致的立体派画作，地面铺设一块几何纹样的阿拉伯地毯，插花瓶子大胆运用实验室的玻璃瓶器，织物数量大大减少。

然而，这种激进的思想在当时的确有些不切实际，常人很难理解，因此，直到20世纪60年代才被更多的人采纳。曾经主导"现代主义"的先驱们，不得不在舒适度及感官上表现进行妥协，例如，重视曲木材料，修缮"纯粹造型"。

与"包豪斯"不同，斯堪的纳维亚的设计师致力于为

勒·柯布西耶设计的萨沃伊别墅

现代主义风格注入更多的舒适的人性化设计，根据北欧独特的地理环境、一战后的社会需求以及对于现代设计的独特见解，打造世界室内设计的经典。将审美需求与纯粹的功能主义相结合成为"斯堪的纳维亚风格"风靡世界的主要原因。此外，大力发展家具制作工艺，降低成本令其备受推崇。20世纪50年代，"斯堪的纳维亚风格"超越现代主义，率先成为室内设计界的主导。

诞生于法国的"装饰艺术风格"公然与现代主义风格形成相反的设计趋势，毫不"吝啬"地将世界各地新鲜的装饰元素"融会贯通"，包括欧洲古典风格、工艺美术风格、美国大众艺术等看似毫不相关的内容，以及带有东方装饰趣味的元素。表现内容延伸至室内设计、家具设计、工艺美术、壁画、雕塑等范畴。设计师艾米尔·贾奎斯·鲁尔曼在1925年巴黎博览会展出的一组卧室设计中，家具轮廓是"含蓄"的几何造型，细节方面极其传统。条状纹样的地毯及床品、圆形的挂镜、床头墙面的扇形挂饰以及带有古典风范的小型雕塑使空间效果卓尔不群。

复古风格的室内装饰于20世纪下半叶的英国"死灰复燃"，经过改良的"乔治亚"室内设计大量出现。这种与现代设计针锋相对的"阶级品位"悄然演绎着"乡村住宅风格"。设计师约翰·福勒非常喜爱印花棉布，并将其大量运用于设计中。"大尺寸的花卉图案"充斥于大帷幕的窗帘装饰，为营造更直观的复古氛围，他运用做旧效果的墙壁。20世纪80年代末，中产阶级对复古风格的推崇到达巅峰，福勒大力推广印花棉布。至此，"贵族的浪漫式怀旧"再次进入日常生活。闲适、简洁且具有明确历史依据的设计风格在欧美国家流行开来。

在美国，与古典装饰相关的风格名称不断涌现，除"乔治亚"以外，新的"维多利亚"等风格出现在中产阶级的家庭中，富有古典韵味的装饰被光鲜靓丽的产品与色彩取代。喜爱复古风格的人更加关注设计品位。1953年，伯纳德·阿什利与劳拉·阿什利共同创建了一家专门从事丝网印刷织物的公司，后来同时经营服装及墙纸。他们的设

装饰艺术风格的室内装饰

装饰艺术风格设计师艾米尔·贾奎斯·鲁尔
曼于 1925 年巴黎博览会上展出的橱柜

计热衷于精致的传统图案印制。随后几年，他们在伦敦与巴黎成功开设了店铺。劳拉·阿什利的设计巧妙融合福勒的设计风格，较突出的是经典"印花棉布"、铜版印刷及民间元素。不同的是，她对于"乔治亚"式的历史复制没有投入过多精力，而坚持运用一种类似于莫里斯式的旧式染料效果。后来，劳拉·阿什利的公司增加产品种类并推出"装饰师系列"，所有壁纸及织物均采用 18 世纪复古样式，但为满足大众品位，更改了产品色彩，使其更具时代气息。

20 世纪在 60 年代与现代主义极端对立的后现代主义风格理念为家居行业广泛采纳，代表设计师为美国建筑师罗伯特·文丘里。他于 1966 年在《建筑中的复杂性及矛盾性》一书中公然反对现代主义风格对历史装饰的漠视，强调将人的意愿作为室内设计的核心，将现代工艺与历史较有代表性的设计形态相结合。他于 1978 年设计的"齐宾代尔式椅"充满戏谑性，令人眼前一亮，轮廓极其传统。历史信息通过剪影式的效果加以呈现。最重要的是，作品的创作意图与传统毫无关联。

20 世纪末，"全球化"设计备受关注，"个性"与"功能"成为室内设计的首要命题，日渐富裕的人们将喜爱的物品陈设在自己的空间中。一个理想的住宅设计中，客厅中摆放舒适的"围合式"或"半围合式"沙发组合，以及组装式组合柜或陈列架。日渐完善的多功能视听设施是陈设中最具"舒适性"的表现。厨房更能彰显富裕阶层的身份地位，体积庞大的冰箱及功能强劲的新式炉灶设备是富裕的标志。浴室愈发重要，不锈钢、瓷砖以及玻璃材质非常普及，"极简主义"的设计更适合私密区域。卧室的比例逐渐缩小，陈设内容更加休闲，柔和的色彩更加温馨。各种"风格"及"主义"完全淹没在不同的室内"构成元素"中，成为组构新时代室内装饰的"部分"，人们关注混合、折中、标新立异的陈设（这与 19 世纪维多利亚时期的情况如出一辙）。比如，线条简洁的现代沙发与样式传统的法国路易十五式安乐椅陈设在一起，对于追求视觉效果统一的人们来说，这或许有些不协调，因此设计师在色彩、材料及细节方面进行一定调整，使其更加和谐。另外，装饰服从于新的功能需求。传统元素经过"改造"或置换，形成新的功能，比如，18 世纪收放式小型餐桌或茶桌缩减比例，成为立于沙发一侧的边几；处于核心地位的长榻成为客厅沙发的组成部分。折中风格的陈设品类更加丰富。职业化的陈设开始出现（这一切为今天的"软装配饰设计"铺平道路）。此外，"一体化"设计备受关注，其中最具代表性的如瑞典宜家家居，将丹麦式设计以最轻松的方式呈现出来，无需设计师特意安排，而在一定范畴之内为客户提供简单的选择模式。另一种较"时尚"的设计概念体现在"复古"上。"新古典风格"与以往的风格相距甚远，材料便捷，古典重塑，但传统的精致与内涵消失殆尽。很多"新古典家具"仅停留在放任的拼凑中。

1. 家具

荷兰风格派家具设计的代表人物是雷特维尔格，他自小研习家具制作工艺，于 1915 年进入夜校学习建筑，1919 年开设建筑事务所，同年于《风格》杂志上发表著名文章"未来的椅、桌、柜类家具应成为建筑的抽象而实在的组成部分"，这篇文章明确提出独到的设计观点，并成为风格派家具设计的理论基础。他的设计强调以机械化生产为前提，使家具部件规范化，"各个零件之间须具有

明显的接合线""各个零件之间的接合起到关键性作用"。

"红蓝椅"是雷特维尔格最具代表性的作品，所有框架结构经过缜密的计算而完成，13 个水平及垂直的构件以螺钉固定，舍弃榫接的制作方式。框架为黑色，端头是黄色，靠背、座面等是红色及蓝色。整体效果好像一个几何形态的抽象艺术作品，与传统家具毫无相似之处。随后出现的 Z 字形椅、柏林椅及施罗德桌更大胆将形态简到极致，成为现代主义风格的经典。

包豪斯学派设计师布莱耶于 1922 年设计了一组厨房组合家具，于 1924 年就任包豪斯家具设计部主任。1925 年，布莱耶受到自行车把手的启发，创作出最著名的"瓦西里椅"，采用无弹性钢管镀铬工艺，搭配皮质座面及吊带，极富简洁的工业设计特点。荷兰设计师马特·斯塔姆受该设计启发，设计出更加简洁轻盈的 S33 椅，这种充分体现成本—效益原理的设计成为包豪斯最具标志性的家具设计。"国际式"设计无疑秉承包豪斯的设计思想，代表设计师如密斯·凡·德罗及勒·柯布西耶。

密斯·凡·德罗先后创作了许多现代主义风格史上的杰作。他于 1929 年设计的"巴塞罗那椅"，以四根弯弧的不锈钢条做支撑，使家具柔和优美，皮面泡沫胶垫带来舒适的体验。

柯布西耶于 1927 年设计一款可调节躺椅，采用镀铬

雷特维尔格设计的"红蓝椅"

勒·柯布西耶设计的"LC1"吊椅

密斯·凡·德罗设计的悬挑扶手椅

钢管及黑色钢座，可自由调节角度，非常便捷。随后，高级扶手椅等产品均秉承"追求功能美，满足标准化和批量生产的需求"。

20 世纪另一个较有代表性的家具设计风格是"斯堪的纳维亚"风格，20 世纪 30 年代声名鹊起。20 世纪 50 年代，丹麦家居成为世界家具行业的领军者。一方面，斯堪的纳维亚风格强调有效快捷的机械加工，另一方面，提供更加舒适的审美体验，并倾向于自由灵活的有机形态的设计，相较于现代主义风格设计，更令人倍感舒适。阿尔瓦·阿尔托大力倡导层积胶合板，深信木材独特的色彩及质感远比金属更有亲和力。1933 年，31 号悬臂椅利用桦木薄板架构，完成悬臂一体化的设计，形成优美的曲线造型。1954 年，阿尔托凳由三至四条层积桦木制作的腿部和圆形座面构成，成为 20 世纪 30 年代的经典之作。

埃罗·阿尔尼所设计的球形椅可谓别出心裁，坐具形成完美的围合空间，颠覆传统家具设计形态的桎梏。

阿恩·雅各布森的设计领域更加广泛，除了建筑及家具设计，他还涉猎织物、灯具、陶瓷、玻璃以及不锈钢制品等领域。1957 年，"蛋形椅"以软体织物包裹玻璃纤维，搭配 X 形合金基座，简洁时尚，成为简约家具产品的典范。

丹麦设计家沃纳·潘顿将斯堪的纳维亚设计的有机形态发挥到极致，铸模塑胶技术成型的工艺使家具形态具有可能性。以其命名的"潘顿椅"除了流畅自由的形态之外，将数量较多的椅子进行堆叠。

北欧风格家具设计

北欧风格家具设计

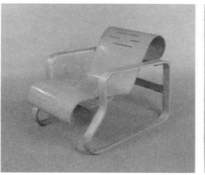

阿尔瓦·阿尔托所设计的帕米奥椅

阿恩·雅各布森设计的蛋形椅

芬兰设计家埃罗·沙里宁拥有良好的雕塑及建筑学基础，他的设计犹如抽象雕塑般精美，"郁金香系列家具"注重形态与材质相结合，椅子以铝制基座搭配纯净的玻璃纤维外壳，在茶几台面内运用石材，材质效果形成丰富鲜明的对比。

一款酷似于中式圈椅的设计作品，名为"中国椅"，家具设计师汉斯·威格纳是丹麦极负盛名的"椅子设计大师"，13 岁研习家具设计，对家具设计及制作工艺有独到见解，善于将古典元素巧妙融入北欧简约风格设计，形成新颖的设计效果。1947 年，他大胆地以温莎椅为设计原型，打造"孔雀椅"，成为丹麦现代家具设计的象征。1950 年，Y 形椅突出北欧设计的自然气质，靠背以 Y 字形设计，运用天然纤维坐垫。这种设计改变了人们对于现代主义风格的认识，家具变得朴素自然。

后现代主义风格设计家罗伯特·文丘里的"齐宾戴尔式椅"，将胶合板技术与英国 18 世纪的古典家具相结合，规避现代主义风格过于冷峻、过于工业感的设计效果，呈现出戏谑、夸张、折中的设计趋向。解构主义风格蔓延至家具设计中。名为《菲利普·约翰逊及马克·维格的解构主义议程》的展览，明确提出解构主义风格的设计探索。

意大利后现代主义风格家具

Tejo Remy 抽屉柜

1990 年，以色列设计师朗·阿拉德利用废弃的工业材料创作室内家具，弗兰克·盖里则推出 Little Beaver 系列。

20 世纪末，家具设计更加"全球化"。荷兰的创意家具设计成效显著。著名设计团队 Droog 于 1993 年研发实验性作品 Tejo Remy 抽屉柜，将 20 个盒子用亚麻带捆绑在 20 个抽屉周围，引发国际社会广泛关注，多个博物馆争相展览，一个新的设计理念由此开始。

2. 织物

20 世纪，欧洲许多国家开始在印染设计中引入现代主义特点的抽象几何图案。20 世纪 50 年代，北欧风格设计师对印染装饰进行更加彻底的改革，以鲜艳的色彩搭配几何图案成为设计的主要特点。丝网印刷工艺的出现有助于表现几何抽象图案。20 世纪 60 年代末，这种技术几乎取代了辊筒式印花技术。面料取得了明显发展。1924 年，人造纤维引人注目。粘胶纤维、醋酯纤维、尼龙、涤纶大量运用，并以易于加工、不易缩水等优势备受青睐，并丰富了印染织物的素材。20 世纪 70 年代，英国纺织业掀起"复古风"，复古风潮再次席卷而来。

20 世纪，机器刺绣工艺对传统刺绣产生很大冲击，

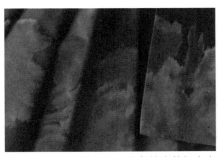
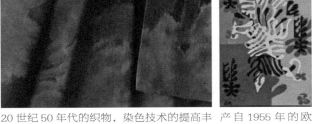

20 世纪 50 年代的织物，染色技术的提高丰富了色彩层次　产自 1955 年的欧洲织物

大众对手工刺绣兴趣浓厚，手工刺绣很好地保留下来。20 世纪 60 年代，技术与设计形成对立，有些人认为刺绣强调艺术审美效果，而不必强调技术革新。有些人则认为刺绣是一种传统工艺技巧，强调技术保留与发展。20 世纪，人们沉浸在类似争论中，促使刺绣备受关注。一些办公机构的会议室、休息场所或大型的公共空间定制刺绣挂饰，进行装饰。20 世纪 60 年代，刺绣契合时代特点，与绘画、染色、照相术相结合，得到更充分的发展。

壁毯制作方面，纽约赫特作坊与爱丁堡维考特作坊承袭威廉·莫里斯的设计思想，推动朴素自然的风格。受艺术家让·卢卡的影响，法国壁毯注重挖掘抽象图案。

20 世纪的美国，织物的织造技术和人造纤维的普及使织物发生巨大变化，织物开始独立设计。1929 年，欧洲著名设计师以及织工涌入美国，对美国织物的发展起到决定性作用。20 世纪 30 年代末，美国手工丝网印刷有了较大发展，并成为 20 世纪中叶最突出的印染工艺。

20 世纪 50 年代，美国织物产品可谓异彩纷呈。图案设计方面，抽象图案、欧洲传统花卉纹样、人物故事题材、传统条纹格子、建筑景观等丰富织物设计。材料开发方面，层压纤维、弹力纤维等新兴工业纺织品层出不穷，美国在世界纺织行业内迅速崛起。

3. 灯饰

20 世纪初，电灯逐渐普及，一些高级住宅有自己的发电机。灯饰设计强调复古风格，复古风格的复制品层出不穷，如文艺复兴式、乔治亚式、帝政式等。法式风格灯饰带有明显的洛可可风格特点，装有水晶灯罩，镶嵌镀金金属。西班牙复兴风格灯饰采用铁艺。波斯风格灯饰，呈椭圆形，带有烦琐中东纹样，极具异国风情。

随着设计思想的不断进步，革新性的灯饰备受关注。麦金托什借鉴日式风格，为希尔住宅大厅所设计一款简约的直线形吊灯，具有明显的现代风格设计特点。20 世纪

装饰艺术风格的台灯

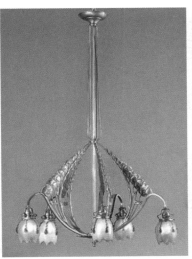

20 世纪前期的灯饰设计

20 世纪的室内灯饰设计，舍弃烦琐的装饰，造型设计呈简约的几何形态，棱角分明

20—30 年代，灯具样式逐渐简化，具有管状、碗状、球状、扇形等简洁的几何造型。个性化的设计备受青睐，如仿生造型及不规则形态。根据传统枝形吊灯或蜡烛的变形体运用较多。采用镀铬工艺的节状壁灯方便了日常生活。材料方面，塑料、玻璃、理石、仿羊皮等材料逐渐增多。20 世纪 40 年代，荧光灯进入厨房及卫生间。20 世纪 60 年代，聚光灯广泛运用于日常生活。

4. 画品

　　20 世纪，西方绘画丰富多彩。不同的艺术门类相互交融与碰撞，并借鉴摄影、文学、音乐艺术，形成更具实验性、开放性的艺术理念。1898—1908 年，野兽派流行于法国。并延伸了后印象主义对绘画艺术的探索。画风浓艳，结合粗犷的笔法，形成简练的平面装饰效果。代表画家亨利·马蒂斯在晚年以剪纸的创作技法进行色块拼接处理，扩展了视觉艺术的表现力。荷兰画家彼埃·蒙德里安被誉为几何抽象画派的先驱。作品强调几何形态，表现"纯粹"的抽象精神，对建筑、室内设计、工艺美术产生了深远影响；将客观形态简化成水平或垂直的线条，并以三原

法国 马蒂斯《含羞草》

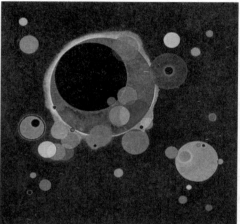

苏联 康定斯基《几个圆圈》

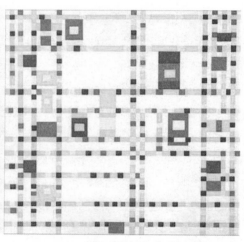

荷兰 蒙德里安《百老汇爵士乐》

美国 安迪·沃霍尔《玛丽莲·梦露》

色及黑、白等色彩表现最纯粹的艺术形象。1905年，非洲艺术及海洋艺术影响了法国及德国的许多设计师，原始纯粹的艺术观念开始萌生，并强调艺术形象的概括与提炼。1907年，西班牙画家毕加索完成了著名的《亚维农少女》，明确了立体主义的艺术定位，以多角度交错的形态，营造出独特的视觉效果背景与画面的主体部分形成穿插，突破三维空间的限制。1909年，在意大利诞生了未来主义运动，旨在反映色彩变幻、声光丰富的现代生活，其影响波及英国、苏联、美国。瓦西里·康定斯基被誉为"抒情抽象"主义的创始人，也是抽象艺术理论的奠基人。他于晚年创作了《构图九，第626号》，以三角形、平行四边形、圆形以及棋盘方格等活跃的小形体等形态组织画面，并创建了数理性的、抽象化的绘画模式。

超现实主义于1920年开始盛行于欧洲，以幻想与梦境为创作基础。代表画家和西班牙的萨瓦尔多·达利，其作品《丽达与白鹅》以传统神话为题材，以写实手法结合如梦境般失重的空间，形成飘忽不定、似幻似真的幻象。

20世纪中后期，抽象表现主义出现，作品突破客观视觉形象，借由大胆的笔触及色彩，充分表达创作者的情感。美国画家杰克逊·波洛克摆脱具象联想，以更"彻底"的抽象观念呈现作品。他于1947年的作品利用刷子及倒满颜料的罐子，在铺在地面的画布上任意挥洒，成为抽象表现主义的经典之作。20世纪50年代，诞生于英国的波普艺术强调通俗文化与"纯粹艺术"的关联性，将艺术主题转为符号、商标、流行元素等大众文化，最终传至美国，形成著名的美国波普艺术，代表艺术家有美国的安迪·沃霍尔，代表作品有《玛丽莲·梦露》《金宝罐头汤》《可乐樽》等。1955年，欧普艺术在法国巴黎丹尼斯·勒内画廊崭露头角。"Le movement"展览专门介绍其风格元素。欧普艺术精确计算视觉光影，并以闪耀的色彩、几何形态的变化，形成视觉的颤动效果。

5. 花品

20世纪，花艺设计丰富多元，花艺不单纯是一种装饰品，而成为纯粹的艺术创作行为。花艺风格多种多样，表现形态及材料异常丰富。花艺师从建筑、抽象绘画及雕塑中寻得灵感，将花材视为抽象艺术中的形式及色彩构成要素，自由组合，彻底改变花卉自然生长的形态，突破以往古典花艺的造型及比例限制。在花器选择方面更加自由，生活日用品作为花器来使用。有的花艺作品将花器舍弃不用，而以金属、木材、塑料等人造材料组织花艺"架构"。活跃于1950年的"FLOB"花艺风格便如此，一群具有先锋创作意识的艺术家，将自然植物作为表现现代雕塑的素材，其效果具有强烈的实验艺术特点。有些花艺作品借鉴东方花道简洁、清舒的美感，具有东方插花特点。

6. 其他

19世纪末，新艺术运动成员索赛特·潘尼尔·弗莱及尤里斯·德伯斯以及"南希派"的代表人物埃米尔·加莱设计出带有新艺术运动风格特色的玻璃制品。加莱的设计开启了近代玻璃工艺品的先河。受洛可可及日本工艺美术的启发，他的作品带有浓郁的自然风格特色，追求不对称、富于动感的造型，多以花草、昆虫为题材。半透明的玻璃器采用浮雕装饰，形成优雅、梦幻般的艺术效果。代表作品有《鸢尾花玻璃瓶》等。

金属工艺制作方面，奥地利"维也纳工场"的核心人物约瑟夫·霍夫曼完成了带有工业设计特色的《银碗》，另一位成员约瑟夫·玛利亚·欧布里奇的《合金枝状大烛

新艺术运动时期的铜制雕塑　　新艺术运动时期的铜质雕塑

台》诠释了"维也纳分离派"对几何形式的探索。

德国韦登伯格金属制造厂推出了一套锡合金电镀家用餐具。材质闪亮夺目，造型带有明显的现代艺术风格意向。玻璃艺术大师路易斯·康福特·蒂凡尼在芝加哥国际博览会展出了以铜为主要材料并镶嵌不透明彩色玻璃的枝状镶嵌大烛台，成为备受关注的设计作品。

法国装饰艺术运动流行期间，陶瓷、漆艺、玻璃及金属制品均形成一定发展，从古代埃及、中美洲等古老文化、中东文化以及中式陶瓷艺术中寻求灵感。以简洁抽象的几何形态结合不同的色彩，形成多变的设计风格。法国工艺美术表现突出。陶瓷制作方面，明显借鉴中式传统陶瓷的某些特征，凸显陶瓷质感，纹饰采用简洁的几何造型。陶瓷艺术家如艾米尔·理诺帕，其作品受中式传统陶瓷的影响，纹样以植物题材为主，造型方面追求典雅简洁。陶瓷艺术家布梭结合野兽派绘画艺术的造型特色，将形态夸张、

多变的人物创作于陶瓷装饰上。

漆艺制作方面较有代表性的是让·杜南，他在中式、日式漆艺创作的基础上融入带有欧洲审美特色的装饰，结合抽象几何的造型元素，强调色彩与肌理的对比关系，并将东方蛋壳镶嵌工艺融入作品。

勒内·里拉克的玻璃制作工艺尤为突出。他的作品兼具东方艺术及欧式古典特点，结合材料及色彩，华丽夺目，被誉为"没有时间限制的艺术"。玻璃器皿种类丰富，如玻璃门窗、灯饰、餐具、镜子、小型雕塑、香水瓶、钟表盒等。创作手法上，擅长玻璃浮雕制作技术，常以人物、花卉及动物为题材，充满梦幻、精致、纤细的美感。

金属工艺设计师艾德加·布兰特同样热衷于古埃及及中式设计。作品多呈现出夸张、变幻、富有视觉张力的造型，并利用青铜、黄金、白银、铁等不同金属材料的色彩与质感，呈现出丰富的层次。

新艺术风格的银制烛台

装饰艺术雕塑家德米特里·齐巴鲁斯的作品

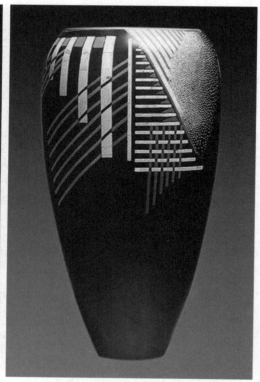
法国漆艺家让·杜南的漆器作品

雕塑家德米特里·齐巴鲁斯是法国新艺术运动最具代表性的雕塑艺术家。女性舞者是他善于表现的题材。受舞蹈艺术的启发，人物服装相较于传统舞蹈服饰更加前卫，人物动作更加奔放自由，并通过不同材料的色彩及质感丰富作品的层次变化。

20 世纪，芬兰陶艺设计进入全盛期，知名陶艺家有上百名，各自拥有陶艺作坊。卡伊·弗兰克结合北欧传统工艺美术和合理的功能定义，创造出"吉尔塔"式日用餐具系列，消费者可根据个人需要自由组合餐具，餐具造型简洁实用，便于清理，为北欧陶瓷产品奠定了基础。芬兰的玻璃制作工艺及木器制品均达到较高水平，阿尔瓦·阿尔托受到自然有机形态及现代抽象雕塑的影响，创造了玻璃器"萨沃伊花瓶"，被誉为"芬兰现代工艺美术的里程碑"。

20 世纪，美国工艺美术的表现形式更加丰富多元，并侧重装饰陈设的研发，往往带有明显的娱乐性、隐喻性及实验性，形态夸张、色彩醒目。有的突破材料界限，混合运用玻璃、麻、木材及金属等材料，形成较前卫的设计效果。

流行于 20 世纪 60 年代的茶具

第三节　当代软装陈设风格的分类与特点

一、欧美古典风格

（一）法式古典风格

当代软装陈设设计风格中，法式风格总是呈现出富丽典雅、纤细柔美的装饰效果，这源于法国17至18世纪的宫廷装饰传统。法国洛可可装饰风格，以经典的装饰内容和舒适温馨的气氛成为当代研究法国传统装饰的主要创意来源。

法式古典风格软装陈设设计的主要特点：

（1）以新古典主义装饰为代表，绚丽、柔和、精致。装饰内容运用自然题材，以植物造型为主，如蔷薇、玫瑰、莨苕叶、菊苣叶以及岩石、扇贝等。

（2）视觉效果多为浪漫、柔美、夸张，以大面积的装饰覆盖建筑框架，甚至模糊天花板与墙壁的界限，墙壁运用大幅壁毯（壁毯的题材多以西欧的神话故事、圣经故事及战争场景为主）。

（3）色彩纯度柔美、亮丽，纯度较高，配以金色、银色，加强空间装饰效果。反映宫廷贵族趣味的色系成为一大特色。例如，大面积运用粉蓝、粉紫、珍珠色、白色等。

（4）布艺以提花丝织品为主，多为精致的花卉图案，形成点状或漩涡状的效果，搭配闪亮的金属线进行编制。

（5）灯饰运用水晶灯饰及闪亮的饰品，营造精致、唯美的装饰气氛。饰品以金属、陶瓷及水晶等为主，结合镶嵌、熔铸工艺，尽显奢华效果。例如，搭配掐丝珐琅铸造的壁炉钟、莨苕叶形的银质烛台、镀金彩瓷等。

（二）英式古典风格

与法式古典风格不同，英式古典风格的整体装饰意象更侧重中正严谨的造型与壮观宏伟的气势，装饰内容更加节制。家具配饰方面，强调造型的比例关系，以理智、严谨、规范的搭配手法进行协调。空间气氛呈现出肃穆、内

法式古典风格

法式古典风格

敛的装饰效果。配饰精致与洗练，不追求华丽的表面效果，借助细节彰显贵族品位与内涵。

英式古典风格软装陈设设计的主要特点：

（1）受帕拉迪奥式建筑及乔治亚风格的影响，室内装饰强调理性、对称、典雅的室内结构。

（2）气势壮观宏伟，承袭古罗马时期的建筑比例，多运用规则的几何形式。

（3）硬装界面采用明快的色调，经典配色如普鲁士蓝、稻草色、浅橄榄绿、白色、胡桃木色等。

（4）装饰题材运用古代神话传说及圣经故事，如比例较大的理石雕塑、壮观的古代柱式、对称严谨的山花造型、维特鲁威式纹样（规则的花卉与波浪）等。

（5）运用极具代表性的乔治亚风格家具、英国新古典主义家具以及维多利亚式家具等，用材多为胡桃木及桃花芯木，着重表现木材本有的天然纹理与色彩，局部搭配精细的雕刻，尽显纤细洗练之美。

（6）以18世纪的布艺产品为代表，大量运用印有欧洲传统纹样的丝绸及印花棉布。较有代表性的是印染织物。早期借鉴印度及中国丝织品图案，后期大量采用色彩丰富的花卉（如玫瑰、蔷薇、风铃草、毛茛等），装饰手法写实逼真，成为英国独具代表的装饰用品。

（7）饰品造型对称庄重，多以欧洲古典神话为题材，如做工精巧的壁钟，古希腊、古罗马的大理石雕像，以及对称造型的水晶烛台，室内墙壁大量陈设贵族肖像绘画及

带有东方装饰的瓷器（如模仿中式青花的蓝柳纹样瓷等）。

（三）意式古典风格

意式古典风格以巴洛克时期的装饰为代表，强调壮观与宏伟的气势，通过烦琐的雕刻、绚丽的色彩营造奢华的氛围。流动的曲线和夸张的形态使空间形成梦幻瑰丽的视觉效果。深邃的历史文化潜移默化地影响着空间的装饰元素，洋溢着浓郁的欧式古典艺术气息。

（四）Chinoiserie 风格

"Chinoiserie"一词源于法语，意为"中式的"，后来专指中式装饰艺术风格。

17世纪东西方贸易往来日益增多，东方风格的装饰元素引入西方诸国（如中国花鸟壁纸、中国瓷器、印度布料、仿制中国及日本的大漆家具），并非常流行。

Chinoiserie 风格软装陈设设计的主要特点：

Chinoiserie 风格

英式古典风格

（1）中国式元素成为室内装饰的时尚，中产阶级家庭偏爱陈设来自中国的装饰品。18世纪，这种基于西方人幻想与重塑的 Chinoiserie "中式风"装饰达到鼎盛。

（2）在今天的西方室内装饰中，依然能看到此类装饰的影子。

（3）Chinoiserie 风格包含中式元素以及日式、印度及阿拉伯风格的元素。色彩艳丽，装饰效果奢华烦琐。Chinoiserie 风格以壁纸、瓷器、丝织物为主要媒介。题材多为西方人想象中的东方情景，如园林、寺庙、花鸟、猴子、大象、棕榈树以及中国古典神话题材，甚至杜撰出慵懒且戴尖顶帽子的东方人借由钓鱼与喝茶打发时间的生活场景。

（五）美式古典风格

美式古典风格与英式古典风格一脉相承，整体装饰保留庄重、严谨的意象，适度省略欧洲传统装饰过于烦琐的

美式古典风格

细节，家具及其他装饰趋于实用。配饰方面多运用古老典雅的物品，洋溢着浓郁的怀旧气息。

美式传统风格软装陈设设计的主要特点：

（1）传统美式家具在乔治亚风格以及联邦风格传统家具典雅、简洁的基础之上改变材料及装饰，造型与欧式传统家具（特别是英式家具）较接近。为强调怀旧感，偶尔对家具的常用位置（如扶手、靠背、腿部）进行做旧处理。此外，美式家具倾向于采用胡桃木、核桃木、樱桃木、小牛皮、绒布等；强调木质自身的纹理美，并利用树瘿形成特殊纹理。皮质家具是一大特色。

（2）饰品源于欧洲传统风格，大多为功能性较强、带有浓郁复古气息的配饰元素，如铸铁烛台、做旧处理的欧式画框及镜子、小型铜制雕塑、复古气息的座钟、古董花器、猎枪、鹿角、壁炉前铺垫的兽皮等。

美式古典风格的代表装饰元素：

（1）鹿角挂饰来源于中世纪的欧洲，骑士为提高战斗力，通过狩猎进行训练。狩猎中射杀的鹿、野猪的头骨用来装饰客厅墙壁或壁炉正上方，用于炫耀。除动物的头骨以外，动物的毛皮或刀剑、盔甲等装饰于室内。

（2）传承欧式风格的优良传统，美式风格在金属器皿方面尤为见长。除了带有明显欧式倾向的器皿造型之外，融入实用性的元素。金属器皿强调整体性，并节省表面装饰，既具有欧式风格的高贵风韵，又充满美式风格深沉内敛的气质。有的采用银、铜、锡、铅、铁等材料，随性且质朴。

（3）带有美国西部风情或美国早期生活场景的老照片从侧面反映了美式风格的定位，并烘托出室内空间的怀旧氛围。

二、乡村田园风格

当代软装行业多将此风格归为欧美传统装饰范畴，以欧洲及美洲各国的传统平民装饰为基础，造型简洁实用，搭配木、竹、藤、草、陶等带有自然古朴气息的材质，装饰内容清新质朴，带有明显的民族性与地域性，装饰意象

侧重放松、休闲、怀旧。

（一）法式乡村田园风格

（1）装饰意象侧重休闲、随意、热情、明快，运用自然元素以及缤纷浪漫的装饰内容表现法国乡间独特的生活方式。家具多运用路易十五式或路易十六式等法式风格造型，在原有基础上适当简化。有的表面保留原木色泽或白漆修饰，配以朴素自然的草绳或藤材；有的追求缤纷绚丽的效果，表面涂刷鲜艳的色彩及带有法式田园风情的植物彩绘。

（2）布艺多运用棉麻布艺窗帘及布艺床品，材料以棉麻或针织为主。纹饰上，选择薰衣草、蔷薇、玫瑰、铃兰等图案。有的选择法国田园风光或 Chinoiserie 风格等中式风情的装饰。色调极其丰富，如黄、蓝、绿、紫、粉红、粉蓝、粉紫等颜色。

（3）灯饰造型以多头枝形吊灯为代表。为了增强装饰效果，常采用植物或花卉装饰。材料运用黄铜、木材及铁艺。色彩趋于浅洁。

（4）画品题材多运用法国传统风景及花卉，主题明确，怀旧气息浓郁。画框复古自然，与家具形成明显的互动。

（5）代表饰品：带有欧式乡土气息的陶瓷器皿，铁艺、木质或玻璃制的欧式烛台，松果、水果或蔬菜形的趣味饰品。

（6）"褪色系"是经典配色，灰度色调，色相特征较含蓄，尽显怀旧之风。

（二）英式乡村田园风格

（1）源于英格兰乡村生活方式，反对缺乏个性的工业化产品，钟情于传统手工艺的独特魅力。

（2）采用经典的威廉与玛丽式、乔治亚式、维多利亚式家具样式，强调纯手工制作，以白色及木本色为主，搭配胡桃木、橡木、桦木、楸木、松木等材质。

（3）辊筒式印花棉布是最经典的布艺装饰，图案纹样以玫瑰花、蔷薇等植物为主，搭配 Chinoiserie 风格或绣有碎花的图案。

法式乡村田园风格

法式乡村田园风格

（4）玫瑰花是经典花品。此外，常见花品有紫藤花、蕨类植物、紫菀、月桂等。

（5）偏爱古董收藏，常陈设世界各地的古玩或英格兰民间手工艺品，如英国民间的粗陶器皿、蓝柳纹样瓷等。

（三）美式乡村田园风格

（1）源于北美殖民时期的室内风格。装饰用料方面，就地取材，整体装饰意象趋于古朴，尽显野逸气质。

（2）代表家具保留殖民时期的特点，造型简约洗练，较实用，如布鲁斯特椅、卡弗椅以及温莎椅。做旧痕迹明显，如有磨损的皮制沙发和带有斑驳漆面的铁艺床。木制家具保留木皮及虫蛀的痕迹，非常朴实。代表木材如胡桃木、樱桃木、松木、枫木、桦木、橡木等。

（3）灯饰以鹿角形吊灯为代表，搭配烛台装饰的铁艺吊灯或木质灯。

（4）布艺色彩较明快，多用明黄色、淡蓝色、米色、白色等。为增加浪漫氛围，多搭配饰有花卉纹样或欧式纹样的织物。

（5）花品运用新鲜的花卉以及自然古朴的枝叶。花器简洁、古朴，通常以日常生活中的日常器皿作为花器，如盛放酒、糖浆、药品的搪瓷瓶罐、藤制器皿以及带有怀旧气息的陶盆。

（6）装饰品趣味性较强，带有怀旧特色，如座钟、彩色粗陶器皿、动物造型的雕塑等。

三、地中海风格

地中海地区是犹太教、基督教以及伊斯兰教的发源地，不同文化汇聚融合，装饰内容带有古拙、深邃的历史文化气质。独特的地域特色使地中海风格呈现出浪漫、宁静、闲适的装饰效果。

（1）多运用拱门、券形门窗或百叶窗。墙面装饰较少，多呈自然涂刷的拉毛效果；以斑驳自然的肌理填补视觉内容，形成沧桑的历史感。地面铺赤陶、石板。在北非，阿拉伯风格的墙壁和地面镶嵌色彩斑斓的瓷片。

美式田园乡村

地中海风格

（2）家具多采用色彩纯度较低、造型简洁或经过做旧处理的木质家具、白漆涂饰的家具或锻打铁艺家具。为彰显浓郁的自然气质，有的家具采用体量粗犷、未加雕琢的木材，或在表面镶嵌贝壳。

（3）布艺以蓝色、白色或雅致的低纯度色调为主，面料质地朴素温和。有的装饰海洋题材的图案（根据设计需求及地域定位的不同，地中海风格的配色倾向于暖色系，如土红、褐色、金黄、土黄、牙黄色等）。

（4）以海洋风格的装饰品为主，如帆船摆件、带有异国风情的陶瓷挂饰、珊瑚或贝壳类饰品、透明或饰有彩绘的玻璃器皿、天然鹅卵石。此外，大量运用带有欧洲历史文化感的圣像画、富有欧洲风情的赤陶花瓶，以及带有贵族装饰的银质餐具、铁艺烛台或锡制烛台等。

四、东南亚风格

东南亚是第二次世界大战后出现的一个新的地域名称，共分为两个部分，陆域包括泰国、越南、马来半岛、缅甸、柬埔寨、老挝，海域为马来群岛，包括文莱、菲律宾、东马来西亚、东帝汶、印度尼西亚、圣诞岛与新加坡。该地区位于太平洋与印度洋的交会处，气候湿热，热带森林异常繁盛。

东南亚风格带有浓郁的自然气息和民族特色，装饰材料以自然素材为主，最大限度地保留了素材原有的形态与色彩。装饰带有鲜明的民族特色。

东南亚风格软装陈设设计的主要特点：

（1）当代东南亚家具造型抛弃传统风格复杂的装饰、烦琐的线条，用简洁的造型设计搭配纯天然的藤、竹、木，质朴、清爽且闲适。

（2）多数情况下，布艺装饰色调炫丽，运用纯度较高的橙、明黄、紫、绿色等。材料以丝绸为主，多运用带有民族风格的装饰纹样。如追求简雅的色彩效果，也可运用米黄、褐色等低纯度色，但着重表现材料的天然质地。

东南亚风格

（3）其他配饰元素的特点。

① 极具民族特色的器皿：以木制品及藤制品为代表，如泰国五彩瓷，越南漆器，芒果木制瓶器，藤制花篮及托盘，铜制、银制及锡制餐具等。

② 灯饰：铜制莲蓬灯、椰壳制莲花形台灯、枯木灯饰（以风化或粗糙的木材为灯罩）、藤艺吊灯、洋铁台灯等（洋铁：镀锡铁皮或镀锌铁皮）。

③ 宗教家饰：运用象与孔雀造型的木雕饰品、莲花形木雕挂饰，以及印度教、佛教风格的装饰品，如佛像、法器等。（注：当代软装配饰设计中大量出现以佛头、佛手为装饰内容的装饰品，但在正统佛教中，不允许将佛像的身体局部进行装饰，此种行为属"不恭敬"。如《优婆塞戒经》中所述："不应造作半身佛像。若有形像，

身不具足，当密覆藏，劝人令治；治已具足，然后显示。见像毁坏，应当至心供养恭敬，如完无别。"）

五、日式风格

日式风格强调与大自然融为一体，受佛教禅宗思想以及日本"侘び茶"的影响，形成独具个性的美学体系；主张于非永恒、不完美、不对称中寻找自然的意蕴，多呈现出简约、朴素、自然的设计意象，通过有限的陈设营造深邃、玄妙的感知体验。

日式风格软装陈设设计的主要特点：

（1）早期接受中国唐代低床矮案的生活方式，保留至今。家具陈设以茶几为中心，空间元素简约，不做过多陈设。明治维新以后，出现"和洋并用"的空间格局，重视功能性，较少人工装饰，造型简洁，一般采用直线条，居室布置清新、淡雅、柔和，造型有明显的形式感。

（2）传统日式家具受唐宋文化影响较深，又因侘寂美学的影响，多用简洁自然的造型。色彩不做过多修饰，常用木、竹、藤、草等，凸显材质肌理，传达自然之美，如茵席、茵褥、无腿椅、屏风、几帐、矮几、栉笥、唐柜等。

（3）其他日式陈设。

① 采用球形或柱形灯罩的日式纸灯，有的纸灯刻有描绘浮世绘等日本传统题材的绘画。

② 日本布艺主要运用手工制作的棉、苎麻等天然的素色材料，并搭配印染等工艺。

③ 日式饰品如高足台、储物笥、铜镜、佛像、卷轴画、日式插花、日式茶道具、日式香道具等。

六、现代简约风格

现代简约风格起源于 1919 年德国魏玛包豪斯学派的

日式风格

现代简约风格

成立，提倡突破传统，主张设计紧随工业时代的发展，运用新材料、新工艺打造具有实用功能的空间装饰。装饰内容上，多以线条与块面搭配丰富的色彩及材质。软装配饰方面，整体布局和装饰细节均进行严谨、深入的推敲。装饰简约灵活，便于与其他风格元素混合使用。

现代简约风格软装陈设设计的主要特点：

（1）注重结构本身的形式美，着重以点、线、面等基本视觉元素为装饰内容，呈现出简洁、洗练的装饰效果。

（2）以现代工业材料为主，如不锈钢、玻璃、亚克力、人造石材、人造板材等，充分利用材料特性，凸显材料的质感。

（3）节制运用配饰，以几何抽象形态为主，不做多余陈设，大部分日用品本身便是出众的抽象艺术品。家具和其他配饰均具有较统一的装饰特点。

七、后现代主义风格

后现代主义对于艺术设计的影响极其深刻。后现代主义作为一种较流行的装饰风格沿用至今。同时，其个性鲜明，备受关注。

后现代主义流行于 20 世纪 60 年代，是继现代主义之后流行于西方社会的一种人文现象，也是一种对现代哲学思想予以否定与颠覆的社会情绪。后现代主义是许多反现代主义流派的统称，如解构主义、女性主义、物质主义等。每个流派都有各自的特点，因此无法以统一的理念进行解读。许多后现代理论家反对以固定的模式对其予以界定或者规范。

后现代主义风格软装陈设设计的主要特点：

（1）主张摆脱"功能所带来的束缚"，反对单调、冷漠的形式以及过于理性化的设计；主张非理性、自由、个性化的生活方式，强调设计的使用者应得到愉悦、欢乐的精神体验。

（2）积极关注现代主义以前的传统装饰文化，不对传统进行重新演绎，作品没有绝对的含义与标准，创作者

后现代风格

不在作品中投入情感，作品有些晦涩，甚至难以理解。有的创作者以一种游戏的心态来表现作品，使作品带有明显的戏谑性及隐喻性。

（3）风格表现上，提倡文化多元性，常采用历史上具有代表性的作品或时尚元素、卡通形象，予以变形、提炼或重新组合，形成独特、夸张的装饰效果，并对新材料、新的制作工艺进行大胆尝试。

八、新中式风格

也称现代中式软装陈设风格，是中国传统人文精神在当代背景下的全新演绎，是以对中国传统文化的理解为前提的当代设计理念；体现现代人的审美需求，利用传统文化的精神内涵及元素，重新妆点具有当代意义的中式生活空间。

新中式风格

新中式风格软装陈设设计的主要特点：

（1）紧密结合当代人的生活方式，相比于传统中式风格，功能性更强。有针对性地运用传统造型和装饰。利用传统造型元素的同时，大胆简化、变形、重组，甚至进行功能置换。生产节奏及效率较高，材料与工艺丰富多样。

（2）结合当代人的生活状态，在传统家具结构的基础上予以改良，增强实用性。装饰元素保留了传统家具造型的神韵，减弱寓意性，作为装饰性元素及文化传承性元素运用于局部。在用材方面不受传统风格的限制，大胆尝试新兴材料及新的制作工艺。

（3）布艺带有简化的中式传统纹样，或以素雅的棉麻材质营造低调简约的氛围。

（4）饰品借鉴中式传统元素的装饰特征，强调时代感与趣味性。

九、其他特色中式风格举例

1. 中式民俗风格

设计理念基于通俗文化，着重表现民间生活状态，带有鲜明的民俗特色。相比于一般的中式风格设计，不具备高雅文化典雅含蓄、深沉内敛的哲学内涵，凸显直接、外向的喜感文化，装饰元素大胆张扬，寓意单纯美好。

中式民俗风格软装陈设设计的主要特点：

（1）不追求高雅深刻的文化内涵，陈设元素均体现朴实自然的生活方式，表达对美好生活的追求与向往。

（2）家具用材简朴，多以柴木为材，装饰朴实稚拙（中国古代家具除黄花梨、紫檀、红木等名贵的硬木木材之外，民用家具多用柴木）。

（3）布艺陈设材料多用棉麻，多数饰有丰富的民间图案。

（4）装饰陈设品带有明显的地域特色及吉祥寓意，或直接采用简朴自然的实用物品。

2. 禅意风格

以佛教禅宗哲学为理论基础，将素简、内敛、富有哲学意境的装饰风格体现于现代家居。"禅"实为一种人生境界和生活状态。在当代社会，"禅"可令人远离喧嚣的

禅意风格

都市生活，净化心灵。

禅意风格讲究意境，并非特定的事物，在不经意的搭配间营造自然、俭朴、纯净的禅意氛围。

禅意风格软装陈设设计的主要特点：

（1）很少使用对比强烈的色彩，空间色彩多运用温和的低纯度色。

（2）家具、陈设较少，摆放看似简洁、自然、随意，实则需要巧妙缜密的安排。

（3）材料追求原生态的天然质地，不刻意修饰。

（4）营造淡恬宁静、自然而然的生活意境，并非必须运用佛教装饰。

第三章　软装陈设元素——家具陈设设计

家具是一种供人体坐、卧以及供储藏、盛载等的生活用具，更是一种兼具装饰空间效果、升华室内文化格调的室内陈设品。

软装配饰设计元素中，家具通常作为室内空间的主题配饰，具有完善室内陈设格局的作用，同时在一定程度上左右室内装饰的最终效果。本章将对家具陈设设计进行深入探讨。

第一节　常用家具材料

常用家具材料一览表

	名称	特点	材料样板
木材类			
1	檀香紫檀	盛产于印度及马来半岛、菲律宾等地，我国湖广及云南也有为数不多的紫檀木。在所有制作家具的木材中最为细密坚硬。色彩从紫红到深紫不等，抛光后，有温润古雅的光泽，夹杂优美的纹理。非常适宜雕刻，可呈现极其精致的细节。生长期极其缓慢，每100年长粗3厘米，八九百年乃至上千年长成材。印度的小叶紫檀最为名贵，为紫檀木中的极品。	
2	降香黄檀	主要产于我国长江以南地区，东南亚及南美、非洲也有分布，是世界上珍贵的家具用材。具有如水波般多变的带状条纹及"鬼脸纹"，色彩如夺目的金黄及红褐色，并泛有清新的芳香气。黄花梨在中国明代被皇室及士大夫阶层极力推崇，也成为传统家具中最具代表性的家具用材。	
3	酸枝木	主要分布于缅甸、泰国及印度。在我国古代家具用材中较广泛，也是世界闻名的高级家具用材。木质坚韧细腻，切面光洁。色彩如橙红、红紫或黑褐色，夹有棕色或者黑色条纹。色易变深，日久会由深紫色转为黑色，内部含有丰富的油质，耐腐且耐久性较强。切割时具有明显的酸香气。	
4	铁犁木	铁犁木又称铁力木、铁栗木。原产东印度以及我国广东、广西，用于建筑或家具制作；质初黄，用之则黑，因其高大多制作大件器物，如明代铁犁木翘头案，长达三四米，宽60～70厘米，颜色与鸡翅木相差无几。	
5	鸡翅木	又名"鸂鶒木"。主要产于非洲刚果、扎伊尔、南亚、东南亚以及我国广东、广西、云南和福建等地。色泽或白质黑章，或色分黄紫，纹理变化繁复，形成赏心悦目的"花云状"。种类较多，当今市场上较常见的是产于非洲的崖豆木，又称"非洲鸡翅木"或"黄鸡翅木"，色彩黑黄相间，具有一定的油性感。强度较高，干缩较大，加工较难，易钝刀。耐腐，弯曲性能较好。	

名称	特点	材料样板
木材类		
6 楠木	为我国及南亚特有木材。主要产自四川、湖南、湖北、江西等地的深山之中。传说水不能浸，蚁不能穴，宫殿及重要建筑之栋梁必用楠木。金黄色，色泽夺目，华丽优美，具有很高的欣赏价值。不易变形，弹性较好，洋溢着芳香的气息，木质坚硬耐腐，寿命较长。	
7 黄杨木	木质细腻，肉眼看不到棕眼，因其生长缓慢，很难见到大料。很少出现大件作品，常用于镶嵌或制作小型工艺品。因黄杨木生长极其缓慢，在古典家具中地位特殊。多作为工艺品摆件或名贵家具上的局部镶嵌。很少见到黄杨木制作的家具成品。	
8 乌木	也称"黑檀""乌角""乌文"等，柿树科柿树属。坚固、沉重，心材呈黑色或黑褐色。具有弦向的细条纹状，排列均匀。盛产于非洲和亚洲热带，例如印度、泰国、缅甸、越南、柬埔寨、印尼、老挝、斯里兰卡、马达加斯加、刚果等国家。在我国台湾、海南和云南等地区也有种植。	
9 樟木	主要产于我国长江以南及西南地区。树皮呈黄褐色，表面有不规则的纹理，木材呈淡黄色或红棕色，夹杂自然多变的木材纹理。可进行染色或雕刻处理。泛有清凉淡雅的香气，可驱虫避秽。在我国古代，常用于制作箱、柜、匣等家具。	
10 榆木	主要分布于我国黄河流域，与南方产的榉木并称"北榆南榉"。榆木质坚，韧性良好，色泽初呈淡黄色，之后呈沉稳的黄灰色。纹理清晰流畅，硬度与强度适中。弹性良好，耐湿、耐腐。我国华北、东北地区多为民间使用，可制作各种家具，常在表面油漆。心材边缘区分明显，边材较窄，呈暗黄色，心材呈暗紫灰色；纹理通直，结构粗糙。可用于雕刻，北方家具市场较常见。	
11 榉木	也称"椐木""椇木"或"南榆"，产于我国南方及德国、日本等地。为我国江南地区特有的家具用材，其纹理流畅、细腻清晰，色调柔和，富有光泽，重而坚固，抗冲击，蒸汽之下易弯曲，可制作不同的造型，握钉力强。在明清传统家具的民间用材中较广泛，具有极高的艺术价值和文化价值。另外，市场上还有一种欧洲榉木，大致分为红榉与白榉两种，本为同种木材，只是烘干工艺有所不同，促使榉木出现了深浅的色泽变化。	
12 山毛榉	主要分布于欧亚及北美洲。德国及法国的山毛榉木拥有较高的质量，色泽淡雅，纹理细腻，多呈温暖的浅色，易于成型，抗压力强，不易分裂。易于染色、油漆和黏合。运用蒸汽更易加工。弯曲时较硬，使其不易于铣削。	
13 樱桃木	樱桃木是国际上制作家具的高档木料，木纹多为直纹。主要分布于北美、欧洲、亚洲西部及地中海地区。心材呈浅褐色略带红色或较深红褐色，并含有细小的树脂囊，边材通常近白色，结构细腻均匀。抛光性能、涂装效果、机械加工性能良好，干燥较容易，具有很好的尺寸稳定性。	

续表

名称		特点	材料样板
		木材类	
14	胡桃木	主要产自北美及欧洲，是世界闻名的家具用材。边材呈乳白色，心材从浅棕到深棕色，偶有紫色或深褐色的条纹。树纹一般是直的，有时有波浪形或卷曲树纹，形成赏心悦目的装饰效果。高端胡桃木皮常用于建筑工程木造部分、高档家具饰面、中高档汽车的内装饰面及钢琴表面装饰。	
15	柚木	也称"胭脂木""泰柚"，为世界闻名的贵重木材。原产缅甸、印尼、印度、泰国等地区。誉为"万木之王"，在缅甸、印尼被称为"国宝"。柚木的心材具有金色光泽，略具油质感。纹理通直，结构较粗，易钝刀。有较好的上蜡性能，干燥性好，适宜油漆、胶粘。	
16	橡木	多产自美洲、俄罗斯、朝鲜、日本及我国东北地区。全世界有300多个品种。色泽优雅柔和，具有富有变化的自然纹理，质重而坚硬，具有一定的韧性，可根据设计需要将其加工成弯曲状。具有舒适细腻的触感，结构粗，耐磨损，力学强度较高。市场上橡木又有红橡与白橡之分，仅从木材的色彩特征来看，两者区别并不明显，均呈浅米色或浅红棕色，故而有"红橡不红，白橡不白"的说法。两者的区别主要表现为白橡木的管孔结构与红橡木有一定差异，白橡木的管孔中有一种侵填体，非常适宜制作酒桶，而红橡木则不具备这个特点。	
17	枫木	枫木的种类较多，全世界有150多个品种。主要集中于欧美及非洲北部，亚洲的东部及中部也有分布。多呈淡雅的乳白色，并夹杂柔美的花纹。偶尔带有轻淡的红棕色。材质密实，抛光性能较好。其中，加拿大枫木是枫木类型中最具代表性的。盛产于北美，学名为"糖槭"或"黑槭"。硬度适中，木质密实，纹理突出，有的木纹中呈雀眼状或虎背状花纹，常用于高档的家具饰面。	
18	楸木	主要分布于我国东北部及俄罗斯。因生长期较慢，是当代家具用材中较珍贵的材料。硬度及质量适中，刨面光洁，耐磨性较强。色彩及纹理较柔和，清晰而均匀。结构较粗，富有韧性，不易开裂翘曲。具有良好的加工性，无论黏合、着色还是涂饰均适宜。	
19	水曲柳	水曲柳主要产于俄罗斯、朝鲜、日本及我国东北、华北地区。心材呈黄白色或灰褐色。光泽性较强，略具蜡质感；弦面上拥有山形的美丽花纹。纹理直，结构较粗，具有良好的胶粘、油漆、着色性，加工时切面光滑。	
20	桦木	主要分布于俄罗斯、我国东北及英法地区。木材呈黄白色，略带褐色。纹理较直，略带倾斜。有优美的自然光泽，弹性较好。结构均匀。质量、硬度、强度适中，富有弹性；干缩性较差。易于染色、磨光、黏合、旋切；干燥较快，易开裂和翘曲。	
21	古船木	古船木原材料取自旧木船。经过海水几十年的浸泡、海浪无数次的冲刷，愈发坚韧耐磨，具有强烈的沧桑感，并兼有防水、防虫的功效。船木一般采用比较优质的硬木，打造出来的实木家具不但结实，还防水、防火，有极高的收藏价值。	

	名称	特点	材料样板
		人造板材类	
1	胶合板	使用经软化处理的原木旋切成为单板，经过干燥、涂胶按木材纹理重叠，经过热压机压制成型。便于形成优雅的曲线造型，因此大量用于现代家具设计中。	
2	密度板	又称"纤维板"。主要是以脲醛树脂或其他胶粘剂制成的人造板材。又因其密度的不同，可划分为高密度纤维板、中密度纤维板及低密度纤维板，其中，制作家具主要是以中密度纤维板（中纤板）为主要材料。制作工艺是经过热磨、施胶、干燥、铺装后热压而成。在构造上，纤维板比天然木材更加均匀，不易虫蛀，但防水性不佳，易于变形。另外，密度板的主要构成材料为木制纤维，因此握钉力较差。	
3	刨花板	用硬化剂、胶粘剂、防水剂将经过干燥、已加工成型的木屑、边角料，在一定温度下压制而成的板材。吸声性能及隔音性能良好。边缘粗糙，吸湿性较强，因此制作家具需经过严谨的封边处理。	
4	三聚氰胺板	主要分为国产和进口两类。先将不同装饰效果的纸于三聚氰胺树脂胶粘剂中浸泡，经干燥使其固化，再用中纤板、刨花板、胶合板等板材为基材，经热压而完成的板材。耐水性、耐高温性及耐磨性较高，光泽度好，装饰性强，可结合各种人造板材和天然木材进行贴面，形成丰富的装饰效果。	
		常见板式家具饰面材料	
1	薄木	俗称"木皮"，是一种良好的家具表面装饰材料，可丰富家具的视觉装饰效果，成为高端家具饰面的常用材料。薄木以厚度可划分为：大于 0.5 毫米称为"厚薄木"；小于 0.5 毫米称为"微薄木"。按制造方法可分为刨切薄木、旋切薄木、锯切薄木。通常用刨切方法制作较多。按形态可分为天然薄木、染色薄木、组合薄木（科技木皮）、拼接薄木等。	
2	木纹纸	俗称"贴纸"，也称"保丽纸"，纸质是一种表皮装饰纸，厚度一般为 0.5 ～ 1.0 毫米，原材料一般是木浆牛皮纸，有较大的强度与韧性。表面为模仿树纹印刷出来的样式，有较好的光泽度。	
3	聚氯乙烯	即 PVC 胶板，是一种性能良好的热塑性树脂，用于各类面板的表层包装，因此又称"装饰膜""附胶膜"，用于建材、包装等行业。防火、耐热作用良好。不易被酸、碱腐蚀。	
4	烤漆	在基材上打三遍底漆、四遍面漆，每上一遍漆，送入无尘恒温烤房，进行烘烤。具有不黏附性能及优良的耐热和耐低温性，以及良好的绝缘稳定性及耐摩擦性。短时间内可耐高温，达 300 ℃，在 240~260 ℃之间可连续使用，可在冷冻温度下工作而不脆化，高温下不融化。	

名称		特点	材料样板
		现代工艺家具材料	
1	藤制	藤制家具拥有更加自然的材质外观及休闲效果,是营造自然风格空间气氛极其有利的陈设元素。主要划分为支架材和编织材两类。所谓支架材是使用以藤为主要家具框架结构的家具,藤起到支撑家具整体结构及形成家具形态的作用。编织材是运用经过处理及加工的藤条、藤芯和藤皮等部分,藤皮用于编织家具体面部分。较常见的藤材有竹藤、白藤、紫藤、鸡血藤、棕榈藤等。	
2	不锈钢	质地独特,厚重、坚实,常搭配做旧处理,适宜于较怀旧的空间氛围。可分为铸铁家具、焊铁家具、锻打铁艺家具。	
3	玻璃	以玻璃制作完成或运用玻璃材料结合其他材料完成的家具类型。常用于营造极具现代感的空间氛围,具有盈透、明亮等独特的审美效果。得益于科技进步,玻璃材料的功能和视觉效果均具有充分的发展空间。如弯曲玻璃,依玻璃自身质量,将其置于模具上经加热后可产生弯曲的物理性质,因独特的可塑性而形成更加丰富的形态特征。另外,强化玻璃的运用更加强了产品的安全性。强化玻璃的强度较高,是普通玻璃的5倍,被外力破坏时,碎裂为豆粒大小的颗粒,也可承受温度的急速变化。	
4	大理石	大理石的石材分为天然大理石和人造大理石。天然大理石又因石材自身质量的差别而优劣不等。制作天然大理石之前,根据不同的石材原料选择运用于不同的家具。整块的石材原料用来制作优质大理石家具。家具的主要位置凸显大面积的天然纹路,类似椅背的石材镶嵌等并不起眼的部位则运用边角料。有些大理石材料从纹理到色彩皆是纯天然的,而有些石材种类需要经过染色处理。人造大理石是运用天然理石或花岗岩的石屑为填充料,再以水泥、石膏和树脂为粘剂,经搅拌后成型,再对其进行研磨和抛光。人造大理石的透光度及光泽度均远不及天然大理石。	
5	皮质	以皮质为主要包衬材料的家具,如皮制床、皮质沙发等。皮质是较常见的家具用材。皮制家具主要分为天然皮革与人造皮革。天然皮革有着天然形成的纹理及毛孔,透气性较好,表面光洁整齐。质量较好的天然皮革一般不会出现动物原有的伤痕或因处理不当而产生的虫眼,手感柔和,富有弹性,色感均匀。天然皮革的主要种类有牛皮革、羊皮革、猪皮革、马皮革等。人造皮革又称"仿皮"或"胶料",更多地用在纺织布基或无纺布基上,利用各种不同配方的 PVC 和 PU 等发泡或覆膜制作,可根据不同的光泽、强度、韧性、耐磨度、色彩效果、花纹样式等进行加工。兼具防水性能良好、造型齐整、利用率高等特点,装饰效果比天然皮革更加丰富。	

第二节　家具的基本尺寸

　　家具陈设设计中，除了要考虑家具的装饰性质之外，还需结合硬装空间及家具配饰的尺寸，以形成合理的空间功能设计。本节列举了不同功能空间的家具常见尺寸，旨在为软装陈设设计师的家具陈设设计提供有效参考。

客厅（单位：毫米）

① 单人沙发：950（900）×900×800

详细尺寸：长800～950，深800～900，坐垫高350～420，背高600～900（通常现代的沙发靠背较低矮）

② 双人沙发：1600×900×800

详细尺寸：长1260～1600，深800～900，坐垫高350～420，背高600～900

③ 三人沙发：2100×900×800

详细尺寸：长1750～2100，深800～900，坐垫高350～420，背高600～900

④ 四人沙发：2500×900×800

详细尺寸：长2320～2500，深800～900，坐垫高350～420，背高600～900

⑤ 茶几：1200×600×380、1500×700×380、900×900×380（一般高度区间为：330～420）

详细尺寸：

长方形（中型），长度1200～1350，宽度600～750

长方形（大型），长度1500～1800，宽度600～800

正方形常规尺寸：900、1050、1200、1350、1500

圆形常规直径：750、900、1050、1200

⑥ 电视柜：1500×450×450，1800×450×450

详细尺寸：长1200～2500，深350～600，高350～700

卧室（单位：毫米）

① 单人床：900×1800×450

常规宽度：900、1050、1200

常规长度：1800、1860、2000、2100

高350～600

② 双人床：1800×2000×450

双人床详细尺寸：宽1350、1500、1800

常规长度：1800、1860、2000、2100

高400～600（350～600）

③ 床头柜，高500～700（350～700），宽400～600，深350～450

④ 衣柜：

对开门衣柜：长800～900，深550～600，高2200～2400

推拉门衣柜：长1200～2000，深550～600，高2200～2400

单个柜门尺寸：350～450

餐厅（单位：毫米）

① 餐桌、餐椅常规尺寸：

餐桌：1200×850×700

餐椅：450×450×900（座面高度为400）

② 方形餐桌：

桌面尺寸：二人700×850，四人1100×850，六人1400×850，八人2250×850

餐桌高度：800～830

③ 圆形餐桌：

桌面尺寸（以直径计算）：二人500～800，四人900，五人1100，六人1250～1350，八人1400，十人

1500

餐桌高：800 ~ 830

④ 酒吧台：

常规尺寸：长 900 ~ 1050，宽 500，酒吧凳高 600 ~ 750

详细尺寸：高度 750 ~ 780，西式高度 680 ~ 720，一般方桌宽度为 1200、900、750

书房 （单位：毫米）

① 书椅：座面 450×450×450，椅背 900 ~ 1100

② 书桌：

常规尺寸：1200×600×750

详细尺寸：深 450 ~ 1000，高 750 （书桌下缘离地至少为 580），长度最少为 900（1200 ~ 1800 为最佳尺寸）

③ 书柜：高 1800 ~ 2300，宽 1200 ~ 1500，深 400 ~ 500

④ 书架：

常规尺寸：高 1800 ~ 2300，宽 900 ~ 1300，深

350 ~ 450

详细尺寸：深 250 ~ 400，长 600 ~ 1200，

⑤ 高柜：深 450，高 1800 ~ 2000

办公家具（单位：毫米）

① 办公桌：长 1200 ~ 1600，宽 500 ~ 650，高 700 ~ 800

② 办公椅：高 400 ~ 450，长 × 宽 450×450

③ 办公沙发：高 350 ~ 400，宽 600 ~ 800

④ 茶几：

前置型：900×400×400

中心型：900×900×400、700×700×400

左右型：600×400×400

⑤ 文件柜：高 1800 ~ 2300，宽 1200 ~ 1500，深 450 ~ 500

⑥ 书架：高 1800 ~ 2300，宽 900 ~ 1200，深 350 ~ 450

第三节 常见的家具装饰风格

一、古典欧美风格家具

古典欧美风格也可称为"欧美复古风格"，主要指历史上曾经出现的较经典的欧美家具样式。

当代家具市场中，这类家具占据较大比重，属于室内陈设的常用类型之一，并作为实现欧美传统室内风格的装饰主项。该风格适合热爱欧美传统室内文化的客户，他们希望获得准确的家具风格定位，并乐于了解家具背后的历史文化背景，使空间尽显带有欧洲传统特色的历史感及文化感。

当代欧美家具的风格主要从两个角度进行定位。第一种定位方式是按照历史发展的不同时期，如巴洛克风格、洛可可风格、乔治亚风格、维多利亚风格等家具风格。需要指出的是，今天市场上出现的大部分古典欧美家具类型以17世纪末至19世纪末的欧洲国家家具样式为主，原因在于，这段时期的家具样式在某些方面上更加契合当今人们的生活方式及审美标准，经家具设计师在功能及装饰上的适度改变而形成与欧美传统家具近似或一致的效果。然而，当今人们的生活方式与过去相差甚远，设计师应选择性地运用配饰内容，并对不同历史时期的装饰文化有一定的了解。

另一种定位方式因地域、国家而有所不同，分为法式古典风格、英式古典风格、意式古典风格、西班牙式古典风格以及美式古典风格等。其中，最具代表性的要数法式古典风格家具、英式古典风格家具及美式古典风格家具。当代软装配饰设计中，这三种风格运用最为普遍。下面结合历史、地域特点以及当代国家家具风格的现状将这三种风格家具的特点进行总结。

当代陈设作品，典型的法国路易十五式侯爵夫人椅，经过涂装及装饰，洋溢着浓郁的现代时尚气息

（一）法式古典风格家具

当今国内运用最多的法式风格家具主要以法国18世纪20—90年代的家具样式为主。最常见的如路易十五式家具及路易十六式家具。这两种样式的大量运用或许是由于其优美的造型设计及突出的舒适度。种类上，"Fauteuil""Bergere"等坐具多运用于客厅作为单人沙发使用。"Bureau"写字桌常运用于书房。带有明显的法国18世纪路易十五式或路易十六式特征的斗柜依旧沿用，作为储纳空间、玄关台或边柜。

为契合大众审美需求，设计师对传统家具进行适度改良。最常见的手法是简化处理。很多家具仅保留传统家具的主要轮廓，而雕刻细节则被省略。另一种手法是在原有基础上进行更烦琐的色彩及雕刻方面的装饰，以凸显华丽感（19世纪30年代以后，欧洲家具生产者多使用这种手法，与那时不同的是，今天的加工及装饰手法更加丰富，装饰内容的选择余地更大）。

色彩方面，国内多将法式风格家具涂装上柔和粉嫩的低纯度色彩，或许是出于对洛可可风格的偏爱。一般而言，法式风格家具以粉红、粉绿、粉蓝、米黄及粉紫色作为主要配色。材质以光洁的纺织面料搭配天然木色或白色框架为主。为营造华丽的宫廷气氛，金色及银色也较常见。

（二）英式及美式古典风格家具

英式古典风格家具的形态与法式明显不同，拥有更加纤细的轮廓及优美的雕花。椅子靠背及腿部总有精致的细节。更加讲究的英式古典风格家具多使用经典的毛脚及球爪状的装饰。

非常纯粹的英国古典风格家具在当代国内并不太多，虽然很多设计师在搭配英式风格时经常选择标准英式古典风格的家具样式，但在空间中还是更多地将其作为"点睛之笔"。这些为数不多的家具中，齐宾代尔式、赫普勒怀特式及谢拉顿式家具时有出现，它们也是最能体现标准英式古典风格的代表样式。客厅中，英国18世纪的翼状扶手椅作为沙发，小巧的三叠桌没有折叠功能，作为客厅的角几加以使用。

国内倾向于以经典的胡桃木色作为英式古典风格家具

的经典色彩，甚至成为一种标志用色。一些设计师不满于此，大胆运用其他色彩，形成意想不到的效果。如白色、金属色的介入，为英式古典风格增加了新颖的设计感。

如前所述，传统的美式古典风格在借鉴英式古典风格的基础之上建立起来。因此，美式古典风格家具与英式古典家具极其类似，家具造型更加简洁，用材更加简朴。相比之下，早期殖民时期的美式家具更具备真正意义上的美国本土特色，但当今市场上很难见到。美国安妮女王式、美国齐宾代尔式及美国联邦式也并不多，它们多出现在美国家具品牌中，价格自然比国产家具要昂贵一些。

当代国内设计的美式家具类型中，造型限制似乎很少。很多设计师打造美式风格的室内陈设时，借助家具色彩、体量以及其他配饰的交互作用。源自英国的切斯特·菲尔德沙发是个不错的选择。19世纪流行的洛可可复兴样式最为普遍，当代设计相比于19世纪的流行样式更加简洁。

深沉的土褐色、米黄色是当今国内美式古典风格家具最常见的配色。为凸显美式粗犷之美，皮革被视为极具代表性的材料，设计师认为这也是区别于英式古典风格并凸显"美式个性"的最佳方式。美式风格的色彩及材料在一

美式联邦风格的家具，搭配的花鸟纹样壁纸及中式风格的器皿均体现了18世纪流行于欧洲的室内装饰手法

湖滨世纪花园的陈设设计采用源自英国19世纪的切斯特·菲尔德沙发，一定程度上凸显了美式风格的粗犷、厚重之美

定程度上被理想化了。历史上，美式风格无论在色彩还是形式上均积极与英式风格靠拢。作为一种"平民化的英式风格"，印有花卉图案的棉布材料常用于美式软体家具中。联邦风格流行的时代，多变的实木拼花及闪亮的金色曾被作为"富有"的象征。

二、新古典欧美风格家具

"新古典"一词出现于 18 世纪 60 年代，当时的欧洲人对于"标准的古希腊及古罗马的装饰艺术"抱有极大

名为"采虹园"的室内陈设设计，家具风格虽然具有明显的欧式传统装饰特点，但在造型方面融入了很多现代时尚的细节

热情，带有古希腊、古罗马甚至古埃及风格的装饰一直流行到 19 世纪，并成为欧洲室内装饰设计的经典之作。然而，随着时代的变迁，复古风潮逐渐退去，成为历史。"新古典"一词再次被提及已经是 20 世纪，"装饰艺术运动"将历史上不同的古典元素进行自由组合，一定程度上激发了设计理念，也使得 20 世纪中后期一种混合古典元素及现代元素的"新古典"出现在人们的视野中，并流行至今。

在今天，这种几乎没有任何法则限制的风格，可集合不同造型、不同色彩、不同历史风格，形成个性、张扬的效果，并根据设计需要，对古典造型进行重组、增加或简化处理，以致有些新古典家具设计很难根据样式来判断其源自什么时期，因为设计师本就不想表现出明确的历史特点，设计目的多体现在装饰层面上。

三、田园乡村风格家具

田园乡村风格家具的设计理念源自平民化的乡土风格设计，相比于贵族化的装饰，田园乡村风格家具更加简洁实用。装饰方面，实木拼花及金、银等装饰内容很少见到。家具风格的限制极少，多为 17 至 18 世纪的欧美家具，

田园乡村风格的餐厅陈设，家具进行了局部做旧处理

名为"花神之家"的粉紫色田园配色

而当代法式、英式、美式等乡村田园风格更多以家具样式进行区分。设计师为营造更加朴素的效果，一般采用木、藤、棉麻等舒适清新的材料，有的家具还采用局部做旧的处理方式营造沧桑之感。

带有花卉图案的布艺常用于家具的织物包衬，尤其是在沙发方面，图案成为很有代表性的装饰元素。常见的图案有欧洲传统纹饰、花卉、中国花鸟等类型。随着织物装饰不断增多，带有现代装饰特征的几何纹样时有出现，营造出更加时尚的效果。

四、地中海风格家具

某种意义上，地中海风格家具与田园乡村风格家具存在类似之处，如洋溢着浓郁的自然气息。不同之处在于，地中海风格拥有更加多元的历史文化背景，其作为欧洲传统文明的发祥地，拥有更加丰富的创作资源，我们今天仅关注其浪漫休闲的一面，而忽视了其历史文化资源。因此，

希腊地中海风格的家具陈设，我们可以看到家具样式非常简洁，材料也非常朴素

这种风格还有太多内容值得探究。

地中海风格家具多以藤、木及铁艺为材料，并搭配蓝色或白色。蓝白配是最经典的地中海配色，同样也是一种理想化的配色。此外，木本色及藤本色也用于家具配色中。一些家具融入金属或贝壳镶嵌等工艺装饰元素，颇具异域风情。

五、泰式风格家具

当今，有关泰国古代室内家具的资料非常有限，但据《东西洋考》记述，一般泰国传统民居中，家具运用不多，人们一般席地而坐。家具以柜等储纳类为主。通过一些壁画资料可知，家具以低床矮案为主。

从下图的壁画可看出，家具样式受中式及印度家具的影响，有明显的东方风格特征，比如，有些家具采用中式传统家具的鼓腿彭牙式及弯腿造型。19世纪以后，西方殖民国家入侵暹罗，有的家具采用类似于欧式家具的形态。

除此之外，受热带雨林气候的影响，泰式风格家具以木、竹、藤等材料为主，朴拙自然，无过多装饰。另一方面受宗教的影响，镶嵌华丽的金、银、玻璃、贝壳等，早在素可泰时期便出现了大量玻璃镶嵌的工艺品。曼谷王朝时期，将彩色玻璃烧制成球形，再将其敲碎，使玻璃片出现一定程度的凸面，而后进行镶嵌，这样做是为了使光线

泰国壁画

照射时呈现出更加丰富的变化。有的家具采用漆装饰或在上面雕刻丰富的图案。直到今天，泰国诗丽吉职业培训中心依旧保留着传统木雕这一优秀的手工艺门类。

当代泰式风格家具（从某种意义上也可称为"现代泰式风格"）不会受到造型样式的限制，通常仅在材料方面有一定表现。一般采用藤、竹、木等材料，凸显自然原始的气息，一些家具造型极其简约。

六、工业设计风格家具

工业设计风格家具的设计灵感源自20世纪名噪一时的包豪斯设计风格及国际式设计，与北欧设计风格均属于简约风格的范畴，很多设计师常将两种表现形式混合运用，其几乎成为现代简约设计最具代表性的表现形式。

多数情况下，工业设计风格家具的装饰特点是硬朗、炫酷，以简约实用的造型搭配工业设计材料及标准化的加工工艺，成为当代普遍运用的设计风格。家具以线形为主，

给人以纤细、洗练之感，材料以皮革、玻璃、不锈钢为主。当代室内设计作品中，该风格的材料更加多元化，通过不同的材质肌理营造不同的设计效果。设计师将粗犷的木材、锈蚀的铁艺等材质融入其中，甚至以废弃的工业材料组装成家具，彰显不羁、狂野以及怀旧的气质，再搭配极具个性的流行元素，备受年轻人的青睐。

七、北欧风格家具

北欧风格又称"斯堪的纳维亚风格"，从20世纪30年代至今，一直作为室内陈设设计中极为普遍的家居风格。如阿恩·雅各布森的"蛋形椅"、埃罗·沙里宁的"郁金香系列"以及"椅子大师"汉斯威格纳的"Y形椅"等类型至今仍被奉为经典之作。

除了经典的款式，丰富而绚丽的色彩可为住宅空间营造欢快活跃的气氛。在当代，北欧风格家具广泛运用。即使是简单的无彩色搭配，也不显单调乏味。搭配原木、玻

工业设计风格家具

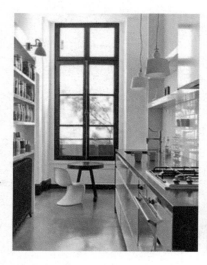

北欧风格

璃等材质之后，北欧风格家具可营造出纯净无瑕的空间氛围，并洋溢着浓郁的文艺气息。

八、新中式风格家具

新中式风格也称"现代中式风格"。相比于传统中式，新中式风格有着更加丰富的装饰效果及灵活的搭配元素，并以更加现代的方式诠释传统中式文化的内涵。反之，可以借助传统中式的装饰内容间接彰显当代设计理念。

新中式家具的样式多在传统中式风格的基础上进行变化，可根据不同的设计品位选择不同的样式、色彩及材料。有的家具甚至采用拉伸、变形、重组等手法，刻意强化传统中式风格中较有特点的部分，呈现较强烈的视觉效果。这些新的表现手法扩展了新中式风格的空间适应性，满足了更多人的装饰需求，然而在过分寻求视觉效果的同时也使许多作品仅局限于"装饰层面"，而缺乏对中式文化的

探索。

最近几年，设计师开始关注新中式风格设计，并不满足于这些片面的堆砌出来的"中式元素"，试图表达更加深刻的空间文化内涵，因此，反映中式传统生活美学的设计理念逐渐复兴。

现代中式风格

第四节　家具陈设要点

一、室内装饰的整体效果及配饰元素的相互作用

进行家具陈设设计时，首先要对室内的设计功能、装饰效果进行整体规划，以便使空间内容形成一个完整的设计体系。另外，硬装饰与软装配饰的协调性尤为重要。如果将室内装饰比作一场情节紧凑的戏剧，那么室内硬装饰是舞台，起着烘托整体气氛的作用，家具配饰元素是整部戏剧的主角，其他配饰元素用来丰富戏剧效果。

空间装饰效果通过各个装饰相互作用而形成。因此，设计单项配饰元素时，应考虑与各个元素的相互作用。

墙面上素雅简洁的家具运用丰富的造型及朴拙的材质，两者便形成明确的互动关系，进一步凸显各自特点。

二、家具内容的选择与家具的陈设布局

根据空间的面积、空间使用目的及客户需求，可将家具陈设类型划分为两种。

1. 必选类家具

功能空间的首选家具类型，使空间功能更加明确。例如，客厅空间的必选类家具分别是沙发、茶几、角几、电视柜，明确基本方位后，客厅即主要功能空间。

> 常见的必选类家具有：
> 客厅空间，沙发、茶几、角几、电视柜
> 餐厅空间，餐桌、餐椅、餐边柜
> 卧室空间，双人床、床头柜、衣柜
> 书房空间，书桌、书椅、书柜
> 玄关空间，玄关台（玄关柜）

2. 可选类家具

以必选类家具的陈设内容及陈设位置为前提，可在空间面积允许的情况下，增补家具陈设的功能及装饰内容，并填补空间。例如，一个较大面积的卧室空间内，除陈设卧室空间的必选类家具（双人床、床头柜、衣柜）之外，可适度介入床尾凳、梳妆台等，既有效利用剩余空间，也充分明确家具陈设的功能因素及装饰内容。

空间整体效果规划完成后，必选类家具应引起设计师的重视，其具有明确空间功能及主体装饰效果的作用，可形成软装配饰空间陈设的基本格局。此类家具的介入可完善空间家具陈设，多依据空间功能、面积与必选类家具的所在位置及比例而得以确立。

常见的可选类家具有：

客厅空间，陈列柜、背几、鞋柜、花架、玄关、休闲椅、边几（边柜）、屏风

餐厅空间，碗碟柜、酒柜、吧台、吧椅

卧室空间，单人床、斗柜、床尾凳、休闲椅、茶几、美人榻、梳妆台、梳妆椅

书房空间，文件柜、休闲沙发、咖啡桌、边柜、书报架

玄关空间，鞋柜、边几（边柜）、扶手椅

壁炉前的单人沙发

　　家具内容及陈设往往相对固定，但也可在空间功能允许的前提下，对家具款式、数量、陈设位置进行一定程度的改变，以获得意想不到的效果。

　　例如，运用不同风格、不同款式、不同色彩以及不同材质的家具，家具之间的区别越明显，视觉对比便越强，易于形成独特的心理体验。

楼梯一侧的边几

餐桌椅一侧的屏风

布艺沙发与曲状休闲椅形成鲜明对比，虽然家具的款式并不统一，却形成了新鲜的视觉体验，统一的暖色调协调了空间元素。有些设计更加大胆，刻意运用难以协调的家具款式以凸显更加强烈的陈设个性。

设计师削弱了家具之间的联系，每款家具均作为空间的亮点，与众不同。

餐桌两端保留了两款样式一致的桌椅，而两侧则摆放了两条简洁时尚的长凳，突破常规家具的功能束缚，形成个性化的视觉效果。

通常情况下，客厅中的三人沙发为核心，与电视背景墙或壁炉形成较明确的对应关系。设计师突破此限制，将三人沙发替换为两款粉红色的单人沙发，并排摆放。较高纯度的色彩使其成为空间核心，与壁炉、画品形成有力呼应。

主题家具陈设在壁炉两侧，左右对称，间接强化了处于焦点位置
的壁炉，营造了沉稳、庄重的空间氛围。

除此之外，丰富多样的家具陈设布局可营造新鲜的装
饰氛围。采用非常规的家具陈设手段，较常见的餐厅陈设
是以餐桌为核心，搭配款式一致或接近的餐椅，形成较集
中的布局效果。

三、家具与其他配饰元素的协调

家具固然是软装配饰元素中最重要的组成部分，但也
需要与其他元素进行协调才可营造出空间配饰效果。布艺、
灯饰、画品、花品及艺术陈设品均可对家具陈设效果产生
一定影响。例如，较合理的布艺陈设可衬托家具装饰效果，
起到联系硬装装饰与软装配饰的作用。画品、花品等可弥
补或提升空间装饰细节。

该设计在弱化家具装饰的基础上，凸显其他配饰。家
具并无过多装饰，布艺、灯饰、画品、饰品等元素相
比于家具更加引人注目。

另外，有的家具并无过多修饰，结合其他配饰元素之后，反而形成意想不到的效果。就装饰手法而言，家具装饰的弱化有助于表现其他配饰元素。

带有条纹的灰蓝色窗帘与沙发的靠枕形成色彩呼应，无形中强化了沙发与背景的联系，丰富了空间的色彩节奏。

家具极富时尚气质的框式结构与吊灯上下呼应，形成一个整体。

家具采用柔和的低纯度配色，自然质朴、极具民族风情的摆件丰富了空间细节。

第四章　软装陈设元素——布艺陈设设计

室内布艺指以布为主要材料，将窗帘、床品、地毯、抱枕等相互搭配，美化室内环境，打造充满创意与个性的居住空间，满足人们对艺术的追求。

田园风格的客厅布艺陈设

田园风格的卧房布艺陈设

第一节　布艺的作用

空间在搭配布艺之前，一般硬装部分已完成，墙面、地面及家具的风格已确定，这些也许在短时期内不会改变。然而，布艺可快速营造全新的环境，赋予空间魅力。布艺在空间环境中的作用首先是功能使用，其次是装饰美化。

功能上，布艺可起到保护隐私、柔化空间中生硬的线条、掩盖格局中的硬伤、保暖、防辐射、吸声降噪及美化设计的作用。软式窗帘的最大目的在于保护隐私，客厅、过道及餐厅等公共活动区域，可使用布帘加纱帘，保护隐私的同时不影响采光；卧室、洗手间等隐私性较强的区域，可使用遮光的窗帘。柔软的布料具有柔软、可塑性强的特点，可柔化空间结构，协调其他软装配饰元素，例如，与花品、装饰画等陈设相呼应。吸声降噪方面，对于卧室或视听室等比较静谧的空间，空隙较大的布料可吸收外来噪声或缩短室内的混响时间以取得好的音质。形式方面，带窗帘杆款式的窗帘或带有竖向条纹的窗帘可使空间显得高挑，横向条纹的窗帘可延伸空间视线；地毯可划分或整合区域。

体量上，布艺包括窗帘、床品、地毯、抱枕，以及床幔、床旗、桌布、椅套等，通常占据30%以上的室内装饰面积，营造整体环境氛围，烘托出空间主题元素。

装饰上，布艺的色彩、质地、图案各不相同，可产生不同的视觉效果，营造自然、温馨或庄重、华贵的氛围，结合空间背景色、主题色，可使居室整体色彩、美感协调一致。

第二节 布艺的分类

布艺可按照材质、工艺及实用功能来划分。

一、材质方面：天然纤维、化学纤维及混纺织物

1. 天然纤维：以天然生长的物质为原料加工而成，例如，棉、麻、毛、丝等

植物纤维：棉、麻；动物纤维：毛、丝。

天然纤维一览表				
分类	棉	麻	毛	丝
显微镜下的纤维				
纤维特点	短而细，长度为25～30毫米，长度整齐度较差；有天然转曲，有棉结杂质，无光泽	粗而长，存胶质而呈小束状，比棉长、比毛短，长度差异大于棉纤维；较平直，无转曲，无光泽	长度一般为70～80毫米，有天然的波状卷曲，纵截面上有鳞片覆盖；纤维表面柔和、有光泽	天然纤维中唯一的长丝；纤细、光滑、平直；微寒
燃烧特点	棉纤维燃烧时近火焰迅速燃烧，火焰呈黄色，蓝烟，有一股纸味，燃烧后灰量很少，呈黑色或灰色，手捻后变为粉末	跟棉纤维相似，不同点在于燃烧时为草木灰味，灰烬为白色	燃烧速度较慢，遇火起泡冒白烟，味道似烧焦的头发，燃烧后为球状颗粒，手捻后呈粉末，灰烬为黑色	燃烧速度较慢，遇火缩成团状，烧时伴有咝咝声，烧焦味，燃烧后结成小球，手捻即碎，灰烬为黑褐色
织物图片				
织物特点	棉纤维无光泽，织物外观柔和有光泽；棉纤维短而细，织物有纱头或杂质；由于棉纤维的结构和天然扭曲的特性可增大纤维的表面积，因此棉的吸湿透气性好	纱线粗细不匀，有结节；布面粗糙不平，手感硬挺，刚性大，凉爽感强；防虫防霉，有屏蔽紫外线功能和抑菌功能；织物撕裂时，声音干脆	光洁平整，纹路清晰；手感柔软、温暖、蓬松，极富弹性，悬垂性好；不易褶，可迅速恢复原状；易染色，色彩纯正	光泽明亮、自然柔和，色彩纯正鲜艳；手感轻柔、平滑、细腻，富有弹性，细薄飘逸；干燥时有丝丝凉爽感，摩擦时及撕裂时声音响亮
优点	手感柔软，吸汗透气，防过敏，容易清洗，不易起球	具有良好的吸湿散湿与透气功能	保暖，弹性好，隔热性强	吸湿放湿性好，不易褶皱，自然悬垂

续表

分类	棉	麻	毛	丝
缺点	弹性较差，易皱，缩水	弹性较差，易皱，且褶皱不易消退；接触皮肤时有刺痒感	易起毛球，缩水，易虫蛀	不抗盐，不易打理，轻微缩水
小结	棉、毛保暖性较好，麻、丝比较凉爽；毛、丝有弹性；棉、麻容易起褶皱；柔软度方面，棉、毛、丝比较好，麻比较硬挺；缩水方面，棉、毛容易缩水			

2. 化学纤维：分为合成纤维和人造纤维

合成纤维是以石油化工工业和炼焦工业副产品为原料，将有机单体物质加以聚合而成。

人造纤维是以纤维素蛋白质的天然高分子物质如木材、芦苇、大豆为原料，经化学和机械加工而成。

化学纤维一览表				
分类	合成纤维			人造纤维
	涤纶	锦纶	腈纶	粘胶纤维
定义	合成纤维中的重要品种，基本组成物质是聚对苯二甲酸乙二醇酯，学名"聚酯纤维"	国际上称为"尼龙"，是世界上出现的第一种合成纤维，学名"聚酰胺纤维"	学名"聚丙烯腈纤维"，弹性较好，蓬松、卷曲而柔软，保暖性比羊毛高15%，有"人造羊毛"之称	是以天然棉短绒、木材为原料，经过化学溶液浸泡和再加工制成。有长纤维和短纤维两种，长纤维称为"人造丝"，短纤维称为"人造棉"，可混纺
燃烧特点	遇火易燃、立即熔缩，火焰为黄色，边熔化边冒黑烟，有芳香的气味，燃烧后为黑褐色硬块	燃烧时没有火焰，离开火焰会继续燃烧，近火即卷成白色胶状，溶燃滴落起泡，燃烧后不熔融物不易研碎	近火软化熔缩，着火后冒黑烟，散发出火烧肉的辛酸气味，烧后灰烬为不规则硬块，手捻易碎	易燃，燃烧速度较快，有纸味，留下灰烬很少
织物图片				
织物特点	俗称"棉的确良"，在仿棉的基础上，克服了棉织物的缺点，但因化学分子结构的特性，没有棉织物吸湿透气	强度最大，耐磨性高于其他所有纤维，锦纶长丝多用于针织及丝织工业，如单丝袜、弹力丝袜等各种耐磨的锦纶袜，锦纶纱巾、蚊帐，锦纶花边，弹力锦纶外衣，各种锦纶绸或交织的丝绸品；还可用于制作工业用布、传送带、缆绳等	可纯纺，也可混纺，制成多种毛料、毛线、毛毯，价格低廉而实用	光泽柔和明亮；仔细观察纤维间有亮光，手摸织物光滑、平整，柔软

分类	合成纤维			人造纤维
	涤纶	锦纶	腈纶	粘胶纤维
优点	弹性最好，坚牢耐磨，平整挺括，手感滑爽，抗皱性能超过其他纺织纤维，不折不皱，保形性好，易洗快干；缩水率低，耐腐性好，不发霉，不怕虫蛀	表面平滑、质量较轻、耐用、易洗易干，有一定弹性及伸缩性；混纺织物中稍加一些聚酰胺纤维，可大大提高其耐磨性	耐日光性与耐候性很好（居第一位）	易折但也易恢复，弹性好，吸湿性、透气性良好；抗静电，染色性能好
缺点	吸湿性极差，用涤纶纺织的面料穿在身上发闷、不透气；不易染色，易起毛、结球；吸尘，带静电，不耐脏	通风透气性差，易产生静电	吸湿性差，难染色，易起毛球	湿牢度差，耐酸、耐碱性不如棉纤维；下水后增厚、发硬

3. 混纺织物：采用两种或两种以上不同种类的纤维，混纺成纱线加工而成

混纺织物一览表			
分类	涤棉	涤麻	棉麻
定义	涤棉指涤纶与棉的混纺织物的统称，是采用 65% ~ 67% 的涤纶和 33% ~ 35% 的棉花混纱线织成的纺织品，俗称"棉的确良"	涤纶与麻纤维混纺纱织成的织物，或经、纬纱中采用涤麻混纺纱的织物	麻棉混纺布一般采用 55% 麻与 45% 棉或麻、棉各 50% 的比例进行混纺。
特点	既突出涤纶风格，又有棉织物的长处，外观光泽较明亮，布面平整，手摸织物表面滑爽、挺括、弹性好，手捏紧后放松，留有折痕，但不明显，短时间内可恢复原状，在干、湿情况下弹性和耐磨性都较好，尺寸稳定，缩水率小，易洗快干	涤麻布兼有涤纶与麻纤维的性能，挺括透气，毛型感强。较光洁平整，抗皱性大为改观，光泽较好	保持麻织物独特的粗犷挺括风格，具有棉织物柔软的特性；可弥补麻织物不够细洁、易起毛的缺陷，质地坚牢爽滑，手感比纯麻布柔软；抗皱性比纯麻织物稍好
图片			

二、工艺方面: 染色、色织、提花、绣花、割绒、印花、植绒、压花、烫金、烫银、烂花、压皱、磨毛、绒布等

1. 染色

在白色胚布上染上单一的颜色。

特点: 素雅、自然。

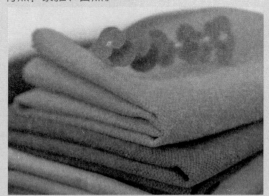

染色布

2. 色织

将棉纱染色后再纺织。

特点: 色牢度强, 色织纹路鲜明, 立体感强。格子、条纹布大多属于色织布。牛仔布也是色织布, 通常使用靛蓝染色的经纱和本色纬纱纺织而成。

格子色织布

3. 提花

纺织物以经线、纬线交错编织组成凹凸花纹, 加绒、加丝均可。

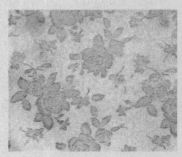

单色提花为提花染色面料: 先经提花织机织好提花胚布后再进行染色整理, 面料成品为纯色。

单色提花布

多色提花为色织提花面料: 先将纱染好色后再经提花织机织制而成, 最后进行整理。

多色提花布

特点: 正反均有花纹, 织物色彩丰富, 不显单调, 花型立体感较强, 色彩相对柔和, 面料质感好, 厚重结实, 比较高档, 耐看而有内涵。

4. 绣花

在底布上采用专业的电脑绣花软件, 通过电脑编程的方法来设计花纹及走针顺序, 使用绣花机。

特点: 生动, 富有质感, 立体感强, 精致细腻, 色调丰富。

绣花布

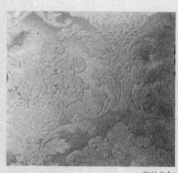

割绒布

5. 割绒

浮纬割断，形成割绒面料。

特点：立体感强，时尚感强，吸湿性强。

6. 印花

使染料或涂料在织物上形成图案的过程为织物印花。印花是局部染色，要求有一定的染色牢度。印花分为三种：转移印花、活性印花、涂料印花。

特点：花形色彩亮丽、丰富细腻、清爽明快，造型流畅、自由多变，具有极好的逼真感及手绘般的印染效果，具有自然的质感。

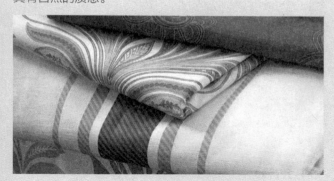

印花布

（1）转移印花。

转移印花是先将染料色料印在转移印花纸上，然后在转移印花时通过热处理使图案中的染料转移到纺织品上，并加以固定，形成图案。

工艺优点：

① 与传统工艺相比，省时、省厂房和人力、省水、降低次品率。

② 花纹清晰精致，灵活性强。

③ 转移印花在全涤纶面料上面的转印效果最好，色调最鲜亮。

纯棉转移印花布

（2）活性印花。

将活性染料渗进面料，加工而成。

工艺优点：活性印染比较环保，对人体无害，色彩和面料的手感也较好，不会有"一块硬一块软"的感觉，广泛用于床品装饰。

纯棉活性印花布

（3）涂料印花。

将涂料覆盖在面料上面，加工而成。

涂料印花布

工艺优点：可用于任何纤维纺织品的加工，在混纺、交织物的印花上更具优越性，工艺简单，色谱较广，花形轮廓清晰，但手感不佳，摩擦牢度不高，有"一块硬一块软"的感觉。

7. 植绒

用特定工艺把绒毛织在布面上，增加布的厚度和华美感。

静电植绒工艺：利用静电和胶粘剂，将绒毛垂直粘在被植面料上。

特点：立体感强、颜色鲜艳、手感柔和、豪华高贵、华丽温馨、形象逼真、无毒无味、保温防潮、不脱绒、耐摩擦、平整无隙。

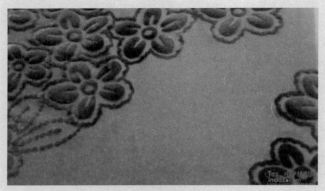

植绒布

8. 压花

先做一个图案的模，再利用热压力作用，在复合材料表面形成某种特殊的花纹。

特点：立体感强、时尚感强。

压花布

9. 烫金 / 烫银

主要采用加热和加压的办法，将图案或文字转移到被烫印材料表面上。金银粉印花是将铜锌合金或铝粉与涂料印花黏合剂等助剂混合调成金银粉印花浆印在织物上，使织物呈现出光彩夺目的印花图案。

特点：图案清晰、美观，色彩鲜艳夺目，耐磨、耐候性强。

烫金工艺布

10. 烂花

在两种或两种以上纤维组成的织物表面印上腐蚀性化学药品（如硫酸等），经烘干、处理，破坏某一纤维成分，进而形成图案。

烂花布

特点：将布中部分材料进行腐蚀，导致布料部分变薄，具有独特的半通透效果，花形风格自由多变，既可生动活泼，也可古典华丽。

11. 压皱

压皱工艺分为人工压皱和机器压皱。

特点：由于工艺原因，其门幅通常比正常门幅窄，一般为 130 ～ 135 厘米。面料价值感好，比较高档。

压皱布制成的靠枕

12. 扎染

中国民间传统而独特的染色工艺。染色时将织物部分结扎起来，使之不能着色。

特点：手工扎结非常独特，染色可形成一种痕迹美。自然过渡的色晕美是扎染的独特所在，使其具有跨世纪的艺术生命力。

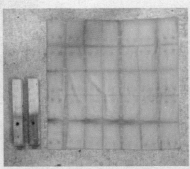

扎染工艺过程及成品运用

13. 磨毛

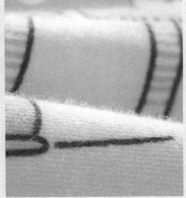

一般的坯布经过前处理（退浆、煮炼、回漂、丝光等）后，布面光洁平整，用裹沙皮的滚筒在布面进行摩擦，在布面上磨出一层绒毛。

磨毛工艺

特点：绒毛短而密，绒面平整，手感丰满柔软，富有绒感，光泽柔和、无极光。磨毛面料蓬松厚实，保暖性能好，不起球，不褪色，质量比一般的纯棉面料厚重得多。

14. 绒布

绒布是坯布经拉绒机拉绒后呈现蓬松绒毛的织物。例如：平绒、灯芯绒、金丝绒、雪尼尔。

（1）平绒，又称丝光平绒，是采用起绒组织织制的纯棉织物。

特点：具有绒毛丰满平整、质地厚实、光泽柔和、手感柔软、保暖性好、耐磨耐穿、不易起皱等特点。色牢度好，缩水率低，性价比高。

平绒布面抱枕

（2）灯芯绒采用起毛组织织制，割纬起绒，表面形成纵向绒条的棉织物。因绒条像一条条灯草芯，所以称为"灯芯绒"。

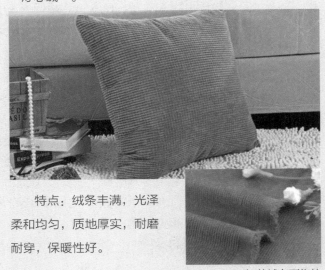

特点：绒条丰满，光泽柔和均匀，质地厚实，耐磨耐穿，保暖性好。

灯芯绒布面抱枕

（3）金丝绒是由桑蚕丝或其他人造丝和粘胶人造丝交织的单层经起绒丝织物。绒面绒毛浓密，毛长且略有倾斜，但不及其他绒类平整。

特点：面料手感丝滑，有韧性，做衣服颇显档次。虽然会掉毛，但清洗后柔软、亲肤。

金丝绒布面抱枕

（4）雪尼尔，又称"绳绒"，是一种新型花式纱线，用两根股线做芯线，通过加捻将羽纱夹在中间纺制而成。

特点：赋予家纺面料厚实之感，具有高档华贵、手感柔软、绒面丰满、悬垂性好等优点。

雪尼尔布面抱枕

如何区分面料的装饰工艺

（1）色织：正反面均有花纹，色彩材质正好相反。纹样简单，多为条纹、格纹，是提花的简化。

（2）提花：正反面均有花纹，色彩材质正好相反。花纹图案在纺织过程中织上去。

（3）绣花：先有布，在布上绣花。立体感较提花更突出。

（4）印花：正面有图案，无反面，无立体感。

（5）割绒：正面有图案，无反面，整面绒布割走图案以外的部分，图案是整面效果，有立体感。

（6）植绒：正面有图案，无反面，绒面图割裂为多个部分。价格较割绒昂贵。

（7）烫金、烫银：正面有图案，无反面，在原布上加金银，图案底色为金银色。

（8）压花：正面有图案，无反面，在原布基础上热压出花纹，图案底色为原布色。

（9）扎染：利用物理因素，经过捆绑、扎孔等来染色。成品色彩有渐变性，面料无透明感，多为棉布。

（10）烂花：利用布料的化学特性，如涤纶的强耐腐蚀性，来形成图案。成品面料有镂空透明之感。面料成分必须含涤纶。

三、实用功能方面：窗帘、床上用品、地毯、靠枕

窗帘、地毯、床品及靠枕室内布艺陈设

1. 窗帘

（1）窗帘在室内陈设中的作用。

① 使用功能：保护隐私，调节光线与温度，吸声隔热和降噪。

② 装饰功能：柔化空间布局，调和色彩，凸显文化主题风格。

（2）窗帘的基础知识。

窗帘倍率：窗帘一般不会做成平的，为了丰富窗帘的装饰效果，把大于窗帘实际宽度的布料通过打褶做成需要的尺寸，而二者相除的系数就是倍率，一般是 1.8～2.5 倍。如果需要对花，倍数取决于花形的疏密程度，如果花形较密，那么倍数可缩小，反之亦然。

田园风格的室内布艺陈设

窗帘对花：指按照窗帘布上图案间距的整数倍来控制窗帘，窗帘挂上后每朵花凸显在外面，韵律十足。

对花窗帘

（3）布艺窗帘的组成。窗帘由帘体、配件和辅料组成。

帘体：由窗幔（帘头）、帘身和窗纱组成。窗幔与帘身由同一面料组成。

日式窗帘

窗帘轨道：用于悬挂，以便窗帘开合，可美化窗帘布艺。有暗轨和窗帘杆两种类型。材质上，暗轨以铝质为主，也有纳米或塑料的。罗马杆以铝质、铁艺、实木为主。

暗轨：主要用于带窗帘箱的窗户。根据顶部的处理方式，窗帘箱一般有两种形式：一种是房间有吊顶，窗帘盒隐蔽在吊顶内；另一种是房间未吊顶，窗帘箱固定在墙上。这两种形式均适合用暗轨。暗轨由轨道、吊轮和支架组成。轨道可根据要求做成单层、双层及三层：单层轨适合做布帘；双层轨适合做布帘配纱帘；三层轨适合做窗幔、布帘及纱帘，靠近窗户的为外层，外层、中层为直轨，内层为幔轨，适合无窗帘盒又想做帘头的，幔轨上附有魔术贴，以使窗幔拆卸方便，因此外层挂窗幔，中间挂布帘，最里层挂纱帘。窗户较宽时，为防止两侧窗帘拉合后中间留有缝隙，需要暗轨在中间处断开，断开处煨弯错开，搭接长度不小于 200 毫米。安装方式可分为顶装与侧装，墙码适合墙面侧装，顶码适合顶装，根据需要选择配件。有的窗户为弧形或异形，可搭配弯曲轨。

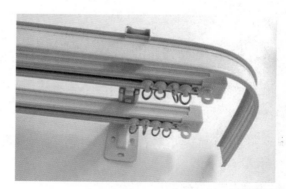

三层暗轨

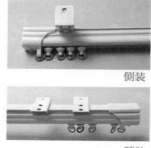

侧装

顶装

弯曲轨

窗帘杆：适用于无窗帘箱的窗户，具有装饰功能，最常用的是罗马杆，由杆身、支架、窗帘吊环和装饰头组成。窗帘杆一般为单层或者双层，没有窗幔，外层挂布帘，内层挂纱帘。窗帘杆身若超过 2 米，需 3 个支架。

罗马杆

单、双层罗马杆

轨道的计算：若满墙安装，则轨道长度 = 窗帘箱的长度 −2 厘米；若非满墙安装，则轨道长度 = 窗宽 +20 厘米 ×2。罗马杆长度（定制杆 + 头总长）= 窗宽 +30 厘米 ×2。如果做满墙，轨道或罗马杆长度 = 墙宽 −2 厘米 ×2。

附件：包括硬衬、布带、花边、挂球、铅线、绑带、侧钩、窗帘扣、配重物等。近年来新生化的窗帘附件逐渐增多。

硬衬：可使柔软的帘身更加平整、厚实。

铅线：用于窗帘挂置与下垂。

配重物：如挂坠，丰富样式的同时可增加下垂重量。

硬衬

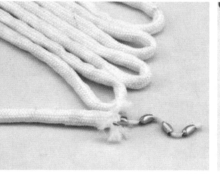

铅线

配重物

布带：窗帘布带缝在窗帘帘身最上端，用来固定窗帘与轨道。若没有布带，则窗帘挂起来没型。布带在织造上分为无纺和有纺，无纺布带不抗晒，有纺的稍贵些，但耐用。布带按型号分为宽布带、窄布带、打孔布带和抽布带，宽布带搭配四叉钩使用，窄布带和抽布带搭配单钩使用，打孔布带搭配孔环。

宽布带

窄布带

抽布带

打孔布带

墙钩：窗帘墙钩有很多种形态，如挂钩、流苏绑带、绑球、挂绳及吊球等；材质多元，如布类、串珠、铁艺等。可根据风格及材质选择合适的窗帘钩，起到点睛的作用，小细节不可忽略。

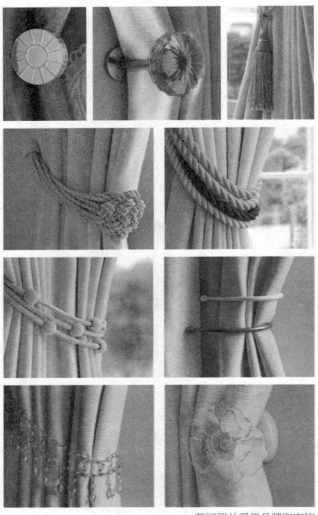

英国罗兰爱恩品牌窗帘钩

花边：花边的选择和制作往往最费周章，花边样式繁多，使用的位置比较灵活，可放在内帘和窗帘头上，也可点缀于外帘上。花边有褶皱式串珠、水晶玻璃珠、波浪形绸带、流苏丝穗小球及金属孔装饰边等。花边不但需与窗帘面料相协调，还需与帘头搭配得当，以最终锁定整个窗帘风格。

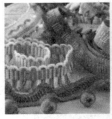

窗帘花边

（4）窗帘的面料。

窗帘的面料种类很多，选择面料时应注意两个方面：厚实感与垂感性。

新中式风格窗帘　　　　　日式窗帘

传统窗帘通常由三层面料组成，一层是起装饰作用的布帘，中间一层是遮光帘，再一层是纱帘。当今，遮光帘既可与其他布帘配套作为遮光帘，也可是集遮光和装饰于一体的窗帘布，双面双色全遮光。可做成各种不同风格的遮光布，如提花、印花、素色、压花等，兼具功能性、实用性、美观性。

遮光帘示意

窗帘布的面料以涤纶化纤织物和混纺织物为主，厚实、垂感性良好。

① 雪尼尔：比较粗犷，厚实、垂感性良好，广泛运用于窗帘、沙发等软包。

② 高支高密的色织提花面料：细腻、光泽好，比较华贵，价格也不菲。

③ 粗支纱的色织或印花面料：粗而不犷、细而不腻，比较大众化，价格适中。

④ 其他面料，如金丝绒、植绒等都是不错的窗帘面料，各种高档的进口面料及各种新型面料层出不穷。

色织面料

雪尼尔

提花面料

金丝绒

支数：纱的粗细的标准，1 克重的纱长度为多少米，就称为多少支。纱的支数越高，纱就越细，纱织布越薄，布越柔软、舒适。支数高的布对原料（棉花）品质以及纱厂和纺织的织布厂要求较高，因此成本较高。

密度：即面料在单位长度中排列的经纬纱根数的多少。一般密度越大，制造技术要求越高，成本也越高。

高支高密面料：一般情况下，超过 40s［s（纱支）是指一磅重的纱线有多少个 840 码（1 码 = 0.9144 米）］的纱即为高支纱，密度超过 95 根 / 英寸（1 英寸 = 2.54 厘米）即高密度。

例如，面料上的标识为 110″ 60×40 / 173×120：110″ 是指面料幅宽，110″ 等于 279.4 厘米，即幅宽为 2.8 米；60×40 是指织物用纱，经纱 60s 纱，纬纱 40s 纱；173×120 是指织物密度，第一组数字指经纱 173 根 / 英寸，第二组数字指纬纱 120 根 / 英寸。

窗纱：与窗帘布相伴的窗纱在居室中可营造温馨、浪漫的氛围，并使得采光柔和、透气通风，调节人的心情，给人若隐若现的朦胧感。

窗纱的面料可分为涤纶、仿真丝、麻或混纺织物等。

窗纱的工艺可分为印花纱、绣花纱、提花纱、剪花纱、烂花纱、竹节纱、手绘纱、鸟巢纱等。

玻璃纱　　　　　　　　　　　　亚麻白纱

（5）窗帘的种类。

窗帘的种类有很多，可分为开合帘、卷帘、百叶帘、罗马帘：

① 开合帘（平开帘）。

现代风格开合帘

开合帘是指沿着轨道的轨迹或杆子做平行移动的窗帘，是一种最普通的窗帘样式，悬挂和掀拉均很简单，操作方便，遮光、隔音效果良好，也是家庭或酒店等公共空间中最常用的样式。通常用 2 ~ 3 倍的褶皱，有一侧平拉式和双侧平拉式。采用不同的制作方式，搭配不同的辅料，可形成不同的视觉效果，例如有帘头的欧式豪华型、无帘头的罗马杆式。

欧式豪华型：帘身的色彩纯度比较低，或是色彩浓郁的大花型帘身，给人华贵富丽之感。

欧式水波窗帘

这种款式的窗帘一般有帘头，帘头分为两种，即荡帷水波形和平帷形。

欧式豪华型窗帘		
分类	荡帷水波形	平帷形
特征	此款帘头在窗帘款式中相对复杂，豪华、大气，用料比较多，价格相对较贵，制作要求也较高，高度一般为整个窗户高度的1/5	帘头的底边可根据客户的喜好设计成各种形状，如直线式、波浪式、荷叶边式、花边式，也可混合使用。大方、低调、奢华，用料不多，加工相对简单
图片		

罗马杆型：窗帘的轨道由不同造型及材质的罗马杆组成。帘身可用色彩浓郁的大花，也可是素雅的条格或素色等。可不加装饰，以突出面料的质感和悬垂性。

打褶吊环式罗马杆窗帘

高酒杯式打褶吊环布艺帘

罗马杆型窗帘分为打铁圈式、打褶吊环式、吊布带式、穿杆式。

罗马杆型窗帘		
分类	特点	图片
打铁圈式	打铁圈式不需加工固定褶皱，在窗帘顶端等距间隔钉上铁圈，铁圈的大小根据罗马杆的粗细而定，铁圈的个数一般为1米5个孔，具体个数及长度与对花的花距有关	
打褶吊环式	使用布带制作完成后，用爪钩叉出不同造型的褶，连接罗马杆上的吊环。褶皱有固定褶和自由褶，固定褶是成品已经做好褶皱，自由褶是只加工好布带之后利用四爪钩自己调节，叉出不同的造型。这里分三种款式：简约式、褶皱式、典雅式	简约式　工字褶　管型褶 褶皱式　三重褶　韩式褶　法式褶 典雅式　雅典娜式　高酒杯式
吊布带式	使用布料制作的布带，连接罗马杆和帘身，车缝在帘身最上面。清新淡雅、朴实自然。缺点是窗帘不易拉开，在田园、禅意、现代风格中可选用	
穿杆式	这是一种比较经济的方法，不需要铁圈、钩子和打褶，直接将罗马杆穿入帘子，窗帘很难拉动，只能用窗帘钩绑在墙壁两侧，适合不需要经常开启的窗户	

② 卷帘。

卷帘是指随着卷管的卷动而上下移动的窗帘，材质以化纤为主，亮而不透，表面坚挺。有单色、花色，也可一幅帘子是一整幅图案，也有竹编和藤编，具有浓郁的乡土风情和人文气息。使用方便，可遮阳、透气、防火，使用一段时间后拿下来清洗也较方便。

特点：简洁，窗户上边有一个卷盒，使用时往下一拉即可。

适合场所：卫生间、办公室等场所，比较适合安装在书房、有电脑的房间和室内面积较小的居室中。喜欢安静、简洁的人适宜使用卷帘，西晒的房间用卷帘遮阳效果较好。

麻布竹编卷帘　　　　　　　　化纤卷帘

③ 百叶帘。

百叶帘是指可做 180° 调节并可做上下垂直或左右平移的硬质窗帘，材质有铝百叶、木百叶、竹百叶及高级复合材料朗丝百叶等。

特点：耐用常新、易清洗、不老化、不褪色、遮阳、隔热、透气、防火等。

木制百叶帘　　　　　　　　　百叶窗

适合场所：适用于书房、卫生间、厨房、办公室及一些公共场所，具有阻挡视线和调节光线的作用。例如：竹百叶具有韧性好、强度大、环保耐用、耐温、耐寒、防霉、防蛀及色泽柔和、典雅大方的特点；栖叶的木片不同于一般的人造材料，完全取自天然木竹，形成独特的风格，与时下回归自然的时尚十分契合，古朴典雅，充满浓郁的书香气息，适合高雅格调的酒吧和极富特色的餐厅、艺术馆、书房等。

竹百叶帘

藤质卷帘

④ 罗马帘（遮阳帘）。

罗马帘由导轨和帘身两部分组成，帘身平直，有底布，底布与主布之间车缝有铝条或塑料条作为支撑骨架，在收放时，布料一层一层叠起，具有独特的美感和装饰效果，层次感强，有极好的隐蔽性。使用面料较广，一般质地的面料、木、藤、竹均可。款式有板式和柔式，也可同开合帘相组合。

适合场所：客厅、过道或书房、宾馆大厅、咖啡厅、会所等。

板式罗马帘

罗马帘的类型			
分类	**板式**	**柔式**	
定义	折叠式：水平方向延伸的线条给人硬挺的印象，质朴大气、简洁清新	简约：体现面料本身的风格，自然质朴	波浪形：涟漪般的褶皱，宏大华美；质感轻柔蓬松，给人华贵典雅之感	扇形：自中间向左右分出两条大的波浪形线条，色彩浪漫温馨
图片			

制作：适合做成宽与高的比例在 1：1.5 以上的形式。单个罗马帘的宽度不要超过 1.5 米，扇形罗马帘的宽度不能大于高度，否则不成扇形，宽与高的最佳比例是 1：2。

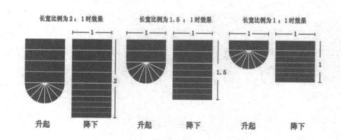

测量：装在窗洞内的称为内嵌罗马帘，内嵌罗马帘测量一定要准确，成品罗马帘宽度和高度等于窗洞宽度和高度，为防止误差，成品宽度最好减小 1 厘米（注：内嵌安装时，窗洞深度须大于 7 厘米）。

装在窗洞外的称为外装罗马帘，建立在不漏光的基础上，分为两种情况：有窗套时，罗马帘成品宽度＝窗套宽度 +5 厘米，成品高度大于窗套高度 10 厘米即可；无窗套时，罗马帘成品宽度＝窗洞宽度 +7 厘米，成品高度同上。成品尺寸也可根据房间实际情况和喜好适当调节。

一般情况下，装罗马帘的窗户不能内开窗，如果需要内开窗，则须满足窗框顶部到天花板距离不小于 0.3 米。一般情况下，罗马帘安装在窗框上方 35 ~ 45 厘米处，收叠上去不影响开窗，扇形罗马帘不适用此种方式。

（6）窗帘的选择。

窗帘须与窗型相搭配。目前，建筑上主要的窗型有高窗、半截窗、飘窗、落地窗。

① 高而窄的窗子。

视觉效果比较窄、高，多出现在别墅豪宅或者酒店大堂处，常使用落地平拉窗帘，可安装电动轨道，不会因窗户太高而不易拉合。窗帘比例分为协调和夸张两种。

高窗窗型的比例		
分类	**协调比例**	**夸张比例**
特征	带窗帘盒、帷幔、或窗帘纹样为横向，与高窄窗比例协调，而不会造成头重脚轻的感觉	用非常有垂感的布料形成竖向的褶或竖向纹样的窗帘，可顺势造势，使空间更有特色，突出房高
图片		

② 半截窗。

也称"腰窗"，窗台高度约在人的腰部90厘米处，以不落地为主。

③ 飘窗。

飘窗即"飘"出去的窗户，也称"观景窗"。目前流行的飘窗分为两种：一种是有台阶的，称为"飘窗"；另一种是完全落地，称为"落地飘窗"。

窗帘可选择罗马帘、卷帘、百叶帘或平拉帘。其中罗马帘为首选，这种款式有两大好处，一是用布少，二是帘身收起来时呈层叠状，富有立体感，且节省空间。除此之外也可组合使用，外层是布平拉帘，有利于在强光下阻挡太阳直射，搭配罗马帘、卷帘或者百叶帘等，组合起来更有趣味。例如，外层是平拉帘，下面的窗户配百叶帘，既有装饰性，又保护隐私。

穿杆帘与罗马帘组合窗饰

飘窗窗帘的类型		
分类	**落地帘**	**短帘**	**罗马帘**
定义	可做欧式宫廷风格的波浪帘头的落地帘，奢华大气，也可以是无帘头的平拉帘	长度刚过窗台下20～30厘米的短帘，清新自然，选用轻质浅色的织物，纱帘和小花纹是不错的选择	若窗宽在1.4米以内，任何款式罗马帘均可，市场上的布料一般是1.4米的幅宽，中间不用接缝。若窗宽超过1.4米，则建议选用波浪式罗马帘
图片			

④ 落地窗。

落地窗是半截窗的延伸，从天花板直达地板，整体通透，为窗帘设计提供了更多的空间。多以平拉帘为主。

雪尼尔提花打铁圈式窗帘

根据采光，可选择纱帘或卷帘调节光线。

根据风格，可选择加窗幔或不加窗幔。

无帘头款式轨道暗装落地雪尼尔双层窗帘　带帘头款式欧式复古大马士革样提花窗帘

（7）窗帘的计算。

① 关于窗帘布的幅宽。

窗帘布幅宽一般有 1.40 ～ 1.50 米（统称窄幅）、2.60 ～ 3.20 米（统称宽幅），最常见的有 1.45 米和 2.80 米两种，需要依据窗户尺寸合理选择规格，节省用布的同时可有效匹配布艺的花色。

定窗帘门幅有两种，即定高布与定宽布之分。

定高布指窗帘布的幅宽可以当作窗户的高度，买的米数与窗户宽度有关。因此，对于层高 2.7 米以下的建筑或者成品高度小于 2.65 米的窗帘，可选用规格为 2.80 米的布幅，只买窗的宽度即可，这样用料很节省，不用对花接缝。

定宽布与定高布正好相反，布的规格有 2.80 米、1.45 米幅宽两种，因此对于高度为 2.7 米以上的窗户，可定宽买高，会出现竖向接缝，适合别墅中高而窄的窗户。1.45 米幅宽的布适合做罗马帘，高度可自定，因此前述罗马帘

单个宽度不能超过 1.4 米就是如此。对于比较宽的窗户并想做成罗马帘样式的话，可用多个罗马帘横向拼接。

② 量窗与成品尺寸。

量窗指将窗的宽与高丈量出来，数字最好用厘米表示。量窗是整个制作过程的起点，一般应注意左右两边高度和上下的宽度是否一致以及一些不规则的窗型。

窗帘成品尺寸如下所述：

暗轨：轨道长度与窗帘箱同长或者与墙体同长，当窗宽超过 1.2 米时，暗轨的轨道应断开，断开处煨弯错开变平缓曲线，搭接长度不小于 20 厘米。窗帘成品的宽度应与轨道长度相同。

成品窗帘的高度 = 窗帘箱或天花顶面距离地面的高度 － 3 厘米（轨道与吊环高度）－ 2 厘米（避免拖地）。

罗马杆：应先丈量罗马杆左侧固定吊环与右侧固定吊环的距离，再加上 20 厘米（重叠避免留缝透光），即为成品窗帘的宽度。

如果不是满墙，一般情况下不用这么精确，可大概计算为，成品窗帘的宽度一般比窗户的净尺寸左右各宽出 15 厘米左右为宜。

成品窗帘的高度应丈量罗马杆吊环底部与地面的距离，再减去相应尺寸，减去多少视窗帘式样而定。

落地窗帘下摆距离地板应为 1 ～ 2 厘米，免得拖地不卫生。

如果是半截窗，做短帘的话，窗帘下摆在窗台下 20 ～ 30 厘米处即可。

③ 平拉帘用料计算。

帘身部分的计算如下。

案例 1：窗帘成品尺寸：宽 3.5 米，高 2.6 米。

解答：适合定高买宽，以 2 倍褶为例，选用幅宽 2.8 米布料，帘身用料计算公式是：

需用布料总宽 = 窗宽（3.5）×2=7（米）

注：窗帘需要盖住窗框，可做宽一些，从而达到不透光的效果。

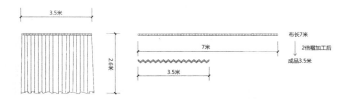

案例1窗帘成品尺寸示意图

案例2：窗帘成品尺寸：宽3.5米，高3米。

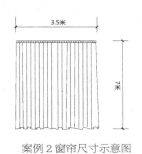

案例2窗帘尺寸示意图

解答：因为窗帘高度高于2.8米，因此可选择以下几种方式：

a. 定高买宽，此时需在窗帘顶端或者底部增加一截。

窗帘样板图（定高买宽）

b. 定宽买高，用布幅来拼接。

以2倍褶为例：需用布料总宽＝窗宽（3.5）×2=7（米）可以选用2个规格的布料来拼接：1.4米或2.8米幅宽的布料。

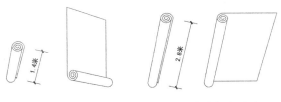

窗帘幅宽尺寸图

1.4米幅宽：7米÷1.4=5幅

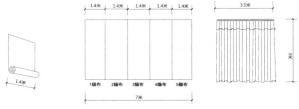

窗帘样板图（1.4米幅宽）

2.8米幅宽：7米÷2.8=2.5幅（因为不能出现单料，所以需整入为3）

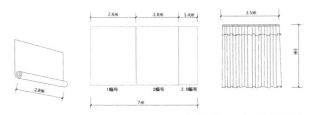

窗帘样板图（2.8米幅宽）

实际用料计算：窗高×幅数＝实际用料 因此，当选用1.4米幅宽的布料时，需要窗高（3）×5 =15（米）当选用2.8米幅宽的布料时，需要窗高（3）×3 =9（米）

④ 水波帘头的计算如下。

常用的波形宽度一般为0.6～0.9米之间，高度为窗帘高度的1/5。

幅宽1.4米的布，裁剪1.4米，得到正方形，通常可做1个波形。

幅宽2.8米的布，裁剪1.4米，得到2个正方形，通常可做2个波形。

波的长宽需要根据帘体的宽度及窗的大小和客户喜好来确定个数及尺寸，在计算用料前要确定需要多少个波形和几个旗子。如果波的宽度为0.4～0.6米，则比较小，那么1.4米×1.4米见方的布可以做2个波，以此类推。

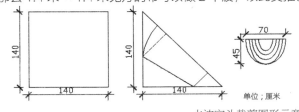

水波帘头裁剪图形示意

波数的计算（取整）：水波宽度＝窗帘宽 / 水波个数（水波个数为整数，水波宽度及水波个数都可自行调节）

案例：窗帘宽 3.5 米，那么可以做成 5 个波形（奇数或偶数均可），每个波形宽度为 0.7 米。

因此一幅 1.4 米 ×1.4 米的布可以做 1 个水波，那 5 个水波共需 5 个幅的布。

一幅 2.8 米 ×1.4 米的布可以做 2 个水波，那 5 个水波共需 3 个幅的布。

（需要注意的是遇到单个的水波时要按一个水波来计算，因此 2.5 个幅取整后为 3 个幅。）

总共用料的计算：

幅宽 1.4 米布料：5 幅 ×1.4 米 =7 米，需要 7 米布。

幅宽 2.8 米布料：3 幅 ×1.4 米 =4.2 米，需要 4.2 米布。

因此选用哪种规格的幅宽，可根据花型、价格来选择适合的。

帘头旁边的边旗一般使用幅宽为 2.8 米的布料，裁剪 1.2 米可以做 2 个边旗，如需要边旗填补水波不够的宽度，则边旗可做宽一些，用料也适当增加一些。

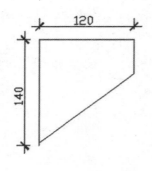
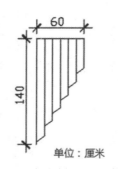

单位：厘米

帘头边旗图形示意

特殊规格：如遇到复式别墅的高窗，为了营造品位与装饰性，一般都会做波幔，这种情况下幔的宽和高要根据实际尺寸而定，水波宽度不小于 0.8 米，边旗也会增加用布量。

注：单个水波在正常情况下，其高度是帘高的 1/5，边旗是帘高的 1/3 或者 1/2。个别情况个别对待，一般按比例和美观剪裁及调整。

2. 床上用品

床头格调赏析

（1）床上用品的分类。

床上用品是家纺的重要组成部分，包括套罩类、枕类、被芯类。

套罩类包括被罩、床裙、床笠；枕类包括枕套、枕芯。枕芯又分为二合一枕、慢回弹枕、功能性纤维枕、绿茶枕、珍珠棉枕及乳胶枕等；被芯类包括蚕丝系列、羽绒系列、羊毛系列和揉纤系列等。

套件分为四件套、五件套、六件套、七件套，四件套包括一个被罩、一个床单（床裙或床笠）及一对枕套，其余的一般多靠垫、方抱枕套、床裙、被子及颈枕等。

床罩的款式以盖式和裙式为主，盖式为松散平铺，裙式是紧合床体套在床上，床罩边缘一般有装饰，可采用褶边、镶边、绲边及花边等形式。

盖式

裙式

为了丰富床上用品的配色，近年来出现了"床笠"的新概念，其侧重保护以往被忽视的床垫。

多格小面包工艺床笠

（2）床品的规格尺寸。

床的常规规格有 120 厘米 ×200 厘米、150 厘米 ×200 厘米、180 厘米 ×200 厘米、200 厘米 ×200 厘米及 200 厘米 ×230 厘米。床垫的规格跟床的大小一样，厚度在 5 ～ 30 厘米之间。

1.2 米床，被套 160 厘米 ×200 厘米，床单 200 厘米 ×230 厘米，枕套 48 厘米 ×74 厘米。

1.5 米床，被套 200 厘米 ×230 厘米，床单 230 厘米 ×250 厘米，枕套 48 厘米 ×74 厘米。

1.8 米床，被套 220 厘米 ×240 厘米，床单 240 厘米 ×260 厘米，枕套 48 厘米 ×74 厘米。

2 米床，被套 230 厘米 ×250 厘米，床单 250 厘米 ×270 厘米，枕套 48 厘米 ×74 厘米。

（3）床品面料知识。

① 床品的面料分为纯棉、丝绵、涤棉及麻类，其中以纯棉居多。

纯棉面料：在床品中运用最广、最为普遍。因纯棉具有透气性且柔软，容易营造出舒适的睡眠氛围。

丝棉面料：用高支纯棉与蚕丝交织而成，各种性能优于纯棉。蚕丝是一种多孔纯天然纤维，保暖、干爽，透气性特好。手感柔软、丰满、光滑、细腻、光亮，与肌肤接触舒适、无任何刺激感，外观高档、华贵、豪华。另外丝棉面料的保健性能好，其中的天然蚕丝有淡化皮肤黑色素、治疗皮肤病、使皮肤变美的功效，现代医学证明天然蚕丝所含的特殊丝胶 SERICIN 成分，具有抗过敏、亲肤性等保护作用。

涤棉面料：优点是成本较低，色牢度好，色彩鲜艳，保形效果好，比较耐用。缺点是易起球、易起静电、亲和力较差。床上用品的辅料和里料通常会用到。

麻类面料：科学家通过脑电图测定，亚麻床单比棉床单让人更容易入眠，而且睡得安稳深沉。对皮肤的检测表明，亚麻床上用品对皮肤没有刺激，并可使皮肤温度下降，

亚麻床上用品

肌肉紧张程度降低。麻类床上用品具有独特的卫生、护肤、抗菌、保健功能，并可改善睡眠质量。

② 工艺上分别有染色、色织、印花、高支高密丝光纯棉面料、高支高密提花面料、绣花面料等。

这里需注意高支高密丝光纯棉面料，这种布是在棉布有张力的情况下，经过浓烧碱的处理，使面料光泽度更佳、更挺括、保型性更好。面料特点是厚实细腻、光滑柔软，具有丝绸面料一般的光泽，抗皱性能好、垂悬感较好。

天丝提花面料床品

高支高密丝光纯棉面料床品

③ 织物组织工艺上有平纹、斜纹、缎纹（贡缎）。纺织物的组织结构因交织方法不同，其产品档次也不同，其中缎纹最好。

平纹织物：用平纹组织（经纱和纬纱每隔一根纱就交织一次）织制的织物，叫平纹织物。交织点多，质地坚牢，正、反面外观效果相同，但手感硬，这种组织织物密度不高，较轻薄，透气性好。特点：表面平坦，花纹单调；缩水率相比斜纹面料低，耐磨性较好，牢固度相比于斜纹面料要高。

斜纹织物：经纱或纬纱隔两根纱线才交织一次，采用添加经、纬交织点改变织物组织结构，统称为斜纹织物。斜纹织物有正反之分，织物正面斜纹纹路明显，反面比较模糊。一个完全组织循内的交织点小，浮线较长，手感松软，弹性比平纹好。在纱线密度、粗细、支数纱线相同的情况下，斜纹布比平纹布要厚，但是耐磨性、坚牢度不及平纹织物。特点：床品中使用较多，手感柔软，档次比平纹高，但相比于平纹面料缩水率大。

缎纹织物：经、纬只有一种以浮长形式布满表面，并遮盖另一种均匀分布的单独组织点，布面几乎全部由经纱或纬纱覆盖称为缎纹。组织正、反面差异非常显著，单位长度内的交织点最少，因此强力最差，但手感柔软，密度为最大。另外，由于缎纹组织浮长线长，故该组织形成的织物不耐磨，易勾丝。特点：布面平滑、匀整，富有光泽，质地柔软；缎纹产品密度很高，结构紧密、厚实。产品比同类平纹、斜纹组织产品成本高。缎纹的织物富有光泽、细腻，具有反光效果，类似绸缎，色泽亮丽、有很好的弹性。常说的贡缎就是缎纹组织面料，是纯棉织物中最独特的产品，其因良好的品质特性作为"贡品"进贡皇帝而得名。贡缎质地的床品很少用 60 支以上的纱支制作，一般选择 40～60 支，因为高纱支的布太薄，不太适合做床上用品。贡缎面料讲究密度，即单位面积中的密度最高、支数最高的为上品。高支是高密的前提，一般认为 40 支以上的纱算高支数的纱。面料密度（经密＋纬密）在 180

平纹　　　　斜纹　　　　缎纹

织物组织工艺

根／平方英寸（1平方英寸 = 0.00065平方米）以上的面料称为高支高密面料。

缎纹区别于平纹和斜纹的地方在于上线跳线更长，并且斜纹夹角更小，光泽更强，更光滑、美观。缎纹织物在日常生活中运用较广泛，光泽好的那面称为缎面，缎纹组织还可与其他组织搭配制成各种织物，如缎纹组织与平纹结合而成的缎条府绸、缎条手帕等。

（4）床品的选择。

要想了解一套床品的好坏，需了解一些床品的技术参数，比如支数、密度、缩水率等。高档床上用品一般选用高支高密面料，中低档床上用品一般选用中密或低密面料，从肉眼、手感可以分辨。

缩水率，一般织物因在织造和染色整个过程中，纤维要拉伸多次，加工时间长，因此将成品买回家洗涤后会产生缩水率。织物的原料、吸湿性及组织工艺不同，缩水率也不同，一般为4%～10%。

床品的好坏及价格的高低跟面料材质、组织工艺及装饰工艺都有很大的联系。面料材质上，高档床上用品的面料一般使用高密度的丝绵、麻类、全棉面料，而中低档产品则一般选用混纺或化纤面料；组织工艺上，缎纹居首，其次是斜纹，平纹最低；面料的装饰工艺上，价格从高到低依次是绣花、提花、丝光、磨毛、色织、印花、染色等。同样面料的一套床上用品，品牌价格相差悬殊，从百元到上千不等。

质量差的织物的特点：手感松弛、粗糙、印染错位、坚硬稀薄，与肌肤接触时有异样感觉等。因此挑选时可看外观、查做工。

外观方面：质量好的产品表面干净整齐，布面平整均匀，质地细腻，印花清晰；质量不好的表面可能沾有污渍，布面不均，质地稀疏，花纹紊乱。

做工方面：从缝制线迹是否均匀、细密、精致、平直、有否跳线、线头多少、针眼等可看出缝制质量，高档床上用品的缝制质量较好。

床上用品的风格最好与房间家具的颜色、款式相协调，色彩、花形、质地要与整体的空间和谐统一。选用不同的面料，会产生不同的效果。棉麻布粗犷热烈，印花布朴素自然，绸缎富贵华丽，丝绒典雅庄重，纱织物轻盈柔滑。质地粗糙的感觉温暖，质地光滑的感觉清凉。

法式乡村风格布艺陈设　　　田园乡村风格布艺陈设

新古典风格布艺陈设

3. 地毯

（1）地毯的作用。

地毯是室内铺设类布艺制品，广泛用于室内装饰，可调节色彩、丰富空间，也可增加居室舒适度、吸收噪声、提高居室品位、烘托居室环境，使空间产生聚合感，使室内布局更具整体性、紧凑。

新古典风格割绒地毯

（2）地毯的分类。

地毯可按材质、质地及面积来区分。

① 材质上。

纯毛地毯：由动物毛发制成，如羊毛地毯，质量为1.6～2.6千克/平方米。优点：抗静电性很好，隔热性强，不易老化、磨损、褪色，是高档的地面装饰材料。缺点：抗潮湿性较差，易发霉，所以使用纯毛地毯的空间要保持通风和干燥，而且要经常进行清洁。用途：纯毛地毯多用于高级住宅、酒店和会所的装饰，价格较贵，可使室内空间洋溢华贵、典雅的气息。

机织手工剪花立体羊毛地毯

混纺地毯：在纯毛地毯纤维中加入一定比例的化学纤维。特点：图案、色泽和质地等方面与纯毛地毯差别不大，装饰效果好，且克服了纯毛地毯不耐虫蛀的缺点，同时提高了地毯的耐磨性，有吸声、保温、弹性好、脚感好等特点。混纺地毯中因掺有合成纤维，所以价格较低，使用性能有所提高。如在羊毛纤维中加入20%的锦纶混纺后，可使地毯的耐磨性提高5倍，装饰性能不亚于纯毛地毯，并且价格低廉。

机器织造条纹混纺地毯

合成纤维地毯：以丙纶（强力好，手感硬）和腈纶（蓬松、温暖似羊毛）纤维为原料，经机织制成面层，再与麻布底层融合在一起。合成纤维地毯也叫化纤地毯。特点：经济实用，具有防燃、防虫蛀、防污的特点，易于清洗和维护，而且质量轻、铺设简便。缺点：与纯毛地毯相比缺少弹性和抗静电性能，易吸灰尘，质感、保温性能较差。

韩国丝与亮丝混色纹理地毯

毛皮地毯：由动物毛皮制成，例如牛皮、羊皮、驯鹿皮等；也可将各种几何形体的天然牛皮按一定的排列方式拼接而成，多种多样、千变万化。特点：皮毛一体，触感柔软舒适，保温、隔热、隔声、防滑、防潮、防霉，柔韧性好；柔软清洁，质朴天然。

手工织造天然牛皮地毯

剑麻地毯：是近二三十年出现的用天然物料编织形成的新型地毯，为纯天然产品，符合现代人追求天然、环保的时代潮流。优点：剑麻纤维含水分、散热吸湿，可调节室内环境和空气温度，非常节能，相比于合成地板，可节约一半的空调费用；天然环保，可降解，使用过程对人体和环境无危害，具有其他地毯无可比拟的阻燃作用，防静电、吸声、隔热、防虫蛀、防细菌；耐磨损、耐酸碱、耐腐蚀。剑麻地毯丰富的立体织纹使表面凹凸感明显，利于足部按摩，赤足在上面行走有舒筋活血的功效，多彩的印花工艺可满足客户的个性化要求；易于清理，吸尘后用温毛巾擦拭即可。

新中式风格剑麻地毯

塑料地毯：采用树脂、增塑剂等多种辅助材料，经均匀混炼、塑制而成，可代替纯毛地毯和化纤地毯使用。塑料地毯质地柔软，色彩鲜艳，舒适耐用，不易燃烧且可自熄，不怕湿。塑料地毯适用于宾馆、商场、舞台、住宅等。因塑料地毯耐水，所以也可用于浴室，起到防滑作用。

美式风格塑料地毯

② 质地上。

平织地毯：即在地毯的毯面上没有直立的绒头，犹如平毯一般。用刺辊在毯面上拉毛，即产生发毛地毯的质地。

平织地毯

圈绒地毯：绒头呈圈状，圈高一致整齐，相比于割绒地毯绒头有适度的坚挺平滑性，行走感舒适。

丙纶材质机器织造圈绒地毯

长毛绒地毯：绒头长度为 5 ~ 10 厘米，毯面上可浮现一根根断开的绒头，平整而均匀一致。

纯羊毛材质皮毛一体块毯

强捻（雪尼尔）地毯：绒头纱的加捻捻度较大，毯面有硬实的触感和强劲的弹性。绒头方向性不确定，毯面个性十足。

锦纶与涤纶混纺（俗称"蕾娜丝"）材质，雪尼尔地毯

割绒地毯：一般地毯的割绒部分的高度超过圈绒的高度，两种绒头混合可组成毯面的几何图案，有素色提花的效果，在修剪、平整割绒绒头时并不伤及圈绒的绒头，地毯的割绒技术含量较高。

割绒地毯

③ 面积上。

块毯：成品有一定硬挺度，铺设时可与地面黏合，也可以直铺地面，方便而灵活，位置可随时变动，而且磨损严重部位的地毯可随时调换，既经济又美观。小块地毯可破除大片灰色地面的单调感，还可划分室内功能区。门口毯、床前毯、道毯等均是块状地毯的成功运用。

现代风格平织块毯

整幅成卷：化纤地毯、塑料地毯以及纯毛地毯可以整幅成卷使用，地毯的幅度一般为 3.66 ~ 4 米，地毯的底面可直接与地面用胶黏合，也可绷紧毯面使地毯与地面之间极少滑移，并用钉子定位于四周墙根。铺设整幅成卷地毯可使室内有宽敞感、整体感，但损坏更换不方便，也不够经济。

丙纶材质，高密度圈绒地毯

（3）地毯的选择。

地毯按使用场所可分为家用地毯、商用地毯和工业地毯。

① 家用地毯：按区域分为玄关、餐厅、客厅、卧室、儿童房这五大区域。

玄关：一般铺设块毯或脚垫，让人在进门的时候眼前一亮，又有清洁作用。适宜选择化纤地毯、短毛地毯及塑料地毯等方便清洗、保养的地毯。

条纹手工艺编织地毯

餐厅：材质上宜选用混纺及合成纤维的平面地毯，易清洗。

丙纶纤维混纺机织地毯

客厅：如果客厅空间大，可选厚重、耐磨的地毯，地毯面积稍大时最好铺设到沙发下面，其长度约等于沙发最长的长度加上茶几一半的长度之和，铺设起来可产生聚合感。若客厅面积不大，可选择面积略大于茶几的地毯，抑或圆形毯。宜使用中短毛或编织毯；材质除塑料制品均可。

涤纶与丙纶混纺超细纤维地毯，面积稍大，使家具更加紧凑

涤纶与丙纶混纺超细纤维地毯，面积稍小，更加灵活、通透、自由

卧室：卧室环境宜温馨舒适，所以地毯的质地相当重要。宜使用长毛或编织毯，以使脚感舒适；材质宜用动物皮毛、纯毛等天然材质。毯子放在床的一侧或者床尾均可，放置在床尾时，毯子的长度是床的宽度与两侧床头柜一半的宽度之和。

现代简约珊瑚绒地毯

儿童房：可选择带有卡通人物或几何图案的地毯。色彩亮丽，材质可使用棉、麻、毛等天然材质，质地为平织地毯、圈绒地毯，避免高低起伏。

腈纶材质手工修边地毯

② 商用地毯：一般选择阻燃、抗静电、耐脏污的平面化纤地毯。

酒吧、餐馆等公共场所：地毯的风格、颜色与室内空间色彩相协调，尽可能沉稳。协调的同时，图案可随意、轻松，线形流畅的花纹样式给人洒脱、活泼之感，可增加顾客的食欲。在实用方面，应选择耐污性较好的地毯，即使菜汁、酒水不慎洒在毯面上也不易看出，尤其是化纤地毯做了防污处理，方便清洗。

4米宽幅高低圈丙纶材质机织地毯

大型宴会厅：整体感强，可进行聚会、唱歌、跳舞等多种活动，可选择高纯度或图案复杂的地毯，材质选用化纤质地。

3D 印染混纺地毯

办公场所：色彩选择上在使整体空间色彩相协调的前提下，尽可能降低纯度，使空间沉稳内敛，可选择无图案地毯，需要图案时，可选择对称、平直的线格，使人心理上形成稳定、通畅、秩序之感；流动性强的线条可活跃空间气氛，避免过于压抑、沉闷。

丙纶材质条纹提花工程地毯

③ 工业用地毯：无论是国内还是国外，仅限于汽车、飞机、客船、火车等装饰而用；给人以稳定感，图案简练平直，色彩以冷调为主，可有效消除乘客的紧张情绪。

4. 靠枕

靠枕用来调节人体与座位、床位的接触点，使人获得更舒适的角度，以减轻疲劳。靠枕使用方便、灵活，适用于各种场合环境，卧室的床、沙发上更是广泛采用；在地毯上，还可将靠枕用作座椅。靠枕可烘托室内气氛，借助抱枕的色彩纹样与周围环境的对比，使室内家具陈设的个性效果更加丰富。

靠枕的明度与纯度十分协调

靠枕的形状有很多种，多为方形、圆形和椭圆形，有的还做成动物、人物、水果及其他有趣的形式，可参照空间内床罩的样式或窗帘的样式制作。

各种样式的靠枕

方形靠枕是一种体积呈正方形或长方形的靠枕，是最常用的靠枕，放置在床上的靠枕适当大些。常用的尺寸有正方形 45 厘米 ×45 厘米、50 厘米 ×50 厘米、60 厘米 ×60 厘米；长方形 50 厘米 ×40 厘米、55 厘米 ×30 厘米等。

方形靠枕

圆形靠枕是体积呈偏圆形的靠枕，尺寸一般为直径 40 厘米，有简洁的圆墩形和抽褶的南瓜形。

直径 40 厘米消光绸缎南瓜枕

糖果形靠枕是一种呈糖果形的圆柱形靠枕，其简洁的造型和良好的寓意散发出甜蜜的味道，让生活更加浪漫。制作方法很简单，只需将包裹好枕芯的布料两端做好捆绑即可，其尺寸一般为长 45 ~ 65 厘米，圆柱直径为 16 ~ 25 厘米。

粗布糖果枕　　　　　　绒布糖果枕

特殊造型靠枕包括幸运星形、花瓣形和心形、动物形、卡通形，色彩艳丽，充满趣味，让室内空间尽显天真、梦幻之感，因此在儿童房中运用较广。

卡通趣味枕

选择靠枕时，先根据功能，用来倚靠的，采用方、圆形均可；放在腰后起到托腰的作用的，可采用长圆形。颜色与花形应与室内环境协调统一，或富于变化。

新古典风格空间布艺陈设

左上图的靠枕颜色一深一浅，白色靠枕与沙发形成统一，黑色靠枕与地面形成统一，两种靠枕在明度上调整了空间节奏感，有素色、有花纹，和谐大气。

右上图的靠枕与墙面的颜色高度统一，两大一小，样式丰富。

第三节 布艺的风格

为突出艺术品位，布艺风格丰富多元，以迎合室内空间的装饰需求。

一、中式风格布艺

（一）中式传统风格

以宫廷风格装饰为代表，充分体现华丽、典雅、传统、厚重、严谨、沉稳、大气、神秘的设计审美。

色彩：标志性的中国色彩，如金、银、朱红、绛红等纯度较高的色彩。

图案：吉祥纹样（龙凤、喜鹊登梅）、团纹、万字纹、寿字纹、缠枝纹、中国结、梅兰竹菊、民间剪纸纹样、写意水墨、工笔花鸟等充满吉祥寓意的纹样。

中式传统风格软装布艺陈设

（二）中式禅意风格

具有较少装饰，色调雅洁，主要运用纯度较低的色彩。

色彩：通常在较统一的纯度上进行微妙的色差变化，以强调含蓄、内敛的装饰格调。

图案：无图案或有写意山水图案。

质地：不追求细腻、柔和，倾向于朴素甚至粗糙的触感。

1. 中式风格：窗帘

新中式风格软装布艺陈设，设计师：陈相和

款式：宜选用平拉帘的所有款式，如有窗幔，幔式不宜太复杂，款式整体追求对称均衡。其次可选用木竹藤制或有中式传统纹样的罗马帘，木百叶及木、藤质卷帘均可。

面料工艺：宜选用棉麻质感的纯色布、印花布、色织布及提花布，也可选择丝质，凸显中式风格的特色。

配饰：宜选择色彩内敛的珠花边或流苏，突出内敛、含蓄以及素雅之感，吊球、青花瓷等元素也可采用。

2. 中式风格：床品

家居中式风格窗帘

面料：棉、麻、丝、高支高密丝光棉、贡缎等。

工艺：提花、刺绣、印花。

3. 中式风格：地毯

全棉贡缎 60s 床品套件

色彩：朱砂红、绛红、咖啡色及其他较沉稳的蓝色、绿色等。

图案：吉祥纹样、文字、写意山水、工笔花鸟等。

材质：纯毛、混纺、合成纤维、剑麻均可。

质地：短绒较适合，如平圈绒地毯、平面地毯，割绒也可。

羊毛剪花中式风格地毯

二、欧式风格布艺

以洛可可及新古典主义时期的宫廷风格为代表。

色彩：如金色、银色、猩红色、普鲁士蓝等，也可选择与家具同样华丽沉稳的颜色，或棕褐色、暗红色等。

图案：多以烦琐的曲线造型、花卉造型或圣经故事和人物为题材，代表样式为卷曲造型的莨苕叶式、大马士革花纹及佩斯利花纹。

欧式风格软装布艺陈设

1. 欧式风格：窗帘

款式：平拉帘中有荡度的水波帘头、罗马帘中的波浪式及扇形式。

面料：光泽的丝质面料，如丝绒、厚重的棉布、雪尼尔等。

工艺：多为提花、绣花、植绒、割绒、烫金、烫银等布面立体感强、比较复杂的工艺面料。

装饰元素：比较大的水波、宽幅的绲边、精致的流苏或珠花饰边等。

欧式奢华风格，雪尼尔提花面料

2. 欧式风格：床品

面料：纯棉、贡缎、丝绒等。

工艺：多为丝光、提花、绣花、印花等。

欧式复古花型，纯棉提花绣花床品套件

3. 欧式风格：地毯

材质：纯毛、混纺、合成纤维。

质地：短绒、圈绒地毯及平织地毯。

现代手工雕花丙纶材质欧式地毯

三、 现代风格布艺

造型简洁，较少装饰，搭配现代材料及单纯直观的色彩进行装饰，通常现代简约风格强调空间的整体性。

色彩：色调或单一纯色，或弱对比搭配，或强对比搭配。

图案：多为简洁线条、几何图案、抽象图案（阵列／连续／有机排列组合）、动物纹样等。

1. 现代风格：窗帘

款式：平拉帘中罗马杆所有款式、板式及简约式罗马帘、卷帘、百叶帘均可。

面料：棉麻、纺丝、混纺、化纤、厚实的雪尼尔等。

工艺：多为印花、色织、染色、提花、烂花等。

装饰元素：比较简单或没有装饰元素，突出整体面料的垂感。

现代风格窗帘，布帘＋纱帘组合

纯棉材质现代简约风格床品

现代风格板式罗马帘

铝合金百叶帘

3. 现代风格：地毯

材质：纯毛、混纺、合成纤维、毛皮、剑麻。

质地：均可，长绒头、毛皮更适合现代另类时尚的搭配；剑麻地毯给人回归自然之感。

2. 现代风格：床品

面料：纯棉、涤棉、麻类。

工艺：多为印花、色织、染色、磨毛、提花。

现代简约床品六件套

手工织造天然牛皮地毯与机织丙纶混纺地毯

四、新古典风格布艺

强调古典装饰的承袭性，同时适当融入现代元素。

色彩：多数情况下，运用黑、白、银色等明度对比较高的色彩以及咖啡色系。

图案：搭配经典的欧式纹样、华贵精致、典雅庄重，又不失时尚的现代气息。

1. 新古典风格：窗帘

款式：有荡帷帘头的平拉帘、波浪式或扇形式的罗马帘。

造型：可以不对称。

面料：毛、丝质棉、中等厚度的丝绒、棉布等细腻的材质。

工艺：多为提花、烫金、烫银、压花、植绒、割绒等。

装饰元素：流畅的水波、窄幅绲边、银线装饰、洛可可式花纹。

真丝绸缎纯色新古典窗帘

2. 新古典风格：地毯

材质：纯毛、混纺、合成纤维。

质地：割绒地毯效果最佳。

新古典风格割绒地毯

五、田园风格布艺

着重营造浪漫氛围，更倾向于高纯度、高明度的色彩，布艺多有纹样装饰。

色彩：以暖色为主，明快大胆，纯度较高，运用嫩绿、粉紫、粉蓝、粉红等让人视觉放松的自然色彩。

图案：布艺装饰纹样为其经典特色之一。常运用玫瑰花、蔷薇、花毛茛、郁金香、鸢尾等经典具象花卉图案以及方格条纹图案。

美式田园软装布艺陈设

1. 田园风格：窗帘

款式：平拉帘罗马杆所有款式均适用，款式以简约为主，也包括板式及柔式罗马帘、卷帘、木百叶等。

面料：棉布、麻、混纺、纱、木竹藤编等。

工艺：多为印花、色织、染色、烂花等。

装饰元素：可装点鲜亮的水晶珠花边或蝴蝶结、荷叶边、蕾丝边等。

色织格子布

棉麻条纹布，田园风格，打褶吊环开合帘

2. 田园风格：床品

面料：纯棉、涤棉、麻类。

工艺：多为印花、色织、染色、磨毛、提花。

纯棉活性印花床品

纯棉活性印花床品套件

3. 田园风格：地毯

材质：纯毛、混纺、合成纤维、剑麻。

质地：平面地毯均可，剑麻地毯是典型的田园风格地毯。

田园风格，雪尼尔材质提花工艺地毯

六、日式风格布艺

色彩：以低纯度的高级灰见多，常用深蓝色、米色、白色等，因侘寂美学观而衍生出朴素、低调甚至枯寂的审美，因此色彩装饰多倾向于纯度较低的单色色彩或格子纹样与棉麻等，搭配印染工艺及刺绣，做工精致唯美。

图案：多用带有日本传统装饰特点的纹样，如几何纹、菊花纹、扇纹及樱花纹等。

日式涂料印花罗马帘

条纹罗马帘　　　　　　　日本西阵织

东南亚风格布艺陈设　　　　阿拉伯风格布艺陈设

七、异域风格布艺

色彩：布艺装饰色彩分为两种，一种饱和浓重，运用纯度较高的橙、明黄、紫、绿等颜色；另一种强调原生态，色彩比较简雅，多用米黄色、褐色等低纯度色。

图案：多采用带有民族风格的装饰纹样、印度风情图案、非洲地域风貌图案、印加文化图案等东南亚风情图案，图案题材体现多地域和多民族文化的特征。

面料质感：轻薄或厚重面料的混搭。

工艺特征：丝棉交织、涤棉混纺、羊毛编织、皮质面料镂雕、印金或烫金。

值得一提的是泰式风格布艺，近几十年来，因为独到的手工制作工艺、独特的外表质地，泰丝已成为别具一格的产品，在世界各地广受欢迎，其品质出众、质地轻柔、色彩艳丽，富有特殊光泽，图案设计也富于变化，极具东方特色，是来自世界各地的旅客最喜欢购买的泰国手工艺品之一。

泰丝抱枕流光溢彩、细腻柔滑，在居室中随意放置、点缀，即成就东南亚风情。

印尼设计师（jaya）作品

泰丝靠枕

第四节　布艺陈设的原则方法

布艺的搭配，首先需具有使用功能，比如窗帘。床品和地毯满足舒适度要求，抱枕根据空间使用需求选择采用哪种形状。同时，还要符合客户的性格、喜好。因此，前期沟通很重要，应确定客户对于色彩是倾向于沉稳还是明快、图案是倾向于简洁几何形还是复杂曲线形、材质是倾向于柔软还是硬朗。此外，需从色彩、图案与质地方面考虑布艺与整体空间的基调是否协调。

一、色彩

通过对居室中材料用色进行分析，即背景色、主题色、点缀色各自所占比例，布艺色彩与空间固有墙体或家具的色彩相关联，从而使空间色调整体和谐统一。

色彩搭配有两个原则，即统一原则及变化原则。

1. 统一原则

布艺色彩与墙体色彩相协调或与体量大的家具色彩相协调。

新中式风格软装布艺陈设，床品色彩与墙面色彩高度统一

地中海风格软装布艺陈设，地毯色彩与家具主题色一致

2. 变化原则

取墙体对比色或体量大的家具色彩的对比色，或独立成色。

美式风格软装布艺陈设，帷幔色彩取墙体的对比色

美式古典风格，窗帘及地毯取与家具及地面有差别的色彩

因此，可形成三种搭配效果，既弱对比搭配、中对比搭配、强对比搭配。

弱对比搭配：同类色搭配，运用明度的变化，为避免单调，可小面积使用对比色或中性色做点缀，以取得生动的效果。

新古典风格，地毯色彩与家具色彩相协调

中对比搭配：类似色和中差色搭配，加入对比色时，需加纯度低的色彩，否则易形成强对比。因此，控制好色彩之间的面积比重关系很关键。

强对比搭配：对比色、互补色相结合，令居室充满时尚、活泼的气息，但运用不当会显得杂乱、媚俗。强对比搭配有以下三种方式：

① 通过色彩面积比例进行分配，使其有主有次。

新古典风格，黄色与蓝色为对比色，
黄色占的面积比重较大

② 降低纯度：整体空间有一方纯度较沉稳，加入大面积无彩色系列，不显凌乱。

新古典风格，窗帘的绿色与墙面、地毯的红色相搭配，红色饱和度很低

③ 色彩互混：空间中某一个陈设品的色彩由本色与对比色共同组成。

现代简约风格，窗帘以家具的黄色作为底色，与地毯的蓝色、沙发的红色相搭配

二、图案

图案搭配可运用三种方法，即图案相似协调、图案同一家族协调、图案对比效果。

现代简约风格布艺陈设，地毯与画品的图案相似协调

1. 图案相似协调

从空间其他布艺纹样或墙面装饰纹样或画品装饰纹样中取一种与之相同或相近的纹样。

2. 图案同一家族协调

图案属于同一个系列。

3. 图案对比效果

从空间其他布艺纹样或墙面装饰纹样或画品装饰纹样中取一种与之大小相对的纹样，如密纹配疏纹、大花配小花。

地中海风格，沙发与茶几，采用大花纹配小花纹的搭配方式。

三、材质

每个空间都有其适合的面料。装饰客厅可选择华丽优美的面料，如天鹅绒、毛、丝质、棉、植绒等；装饰卧室可选择流畅柔和的面料，如丝质、棉、毛等；装饰厨房可选择结实易洗的面料，如化纤。

材质搭配有两个原则，即相似协调与变化原则。

1. 材质相似协调

与空间整体布艺的材质相统一。

2. 材质变化原则

与空间整体布艺的材质对比较大，具体如何搭配应根据空间整体风格而定。

田园风格软装布艺陈设

美式风格软装布艺陈设，窗帘的花纹相对左手边椅子的花纹密度高。

新古典风格软装布艺陈设，采用柔软的丝绒材质，沙发、靠枕、地毯及窗帘和谐统一，营造出低调奢华的氛围。

现代简约风格，布艺沙发的丝绒材质的柔软华贵与剑麻地毯体现的硬朗朴实形成鲜明的对比。

布艺家具与窗帘在质感上形成厚重与轻盈的对比。

地毯与家具在质感上形成斑驳与光滑的对比。

小结

选择布艺： 首先，把握好色彩基调，以家具和墙面为参照，多数情况下窗帘参照墙面与家具，地毯参照地面与家具，床品参照窗帘、墙面与地毯，靠枕参照多方面；其次，确定各个部分的款式尺寸，根据窗型，选择窗帘的款式及长度，仔细斟酌地毯的大小及床品的尺寸、靠枕的数量等；再次，风格与主题元素应相互呼应，在满足功能舒适的基础上带来视觉与触觉之美。

选择窗帘： 考虑空间私密性、舒适度、图案合理性；考虑色调是否协调，与家具色彩是否相呼应；根据风格及窗型，选择窗帘的款式、质地及轨道形式，结合造价，选择宽幅或者窄幅。窗帘主色调应与室内色调相协调，如需做对比较强的搭配，则掌握好尺度。确保色彩、图案、材质三要素形成关联。

选择地毯： 考虑地面与家具，运用明度相对、纯度相对的原则，例如，若地面色彩明度低、饱和度低，则地毯可选择明度高、饱和度高的地毯；地毯如带花纹，花纹应与地面的色彩相近，以形成和谐的效果，以衬托家具为主，不要太过跳脱。

选择床品： 运用舒适透气的布料，营造睡眠氛围。如果卧室较小，则可选择流畅的条纹布延伸空间的视觉效果。色彩和图案遵循窗帘和墙面的系统，如需撞色，则与其他软装配饰元素形成呼应。

选择靠枕： 靠枕的作用不可小觑，搭配得好，可为空间带来新的生机。靠枕色彩选择与室内色彩相关联的色系。简洁纹样的靠枕配复杂纹样或富有立体感的靠枕效果极佳。至于数量，切记不要放置太多，否则会显得拥挤而杂乱。同一色系的靠枕图案可不同，无纹纯色款、条纹、格子及各种花纹均可，色彩浅深不一，可过渡、可融合。把握好这些，空间搭配则变得轻松容易。

第五章　软装陈设元素——灯饰陈设设计

第一节　灯饰在软装陈设设计中的作用

一、概述

室内设计中，照明设计是光环境中最重要的一个设计环节，除保证室内照明、照度、色温、配光曲线等功能需求外，还要确保用光卫生，保护眼睛，避免因眩光或光线照度不足造成的视觉疲劳。功能性是装饰性的基础。然而，在软装陈设设计中，除了遵循照明设计的功能外，还应注重灯具的照明方式、造型、色彩、材质和风格与整体环境的协调性。

灯具侧重照明的实用功能，包括营造视觉环境、限制眩光等，很少考虑装饰功能。灯具造型简单，结构牢固，表面处理不追求华丽，力求防护层耐用，是为光源而配备的，只是作为照明功能的器具。

布艺灯罩根雕底座台灯

二、灯饰在室内陈设中的作用

观赏性：观赏性是通过灯具的材质、造型、色彩形成美的视觉感受。

协调性：协调性指灯饰与房间装饰风格、色彩或材质形成更有利的协调与呼应。尤其是吊灯，既是室内顶面的装饰核心视觉焦点，又可使室内顶面与其他界面的配饰形成有效的联系。

突出装饰个性：灯饰一般陈设在空间相对醒目的位置，又因光的作用，成为室内配饰中最醒目的"亮"点元素，灯饰样式及装饰效果很容易备受关注，对整个室内配饰环境产生明显影响，甚至有时还具有主导作用，有利于凸显空间的装饰个性。

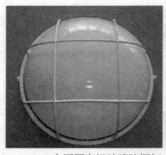

金属罩有机玻璃防爆灯　　不锈钢灯罩直接照明式吊灯

灯饰侧重艺术造型，更多地考虑造型、颜色、材质、照明方式、光与环境格调的相互协调和相互作用，以形成交相辉映的效果。在价格上，具有创意及装饰作用的灯具是普通照明灯具的 5 ~ 20 倍。

第二节 灯饰的分类

一、按照照明方式和配光曲线分类

直接照明式：白色搪瓷、铝板和镀水银镜面玻璃等半封闭不透明灯罩，光通量为90%～100%的光线投射到被照面上，从而使照明区和非照明区之间形成强烈的对比。灯罩的深浅决定光照面的大小，用伞形灯罩，光照面则大；用深筒形灯罩，光照面则小。直接照明的灯饰造型中，伞形直接照明不仅可加大工作面的照度，而且可突出重点区域的照明，还可使空间有明暗变化的层次感。

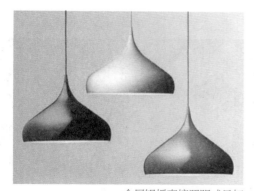

金属铝板直接照明式吊灯

半直接照明式：用罩口朝下、半封闭半透明的灯罩调控，光通量为60%～90%的光线集中投射到采光面上，同时把其余光照射到周围空间中，从而改善室内的明暗对比度，产生舒适柔和的采光效果。

布艺灯罩瓷器灯座半直接照明式台灯

间接照明式：原理与直接照明式灯具相同，只是灯罩的罩口朝上，把全部光线投射到顶棚后再反射回来。这样做光线均匀柔和，可以完全避免眩光和阴影，但光的损耗很大，因而电能损失大，所以通常与其他灯具搭配使用。

餐厅周边的反光灯槽为间接照明式，搭配中央吊灯

半间接照明式：与半直接式灯具原理相同，但灯罩的罩口方向朝上，把60%～90%的光线投射到天棚和墙的上端，再反射照到室内空间，使整个空间光线分布均匀，无明显阴影，但光的损耗较大，所以需要比正常情况增加50%～100%的光照度，以保证足够的亮度，常用在大客厅的辅助光源中。

玻璃灯罩金属支架半间接照明式吊灯

均匀漫射式：用全封闭半透明的灯罩调控，把光线全方位均匀地向四周投射，光通量为 40% ～ 60%，光线均匀柔和。均匀漫射式照明有利于保护视力，但损耗较多，光效不高，因此适用于没有特殊要求的普通空间。

布艺灯罩金属电镀吊杆均匀漫射式吊灯

二、按照灯饰材质分类

（一）水晶材质灯饰

水晶灯给人富贵、豪华、大气之感，适用于简欧风格、古典欧式风格和现代风格装饰，一般属于中高端产品。

劳伦斯水晶吊灯

水晶灯的类型包括：天然水晶切磨造型吊灯、重铅水晶吊灯、低铅水晶吊灯（水晶玻璃中档造型吊灯）、水晶玻璃坠吊灯。

市场上的水晶灯大多由仿水晶制成，但仿水晶使用的材质不同，质量优良的水晶灯由高科技材料制成，一些以次充好的水晶灯甚至以塑料为材料，光影效果自然很差。常用的水晶有 K5、K9 两种。

（二）布艺材质灯饰

比较典型的如布艺灯罩金属支架落地灯和台灯。

布艺灯令人感觉柔和而富有亲和力，不同材料的布艺使装饰效果尽显细腻、朴素、粗犷之感。布艺灯罩的色彩选择较多，可丰富空间层次，搭配不同的图案及褶皱，使装饰效果更富表现力。

苏园酒店楼梯间布艺吊灯

布艺灯罩金属支架落地灯和台灯

（三）石材材质灯饰

石材灯给人庄重、典雅之感，相比于其他灯饰材料具有更明显的体量感和分量感，广泛运用于带有复古气息的欧式风格空间。独特的石材纹理还可为灯饰增添几丝怀旧气息。

仿天然大理石片灯饰

仿天然大理石灯罩金属灯架落地灯

（四）羊皮纸材质灯饰

早期的羊皮纸由小羊皮或小牛皮制成，最早是一种欧洲早期的书写用纸，价格较昂贵。

手绘仿羊皮纸灯

仿羊皮纸灯罩不锈钢金属支架吊灯

传统中式风格仿羊皮纸灯

现代社会中最常用的是羊皮纸，又称工业羊皮纸，是一种半透明的包装纸，主要原料是化学木浆和破布浆，把原料抄成纸页，再往浴槽内送入72%浓硫酸处理几分钟，该工序称为"羊皮纸"作用。羊皮纸的特征是结构紧密、防油性强、防水、湿强度大、不透气、弹性较好，该纸经过羊皮化，具有高强度及一定的耐折度，可用作半透膜。

以羊皮纸制成的灯饰，常用于中式、日式、东南亚、新中式风格空间，也可用于带有怀旧气息的装饰，具有原始、朴素的质感。

（五）玻璃材质灯饰

玻璃灯是一种运用较普遍的灯饰类型。随着玻璃工艺技术的发展，灯的色彩、纹理以及造型可谓丰富多样，具有比其他材料灯饰更充分的表现力及可塑性。

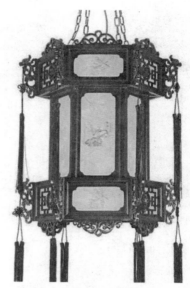

实木灯架彩绘仿羊皮灯罩宫廷吊灯

集合枝形创意萤火虫玻璃吊灯

三、按照装饰风格分类

（一）中式风格（传统中式和新中式）灯饰

以宫廷建筑为代表的中式设计风格，多呈现出气势恢宏、壮丽华贵、金碧辉煌、造型对称、色彩浓烈的特点。材料以木质仿羊皮材料为主，图形以龙、凤、龟、狮为代表。传统民俗特色的灯饰更强调丰富的色彩及带有美好寓意的民间图案，表达对美好生活的向往，带有明显的喜庆气息。

仿实木灯架彩绘布艺灯罩新中式吊灯

竹子灯架布艺灯罩流苏吊饰新中式吊灯

大贵族铁艺鸟笼简约吊灯

东博现代简约新中式吊灯

上善若水新中式布艺灯笼灯

当代，新中式风格更是集合传统灯饰中较有特色的装饰特点，并结合现代人的审美需求，创作出很多既富有传统韵味又带有现代时尚气息的灯饰设计。如将传统纹样进行一定简化，使灯饰更加简洁，也与当代空间装饰更加契合，或进行夸张处理，将古典灯饰某些较有特点或经典的图案进行局部放大，以形成醒目的效果，甚至将传统材料（如木材、竹材、藤材、棉麻材料等）与现代几何造型相结合，更加洗练、含蓄。

（二）欧式风格灯饰

欧式风格灯饰强调华丽的装饰及精致的细节，多以金属与水晶相结合，形成缤纷梦幻的装饰效果。然而，在当代，罩形灯、荷兰风格等样式因功能及制作工艺的缘故而较少使用。最经典的欧洲传统灯饰造型以多枝烛台的枝形吊灯为主。烛火以现代玻璃材料的火焰状灯泡仿制而成。为形成雍容华贵的装饰效果，镀金、描金等工艺依旧沿用，而人造水晶制作工艺的提高使灯饰细节更加丰富。另外，有的吊灯采用柔雅的布艺灯罩，使光线更加柔和。壁灯样式多仿照设置于挂镜两侧的烛台灯，但当代已无须借助镜面反射加强照明，因此壁灯可根据照明需求设置于空间任意位置，比例上没有过多限制。

材质上，当代欧式灯以树脂和金属材料为主。造型多样，再将莨苕叶、欧洲传统花卉等纹饰装饰其中。

穆里尼奥欧式豪华吊灯

材质介绍图

铬色铁艺吸顶盘
透明玻璃顶碟
布艺灯罩
透明玻璃中柱
铬色铁艺管
透明边碟
透明玻璃小盘
透明水晶
透明八角珠
透明水晶球

欧式风格水晶吊坠布艺灯罩吊灯

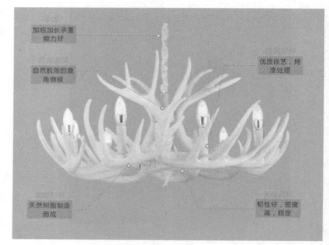

加粗加长承重
能力好
自然脱落的鹿
角倒模
天然树脂制造
而成
优质铁艺，烤
漆处理
韧性好，密度
高，稳定

品瑶美式乡村鹿角吊灯

欧洲古典风格的吊灯，灵感来自古时烛台的照明方式，那时人们在悬挂的铁艺上放置数根蜡烛。如今，很多吊灯设计成这种款式，只不过将蜡烛改成灯泡，但灯泡和灯座还是蜡烛和烛台的样子。

（三）美式风格灯饰

美式风格灯饰具有明显的欧式特点，并根据自身的地域特色及生活特色进行简化，运用内敛的色彩及沉稳厚实的材质，打造独特的风格特征。常见的灯饰材料大多采用厚重的铜、铁或木材。一些美式乡村风格空间还以树脂仿制鹿角造型，装饰效果更富自然、沧桑之感。

CRYSTAL

适合：客厅、餐厅、卧室

万鑫美式风格吊灯

索思美式风格吊灯

（四）田园和乡村风格灯饰

田园和乡村风格灯饰具有浓郁的自然气息，在欧式古典风格的造型基础上进行适当改变，营造闲适、轻松的空间氛围。田园风格灯饰常在细节方面点缀一些自然植物的造型。色彩浅淡，如白色、粉色、淡蓝色、淡紫色等。灯罩以布艺为主，并在上面适当装饰一些美丽的花纹，如相对写实的花卉图案、格子纹等。有时，将少量水晶做点缀，

田园风格布艺灯罩吊灯

乡村风格吊扇灯

田园风格布艺灯罩吊灯

乡村风格铁艺灯

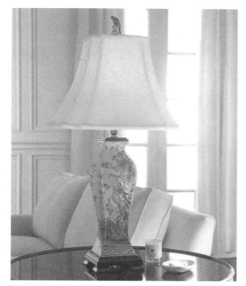

田园风格布艺灯罩吊灯

乡村风格铁艺灯

或运用细小的陶瓷、玻璃等珠串串联成精致的曲线。乡村风格比田园风格更古朴，没有过多的装饰细节，通常以材料自身的质地表现古朴、沧桑之感。

（五）地中海风格灯饰

最常见的地中海风格灯饰为运用铁艺的枝形吊灯。为与整体空间效果相协调，很多灯饰采用蓝白配色，并增加贝壳、珊瑚等元素。

除此之外，不同地域特色的地中海风格灯饰略有不同。意大利地中海风格强调文化艺术，运用古典欧式纹样造型的水晶吊灯。北非地中海风格运用带有阿拉伯风情的摩洛哥灯饰。

地中海风格壁灯

地中海风格灯具

蒂凡尼灯饰（Tiffany Lamp）具有浓郁的复古气质。由 19 世纪美国艺术大师易斯·康福特·蒂梵尼所创，全手工制作，以高级彩色玻璃嵌焊而成，色彩效果丰富，图案具有欧洲教堂玻璃镶嵌绘画的艺术效果。基于此，"蒂梵尼"成为染色玻璃艺术的代名词。

蒂凡尼风格吊灯

蒂凡尼风格台灯　　　　蒂凡尼风格吸顶灯

（六）泰式风格灯饰

泰式风格灯饰受宗教文化及地理环境的影响，强调原生态、民族性及宗教性，朴素自然，以藤、竹、木为装饰材料；色调偏暖，明度反差强烈。当代空间配饰中，泰式家具无确切的造型特征，而泰式风格灯饰对家具起到至关重要的烘托、衬托作用。泰式风格灯饰的分类如下。

① 宗教性灯饰：主要用于泰国宗教（佛教、印度教等）装饰造型，如火焰形、宝相花形、莲花形、手印形等，材料多变，如做旧处理的铜、铁、木、琉璃等。

② 原生态灯饰：不受造型限制，质朴天然。运用不规则或天然生成未加雕饰的自然元素，如枯木灯饰、藤编灯饰、石质灯台、椰壳灯饰等。

泰式风格树脂台灯

泰式风格布艺吊灯

根雕布艺台灯

（七）日式风格灯饰

素雅简淡的日式空间多运用和纸、布、麻、木等返璞归真的材料，营造幽玄深邃的禅意氛围。

① 纸灯是日式风格常用的灯饰类型。

② 多数日式风格造型简约，运用简单的几何形式。

③ 偶尔运用带有日本民族特色的装饰，如日式书法、浮世绘等。

日式纸灯

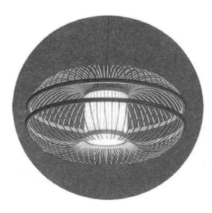

日式竹编吊灯

（八）现代风格灯饰

好的灯饰本身就是一件装饰品、艺术品。现代灯饰，除照明作用之外，更强调装饰作用。简约、另类、追求时尚是其最大特点。一般采用具有金属质感的铝材、独特的玻璃等，在外观和造型上以另类的表现手法为主，色调以白色、金属色居多，创意独特、风格奇特、设计新颖，更适宜与简约现代的装饰风格相搭配。

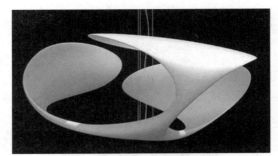

现代风格亚克力造型吊灯

现代风格可调适台灯

（九）新古典风格灯饰

新古典风格多摒弃传统古典的色彩与材质，运用现代材料，以无彩色及银色形成强烈的视觉反差，甚至在传统古典造型（特别是欧式造型）的基础上进行加减、夸张处理，从而契合当代审美需求，彰显现代时尚气质及后现代个性。

新古典风格铁艺落地灯

现代风格布艺吊灯

新古典风格电镀布艺吊灯

① 多运用欧式造型或对其进行加减、夸张处理等。

② 多运用黑、白、金、银等色彩明度对比强烈的色彩。

③ 多运用玻璃、不锈钢等亮丽、光滑的材质。

④ 灯光照度明显，视觉反差强烈。

新古典风格电镀布艺吊灯

四、按照安装方式和使用位置分类

（一）吊灯

吊灯是用线杆、链或管等制成的金属灯架，把灯具悬挂在顶棚上作为整体照明，通常以多只白炽灯做光源，搭配乳白、磨砂、晶体玻璃等灯罩。

新古典风格金属电镀吊灯

特点：适用于客厅、餐厅。常用的有欧式烛台吊灯、中式吊灯、水晶吊灯、羊皮纸吊灯、时尚吊灯、锥形罩花灯、尖扁罩花灯、束腰罩花灯等。安装高度：最低点离地面不小于 2.2 米，离天花板 500 ～ 1000 毫米。

（二）吸顶灯

吸顶灯直接固定在顶棚上，通常以荧光灯或白炽灯做光源，搭配乳白、磨砂、晶体玻璃及有机玻璃等灯罩，外形有圆形、方形、圆球形、圆筒形、菱形、橄榄形等多种形式，分为嵌入式、隐藏式、浮凸式和移动式等类别。

特点：适用于客厅、卧室、厨房、卫生间。可直接装在天花板上，安装简易，款式简单大方，使空间清朗明快。

简欧设计风格水晶吸顶灯

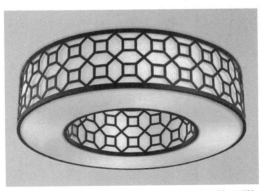

新中式风格吸顶灯

（三）落地灯

又叫"坐地灯"，除了有一个可自由调节高度的伸缩灯杆外，其他构件与台灯大同小异，也是一种局部照明光源，投光随意灵活，不产生眩光，造型美观大方，但需要占用一定空间。

落地灯强调移动的便利，对于角落气氛的营造十分实用。采光方式若为直接向下投射，适合阅读等需要精神集中的活动；若为间接照明，则可调整整体的光线变化。灯罩下边离地面 1.8 米以上。

落地灯

（四）壁灯

又叫"墙灯"，因安装在墙壁上而得名，分为挂壁式、附壁式等，通常壁灯距墙面 9 ~ 40 厘米，距地面 145 厘米以上。一般以日光灯或白炽灯做光源，搭配式样各异的彩色玻璃或有机玻璃制成的灯罩，造型精巧，装饰性好，布置灵活，占用空间少，光线柔和。

壁灯适用于卧室、卫生间。常用的有双头玉兰壁灯、双头橄榄壁灯、双头鼓形壁灯、花边杯壁灯、玉柱壁灯、镜前壁灯等。安装高度为灯泡离地面不小于 1.8 米。灯具本身的高度，大型的直径为 450 ~ 800 毫米，小型的直径为 275 ~ 450 毫米。灯罩大型的直径为 150 ~ 250 毫米，小型的直径为 110 ~ 130 毫米。

新古典风格壁灯　　　　　艺术造型壁灯

（五）台灯

又叫"桌灯"，主要用在室内桌或台等处，以荧光灯或白炽灯做光源，小巧玲珑，开关方便，移动自由，调光随意，造型美观，是为日常工作和学习提供局部照明的最佳选择。

按材质分为陶灯、木灯、铁艺灯、铜灯等，按功能分为护眼台灯、装饰台灯、工作台灯等，按光源分为灯泡、插拔灯管、灯珠台灯等。

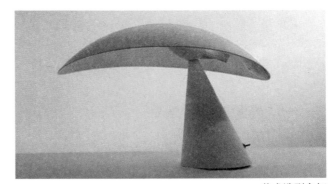

艺术造型台灯

第三节　灯具的选择

一、光源的有效寿命

有效寿命指灯从点燃到光通量衰减至额定光通量的70%～80%。

二、光源的色温

根据不同空间的不同功能，选择色温合适的灯具，如下所述：

暖色光：色温为2800～3300 K，与白炽灯光色相近，红光成分较多，给人温暖、健康、舒适之感，适用于家庭、住宅、宿舍、医院、宾馆等场所或温度比较低的地方。

暖白光：又叫"中间色"，色温为4000 K左右。光线柔和，使人愉悦、舒适、安详，适用于商店、医院、办公室、饭店、餐厅、候车室等场所。

冷色光：又叫"日光色"，色温为5500～6500 K，光源接近自然光，给人明亮之感，使人精力集中，适用于办公室、会议室、教室、绘图室、设计室、图书馆阅览室、展览橱窗等场所。

三、光源的演色性

光源对物体颜色呈现的程度称为"演色性"，即颜色的逼真程度。演色性高的光源对颜色的表现较好，人眼看到的颜色较接近自然颜色；演色性低的光源对颜色的表现较差，人眼看到的颜色偏差较大。

可见光的波长为380～780 nm，即在光谱中见到的红、橙、黄、绿、青、蓝、紫光的范围，如果光源放射的光所含各色光的比例与自然光相近，则人眼看到的颜色较逼真。

灯饰应用示意

四、光源的显色性和显色指数

一般以显色指数 R_a 来表征显色性。标准颜色在标准光源的辐射下，显色指数定为 100。色标被试验光源照射时，颜色在视觉上的失真程度即光源的显色指数。显色指数越大，则失真越少；反之，失真越多，显色指数越小。

不同的场所对光源的显色指数要求不同。

R_a>90：美术馆、博物馆及印刷等行业及场所；

R_a 为 80～90：家庭、饭馆、高级纺织工艺及相近行业；

R_a 为 60～80：办公室、学校、室外街道照明；

R_a 为 40～60：重工业工厂、室外街道照明。

五、灯饰选择时应注意的问题

（1）用科学的眼光选择灯饰。

照明设计应根据不同的场景运用不同照度的灯具，在满足使用功能的基础上考虑装饰性。

（2）照明可靠、安全。灯具不允许发生漏电、起火等，做到一开就亮、一关就灭。

（3）照明能把房间衬托得更美。光的照射影响到室内各物的轮廓、层次及主体形象，对于一些特殊陈设品，如摆件、挂画、地毯、花瓶、鱼缸等，还应体现或美化其色彩。

（4）造型样式、材质、色彩和光照度与室内功能和装饰风格相协调。

第四节　灯饰陈设的设计原则与搭配类型

一、灯饰的设计原则

（一）黄金定律设计原则

即集中式光源、辅助式光源、普照式光源，缺一不可，并且混合运用，亮度比例大约为 5：3：2。

（二）照明方式设计原则

1. 面光源

顶面光，用日光灯吊顶，光线密度均需一致，确保每个空间光线充足；用大面积筒灯吊顶，天棚上有规律的牛眼灯，犹如夜空星罗棋布；结合天棚梁架结构，设计成一个个光井，光线从井格射出，产生别具一格的空间效果。面光源分为墙面光和地面光。

综合照明的设计案例

墙面光，用于大型灯箱广告。

地面光，是将地面打造成多彩的发光地板，通常为舞池设置，光影和色彩伴随电子音响的节奏同步变化，可大大丰富舞台表演的艺术气氛。

2. 线光源

将光源布置成长条形光带，表现形式变化多样，有方形、格子形、条形、条格形、环形（圆环形、椭圆形）、三角形以及其他多边形。

长条形光带具有一定的导向性，在人流众多的公共场所环境中常用作导向照明，其他几何形光带一般做装饰之用。

线光源设计案例

3. 静止灯光与流动灯光

静止灯光：灯具固定不动，光照静止不变，不出现闪烁的灯光，稳定、柔和、和谐，适用于学校、工厂、办公大楼、商场、展览会等场所。

流动灯光：是流动的照明方式，具有丰富的艺术表现力，常用于舞台灯光和都市霓虹灯广告设计。如舞台上使用的"追光灯"，不断追逐移动的演员；又如用作广告照明的霓虹灯，不断流动闪烁，频频变换颜色，不仅突出艺术形象，而且烘托环境艺术气氛。

静止光源设计案例

（三）功能布局设计原则

使用功能选择：如办公空间的照度为国内100～200 lx，宁静、安逸，采用冷色调。

装饰风格选择：不同的装饰艺术设计风格代表不同的生活方式，不同的生活方式决定不同的功能需求。

二、灯饰陈设设计的搭配类型

风格搭配：与硬装风格或软装家具主题风格相统一。

风格统一的陈设设计

色彩搭配：与硬装色彩或软装家具主题色彩相呼应。

色彩呼应的灯饰陈设设计

形态搭配：与硬装造型特点或软装家具造型特点相协调。

灯饰的造型、色彩、纹样与家具、餐桌椅、地板和壁纸相协调的餐厅设计

灯饰陈设，不能只考虑灯饰，还应与项目定位、空间大小、照明方式、硬装风格、材质、色彩相联系，从而充分体现灯饰的陈设风格与品位。陈设不仅是装饰，更要满足其功能需求，体现设计文化和内涵。陈设不是为了陈设而陈设，而是以整体空间为标准和依据，具有锦上添花、画龙点睛的作用。

第六章 软装陈设元素——花品陈设设计

第一节 概述

花品指在软装配饰中，将具有观赏价值的天然植物或人造植物作为陈设装饰元素，起到装饰空间、柔化空间以及丰富空间氛围的作用。常见的花品为盆景、插花等。

盆景：由中国传统园林艺术演变而来，以植物和山石为基本材料在盆内表现自然景观。传统盆景分为山水盆景和树木盆景。前者多运用山石、水、土等材料，经过选定主题和设计创作，在盆中形成优美景致，以达到小中见大的艺术效果；后者以具有一定观赏价值的树木为材料，经过一定的技艺栽培和养护，满足观赏需求，具有生长性，有更长时间的观赏价值，从而改善空间的空气质量，有益身心健康，使人得以亲近大自然。

插花：花卉艺术的表现形式之一。根据作品主题或环境布置的要求，进行立意构思、艺术创作。花卉指经过一定技艺栽培和养护的植物，通常包括具有一定观赏价值的根、茎、叶、果、芽、种等。

盆景

插花

第二节　插花基础知识

一、花材

（一）插花的主要构成内容

植物不同的属性决定了其不同的状态。常见有木本、草本、藤本及水生花卉等。

木本：分为乔木类及灌木类两种类型，常见乔木花卉如桃花、樱花、桂花、白兰等，常见灌木花卉有月季、牡丹等。

草本：分为一年生、两年生及多年生，多年生分为宿根和球根两类。一至两年生的草本花卉是仅通过一至两年时间完成生命周期的草本类型。一年生花卉如翠菊、鸡冠花、牵牛花等，两年生花卉如苞石竹、紫罗兰等。多年生草本花卉是可持续存活多年的草本类型。"宿根类"指冬季植物的地上部分开始枯萎，地下根系仍然存活，待第二年春季再次生长。"球根类"是根部呈球状，或具有地下茎、根部膨大的多年生草本花卉。常见多年生球根花卉如水仙、郁金香等，多年生宿根花卉如菊花、大丽花、万年青、吊兰等。

藤本：因茎部细长而无法直立生长而依附攀缘，分为木质藤本及草质藤本。常见木质藤本如野蔷薇、忍冬、紫藤、葡萄等，草质藤本如牵牛花、白英等。

水生花卉：生长在水中或沼泽的花卉，相比于其他植物类型，对水的依赖性更大。常见水生花卉如荷花、黄花鸢尾、睡莲、萍蓬莲等。

（二）分类

（1）按材质可以分为鲜花材、仿真花、干花材。

鲜花材：又称"鲜切花"，指从活体植株上切取的具有观赏价值的茎、叶、花、果等植物材料，常用于制作花篮、花束、花环、手捧花等。根据切取的部位不同，分为切花、切叶、切枝。常用于切花的植物有月季、玫瑰、百合等；用于切叶的植物有散尾葵、龟背竹等；用于切枝的植物如连翘、梅枝等。鲜花材色彩润泽、艳丽，自然清新，富有自然美和艺术感染力，但欣赏期短，养护管理费工，常受季节限制。

切花

切叶

切枝

仿真花：又称"人造花"，通常指以鲜花作为蓝本，用布、绢、纱、丝绸、皱纸、塑料等制成的假花。根据仿造的部位有仿真花、仿真叶、仿真枝条。因其品种繁多、可塑性强、可反复使用、不受季节和环境限制、容易保存打理，所以使用广泛。

仿真花

仿真花

干花材：也叫"干燥花"，利用真实的自然花材，经干燥加工处理，可染成各种颜色，或漂白或保持自然的枯黄色，具有独特的观赏价值。因其耐久性好，久置不坏，比仿真花自然真实，所以运用较广泛，与鲜花搭配形成风格独特的插花作品，也可制成香囊、香袋等。常见的满天星、情人草、薰衣草等均可制成干花。

干花

干花

（2）按花型可分为线状花材、面状花材（团状花材）、散状花材、异型花材。

线状花材：构成整个插花的基本架构，外形呈长条状，或直或曲，或刚或柔，如唐菖蒲、蛇鞭菊、金鱼草、竹、银芽柳、梅等。

蛇鞭菊　　　　　　　　　金鱼草

面状花材：是插花构图中的主要花材，插于作品的视觉中心，成为焦点，外形呈面状或块状，如玫瑰、菊花、康乃馨、百合、向日葵等。

玫瑰

向日葵

散状花材：常用于填充间隙，以烘托作品的层次感，外形细小，如情人草、满天星等。

情人草

满天星

异型花材：常处于插花作品的视觉焦点，有时用于制作作品轮廓，外形奇特，引人注目，如天堂鸟、花烛、马蹄莲等。

天堂鸟　　　　　　　　　马蹄莲

二、器具

（一）花器

（1）定义：花器指盛栽花草的容器。花器是插花作品的主要组成部分，体量的大小、纹样的繁简均应与陈设空间及主体花材相匹配。

（2）分类：花器按质地分为树脂、陶瓷、玻璃、金属、木质、藤编等；按风格特征分为中式、日式、东南亚、欧式、新古典、现代等。

树脂

陶瓷

玻璃

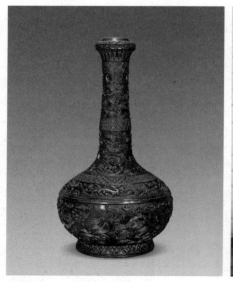
金属

木质

藤编

中式琮式瓶

东南亚木质花器　　　　　东南亚藤编花器

中式莲花形温碗

日式薄端

欧式花器

日式龙耳管耳青海波

古罗马花器

欧式牛奶壶

新古典花器

现代花器

几架

垫板

（二）几架和垫板

二者均为垫架花器的器具，多用于东方式插花，可完善构图、突出主题、烘托气氛。并非每件作品均加配几架或垫板，根据构图适配方可。

三、工具

（一）配件

配件又称"摆件"，是插花作品的陪衬物。常是一些小型工艺品，如动物、玩具、珠串以及瓜果、花瓣、枝叶等。如选用得当，可起到点明主题、烘托气氛、加深意境、活跃画面、均衡构图等作用。

瓜果配件

珠串配件

（二）花泥、花插

花泥也叫"花泉""吸水海绵"，为一次性消费品，多用于欧式插花或现代简约插花等。花泥分为两种：一种是鲜花花泥，充分吸水，吸水速度很快，持水能力很强，主要用于鲜花花材；另一种是干花花泥，固定性较好，不能吸水，主要用于仿真花材。

鲜花花泥

干花花泥

花插也叫"针座""剑山""插花器"。常用于盘、浅盆等浅口容器，可长期使用，适用于东方式插花，用于固定鲜花花材。

花插（剑山）

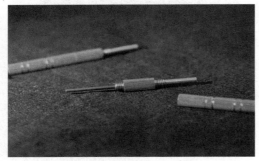

矫正器

（三）其他工具

其他工具如刀、剪、铁丝、铁丝网、胶带等。

花艺刀

其他工具

第三节　花艺设计风格

一、东方插花艺术

东方插花艺术源于中国。插花在中国历史悠久。明朝时期，插花理论和技艺已较完善，张谦德《瓶花谱》和袁宏道《瓶史》对东方插花艺术具有深远影响。《瓶史》传入日本后对日本插花艺术产生了重要的影响，并形成风靡一时的"宏道流"，同时为日本插花理论奠定了基础。

1. 中式插花

中式插花崇尚自然，简洁清新，达到了"虽由人作，宛如天成"的境界。多采用非对称式构图，强调自然效果与随意性；注重花材的线条感，突出自然之美；用花量较少，花色较清新淡雅，整个作品追求意境之美；通常为作品命名，点明主题，引人步入特定的境界。

中式插花 2

2. 日本花道

日本花道在发展过程中形成很多流派，如池坊、小原流、草月流等，其中以池坊历史最悠久、影响最深远。代表花型有立华、生花、盛花、投入花、自由花。

立华是池坊最古老的花型，表现严谨严肃之美。最初形体较大，不被广泛运用。当今的立华是经发展后融入生活的立华小品，备受重视。因其插制过程烦琐，耗时较长，对陈设环境要求较高，所以流行于贵族阶级。立华花型严谨，强调造型均衡，突出作品严肃之感。组成立华的基本枝条有九枝，分别为真、副、见越、流、受、控、正真、胴、前置，每一花枝都有具体的含义和指定的位置，伸展方向有相应的顺序；所有花枝的花脚集中呈圆柱状；对所选花材要求较高，以松柏为主；不同的花型对应不同的花器，花器为宽边、窄口、中等高度的古型容器。

中式插花 1

立华

生花是池坊的基本花型。与立华相比，型式易于接受，备受平民喜爱。生花象征自然草木的生命力，插制技法应表现草木的生长姿态；构图简洁，由三个主枝——真、副、体组成。根据花器选择，生花分为一种生、二种生、三种生。"一种生"即整个作品用同一种花材构成，尊重花草的自然生长状态，插制过程中考虑花材因受自然环境影响而形成的阴阳关系。"二种生"是由两种花材构成的生花，若使用没有花的植物插制生花，需搭配一种带花的植物，这种插制手法更能表现作品的立体感。"三种生"即作品由三种花材插制而成，种类较多，表现内容丰富，易于体现作品灵感。生花对美的表现主要有两种：自然美和意匠美。自然美强调通过不同花材体现自然生态和生命力；意匠美主要体现人为设计感，包括造型设计、色彩搭配以及情感表达等。

盛花相比于立华和生花，重心较低，但仍由三个主枝构成，在不等边三角形构图的基础上完成作品；讲究方式和做法的同时，根据材料、季节、花器的不同随机应变。花器以宽口、高度较低的容器为主，如水盘、竹篮、葫芦等，近些年也有金属类和烧杉（将杉木表面焦化打磨后突出木纹）等材质的船形、井圈形、提桶形异形花器，但花哨的花器使用过多则会喧宾夺主。花型依照真枝的倾斜角度分为直立形、倾斜形和下垂形。真枝相对于容器中心轴而言，0°～30°为直立形，30°～90°为倾斜形，在90°～180°为下垂形。

投入花即简单自由、没有固定约束的插花，来自中国

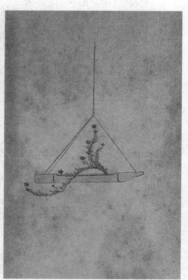

生花

古代文人花（袁宏道所著《瓶史》记载的插花，被昔日文人称为"文人花"），历经发展后称为"折入花"或"投入花"。简单理解，即将花枝投入容器中，主要使用壶、篮和富有奇趣的金属、陶瓷类器物，偶尔也可以使用水桶形器物，只要与花木本身相融合的器物均可。花材选择并不拘泥，旨在与花器相协调，表现自然之美，单种花材和混合花材均可。若使用两种花材，则应考虑植物个性、造型、色彩和品种的协调与搭配。根据真枝相对于容器中心轴的倾斜程度，分为直立形、倾斜形和下垂形。0°～30°为直立形，30°～90°为倾斜形，90°～180°为下垂形。

自由花是满足现代生活需求的插花形式，没有基本花型和固定样式，可自由创作，在表现植物生命力的同时，注重彰显作者的创作力和个性。分为两种表现方法：自然插法和非自然插法。自然插法体现植物的自然生长状态或特性；非自然插法通过运用技巧，改变植物原有的自然特征，以彰显独特的创作美。

投入花

盛花 1

盛花 2

自由花

二、西方插花艺术

西方插花艺术起源于古埃及和古希腊，发展于意大利、荷兰、英国、法国等国，早在 17 世纪已发展成熟。所用

西方传统插花

花材量通常较大，种类较多，色彩丰富艳丽，花器多为篮、罐或口部较大的瓶，造型多为规整对称的几何造型，如球形、半球形、椭圆形、三角形等；主要表现作品自身的色彩美、造型美，具有美化环境、烘托氛围的作用，奠定了现代西方插花艺术的基础。

现代西方插花相比于传统插花，花材选用、插花造型和发展方向均有所改变。花材不再局限于植物性材料，将非植物性材料纳入选择范围，如砖石、金属等；造型上增加了非对称构图的形式，如 L 形和 S 形等字母造型，有的结合东方插花的线条体现造型的灵动性；最早的西方传统插花以神前供奉为主，具有浓重的宗教色彩，现代西方插花具有商业性，广泛运用于商业空间和室外装饰。

西方现代插花

三、东、西方插花艺术相融合——现代插花艺术

随着社会的发展，东、西方插花艺术在继承各自传统艺术的基础上，相互借鉴、融合，形成新的插花形式，即现代插花艺术。现代插花艺术在西方插花的基础上融合东方线条，增加作品的灵动感；在东方插花的基础上融合西方色彩和体积，增强东方插花的烘托效果。

现代插花在造型上灵活多变，并无固定模式，以表现作者创意意图或环境需求为主，色彩丰富，选材广泛，广泛运用非植物性材料。

现代简约插花

现代简约插花

第四节　插花的构图原理及构图形式

一、构图原理

作品创作过程包括最初构思、选取素材、构图造型以及最终陈设。

（一）构思

构思在作品创作过程中至关重要，贯穿整个创作过程，如主题确定、素材选取、表现手法及构图形式确立、意境体现等。构思是整个作品创作过程的核心。

1. 根据空间环境或功能需求进行立意构思

根据所处空间环境或功能要求明确作品主题，如卧室

居室空间的插花作品

插花以造型简单、色彩淡雅为主，烘托环境氛围；公共空间插花作品以造型夸张、色彩浓郁为主，满足功能需求。

2. 自由命题创作的立意构思

（1）按照花材的形质特点、气质和寓意进行立意构思；

（2）利用植物不同季节的季相变化进行立意构思；

（3）利用容器和配件进行立意构思；

（4）利用作品造型进行立意构思；

（5）利用诗词歌赋进行立意构思。

公共空间的插花作品

通过造型进行立意构思

（二）构图造型

1. 变化与统一

变化与统一是艺术形式的原理之一，变化给人丰富、生动之感，统一则给人协调、完整、和谐之美，但过多的变化会显得杂乱无章，过多的统一则显得枯燥、呆板。因此，只有在变化中求统一、在统一中求变化，才能使作品更富和谐之美。

插花构图的变化主要体现在造型变化、花材搭配、配件选择以及技法突破等方面。

插花构图的统一主要体现在花材自身的呼应、花材与容器或配件的协调、作品与陈设空间之间的融合。

对比与协调

3. 节奏与韵律

节奏与韵律对于艺术创作的情感表达具有驱动作用，将人的情绪带入作品，感受意境。通过对花材的姿态、色彩、质地等因素的把握搭配，创作起伏有度、错落有致、疏密适宜、虚实变化的作品，使作品既有韵律又富有变化，并拥有浓郁的艺术感染力。

变化与统一

2. 对比与协调

对比与协调是艺术形式的重要法则之一，也是插花艺术形式的重要原理之一。插花过程中，通过对比来丰富构图及内容，通过协调来缓解强烈的差异感，以营造和谐统一之美。

节奏与韵律

4. 均衡与动势

均衡与动势是艺术形式的重要原理，对构图形式的美感有直接影响。均衡是事物的普遍规律，给人稳定、安宁之感；动势利用高低错落、曲直疏密体现运动之态。插花过程中，通常通过调整花材的类型、色彩、位置等体现这种原理。

半球形构图

均衡与动势

二、构图形式

（一）几何形构图

几何形构图轮廓清晰，花形饱满，色彩感强，花材量大，主要体现群体色彩美或图案美，加强空间渲染。根据几何造型的不同，可分为以下两类。

（1）对称式几何形构图形式：以作品中心线为对称轴，左右或上下的图形在视觉上呈现等形等量的形式。作品形态轮廓丰满清晰，均衡而对称，多为规则的球形、半球形、椭圆形、圆锥形、扇形、倒 T 形、三角形和圆柱形等几何形状，是西方插花常用的构图形式。

（2）不对称式几何形构图形式：造型活泼，流线型较强，富有韵律与节奏感，如 L 形、S 形、新月形、不对称三角形等。

L 形构图

（二）非几何形构图

非几何形构图没有固定花形，构图自由发挥的空间较大，但十分讲究章法，注重布局，多用来表现自然状态，常为东方式插花所用。

非几何形构图

（三）自由式构图

自由式构图强调自由创作，表现形式更丰富、多样、夸张，主要体现为大型化、架构化、组合化、装饰化等，可完美融入现代各种场景或空间。

自由式构图

第五节　花品的陈设方式

一、陈设方式

众多室内配饰元素中，花品属于陈设类型较特殊的组成部分，具有"非人工装饰性"；自然生长的造型与色彩在一定程度上柔化了空间氛围，为空间注入自然气息。

（一）花品作为主题元素的运用

借花品增强空间视觉凝聚力，使活动于室内空间的人将花品作为重点欣赏对象，这种方式可根据空间不同的使用需求灵活调整空间氛围。

（二）花品作为点缀元素的运用

用花卉装饰柔化空间氛围，丰富空间装饰效果。

主题元素

点缀元素

二、运用原则

1. 花品的风格

陈设花品时，风格尽量与环境风格保持一致。中式风格花品陈设中，为了与整个中式空间风格相契合，处于核心位置的花品采用自然式造型，以木本条植物作为主要花材，并搭配白色瓷器，凸显雅致之美，与整个空间相得益彰。美式乡村风格花品陈设中，质朴舒适的氛围让人感到放松、自然，餐桌陈设作为就餐区的视觉中心，可烘托空间氛围，空间打破常用的花卉陈设，以常见食材作为摆放，使空间尽显质朴之美。

2. 花品的协调性

花品色泽自然、千姿百态，是空间配饰的特殊元素，运用时应注意与其他元素相协调。花品应与背景、家具以及摆件形成有效呼应，使空间配饰效果更加一体化。

花果与绿植艳丽而夺目，与周围色彩及材料形成强烈的反差，凸显花品的装饰性，使其成为空间焦点。

中式风格花品

美式乡村风格花品

花品与室内元素的协调

花品与室内元素的协调

凸显花品的装饰性

3. 花品的陈设位置

花品陈设的欣赏距离和欣赏角度处于最佳状态时可增强空间渲染作用。风格、功能、空间面积以及户型等因素均导致花品陈设位置的不同。例如，传统日式花道作品，创作者插贮时以正面为基础，着重将花材最美的表情展示给观众看。空间处理上，通过花材的前后关系及俯仰参差表现空间感。因此日式传统花道作品多数陈设于壁龛之内单面欣赏。现代花艺作品的欣赏角度更多，如双面观赏的作品，更适宜放在空间过渡位置，以区隔功能空间。三面观赏的作品适宜陈设在墙角，以填补空间空白。花品陈设于空间中央时，可供四面观赏，并作为室内核心。

另外，不同的欣赏视角可导致不同的花品形式。需要平视欣赏的花品多选择直立式或倾斜式；需要形成一定高度的仰视效果的花品则选择垂吊式。

单面观赏

双面观赏

四面观赏

三面观赏

平视观赏

仰视观赏

第七章 软装陈设元素——艺术品陈设设计

第一节 艺术陈设品的定义

陈设设计中，艺术陈设品指具有美化功能、满足人们审美需求和精神需求的装饰元素。本章所述艺术陈设品主要包括：用于室内陈设的各类画品、运用特定材料（如陶瓷、玻璃、金属材料等）加工制作的雕塑及工艺美术品。

第二节 艺术陈设品的性质

一、文化性

艺术陈设品极具创意和浓郁的历史文化积淀，一方面营造空间历史文化氛围，另一方面间接彰显出业主的艺术品位及个人修养。

二、装饰性

精心设计及制作精良的艺术陈设品可美化环境，愉悦观者的视觉感受。小型艺术陈设品更是室内装饰不可缺少的点缀元素，陈设种类、布局方式多样，可营造出比家具、布艺等功能陈设更丰富的效果。

三、意趣性

艺术陈设品通过创作者的创意，彰显鲜明的个性及趣味性，丰富原本单调的生活。

艺术陈设品

第三节 常见艺术陈设品的种类

一、画品

（一）画品的定义与作用

与一般绘画艺术品不同，画品泛指符合空间装饰需求及文化定位的平面装饰品，除油画、水墨画、版画等传统绘画之外，还包括摄影、当代印刷品等更多类型。画品侧重丰富室内空间的装饰效果，是室内陈设的重要"点睛"元素。

（二）画品的种类

1. 油画

油画是以亚麻仁油、核桃油等调制天然色料及化学色料在经过处理的布料、木料等基材上创作完成的绘画类型。

作画时，结合亚麻仁油、松节油等媒介剂进行稀释，以表现丰富的色彩变化和多元的空间效果。

（1）油画技法。

油画技法是西方绘画史中最主要的绘画表现技法，现今存世的西方早期绘画作品以油画技法为主要创作手段。19世纪末，即便出现了很多如丙烯颜料等新型的绘画颜料，但依旧没有动摇油画作为主流绘画的重要地位，原因在于油画技法丰富多元的表现性与无可替代的历史文化性。

当代油画技法中，透明薄涂法、多层覆色法及不透明着色法最为常见，表现方式如下所述。

油画

油画

① 透明薄涂法：架上绘画中最古老的绘画技法，可追溯到 15 世纪，是 19 世纪前欧洲最传统的绘画技法。主要以经媒介剂稀释的透明色彩逐层罩染而完成，每层罩染的色彩稀薄而透明，可形成丰富的画品层次及细腻微妙的质感变化。

② 多层覆色法：先用单一色彩画出形体，再以不同厚度的颜色进行多层次塑造；从暗部的色彩开始处理，所用颜料较稀薄，随着绘画的深入，处理至中间色调及亮部时逐渐涂厚。这种画法借由颜料层不同的厚度处理层次，使画品效果拥有强烈的明暗对比和饱和的色彩。

透明薄涂法与多层覆色法可形成丰富的空间层次和细腻微妙的质感变化，常用于表现客观写实的绘画效果。然而，制作工序较烦琐，绘画需要更长的制作周期。

③ 不透明着色法：也称"直接着色法"，先在画布上绘制形体轮廓，不必划分色层，直接铺色。这种画法便于涂改，有利于作画者即兴创作。作画时涂抹过的笔触痕迹清晰地保留在画面上，形成独特的艺术效果，甚至可借

助笔触变化表达作者感情。不必像透明薄涂法那样追求过于细腻、柔和的过渡，可表现丰富的色彩变化。当代油画创作中，不透明着色法的运用最普遍。

直接画法

巴洛克时期油画作品

透明薄涂画法

（2）油画的题材。

油画的题材包括人物油画、静物油画、风景油画等类型。

① 人物油画在欧洲早期极为普遍，以古典神话故事中的人物、宗教圣像为主。在没有摄影技术的年代，人物油画是形象记录的最佳方式，这在欧洲早期贵族室内空间中有充分体现。随着人们的室内装饰意识不断提高，人物油画愈发成为室内装饰品的重中之重，即便是在已普及摄影技术的 19 世纪，人物油画依旧陈设于公共空间及大型宅邸的醒目位置。

② 静物油画以静态物品为表现题材，常见内容为花卉、蔬果、日常用品等。在 17 世纪的荷兰，静物油画备受重视，很多绘画名家致力于静物油画的创作，打造了大量艺术精品。除了对物体质感及光影精致逼真的描摹，更赋予静物组合独特的象征意义，这对后期西方绘画产生一定影响。随着这类题材不断完善，静物油画在构图及题材选择上更加丰富多元。19 世纪末，被誉为"现代绘画之父"的塞尚将静物油画视为传达个人艺术观念的有力媒介。

陈设方面，静物油画的陈设区域非常广泛，可通过静物内容烘托空间氛围。例如，餐厅、卧室等休闲空间中，构图稳定、色彩淡雅的花卉静物油画可在一定程度上烘托宁静、舒适的空间氛围。

③ 风景油画在 15 世纪的欧洲成为独立的绘画题材，以山峦、河流、村庄及城市为主要描摹对象，表现宽博辽阔的场景，将自然景观优美的瞬间记录下来。风景油画备受历代画家重视，成为室内画品陈设的代表类型。

室内陈设方面，风景油画因突出的"延伸性"，间接拓展了空间视野。如一幅以林间小路为题材的绘画，可营造深远、幽静的意象。以海洋为题材的绘画可表现宏大、辽远的气势。

人物油画

静物油画

风景油画

（3）油画的表现类型。

油画的表现类型分为写实油画、表现性油画、抽象油画。

① 写实油画：强调对外界物像的观察与体会，着重再现客观形象，作品内容最大限度地与观赏者的视觉和经

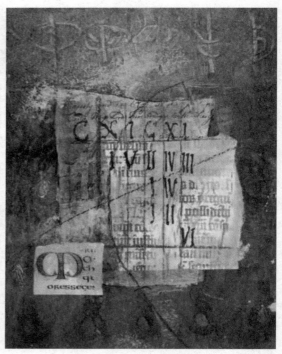

写实油画　　　　　　　　　　表现性油画　　　　　　　　　　抽象油画

验达成一致。创作材料及技法上，采用透明薄涂法及多层覆色法，形成更加完善的写实效果。

②表现性油画：概念较宽泛，通常将主观创作意识融入作品，不受客观形象限制。处理手法方面，在客观形象的基础上采用了夸张、变形、重构等手法，使作品形成与观赏者视觉经验相反的艺术效果。创作者通过这种独特的手法表达对世界的想法以及别具一格的创作理念。

③抽象油画："抽象"指对客观物象进行观察，然后对其本质进行提炼、概括。作品表现物象的初始状态，如运用规则几何形或不规则几何形等视觉元素，表达作者的思想及情感。

2. 水墨画

水墨画是中国传统绘画最主要的绘画门类，在日本、韩国传统绘画领域也是绘画主流。创作技巧为通过丰富多样的笔法以及水墨的浓淡在经过处理的绢或宣纸上表现形象。经过历代画家的不断完善，水墨画的表现技巧逐渐增

多。常见的水墨画笔法如勾、擦、点、皴、飞白等。墨法有浓墨、淡墨、干墨、湿墨、焦墨等多种类型。

（1）水墨画的表现类型：工笔画（重彩、淡彩）、写意画（大写意、小写意）。

①工笔画：通过细致严谨的笔法进行创作。作画时需在经过胶矾处理的绢或宣纸上，先描绘稿本，再以勾线笔进行勾描处理，继而敷色上彩，通过多层渲染，从而形成精致、均匀的艺术效果。

重彩：以重彩勾染。先对物象轮廓进行严谨细致的勾描，再以稀薄的彩墨逐层罩染。设色厚重，色彩效果饱和艳丽，带有一定装饰性。

淡彩：先以墨彩将对象大致画出，再以浅淡稀薄的颜色进行渲染。既能将墨色兼融，又彰显出墨韵，多呈现出淡雅、浅洁的艺术效果。

②写意画："意在笔先"是写意画的创作要点。由精神及情感驱策，以简练随意的笔法，结合墨的浓淡变化，

工笔画

水墨画

突出表现对象的神韵，在中国传统绘画尤其是文人画技法中有着举足轻重的地位。

　　大写意：在一定程度上摆脱了客观物象的限制，通过笔墨无穷的变化，创造出符合作家性情的作品。创作时，画家往往一气呵成，形成夸张、奔放、纵横随性的艺术效果。

小写意：相比于大写意，没有过强的气势，注重物象的客观性及细节刻画，又不像工笔画那般过于追求细腻精致的效果，彰显出轻松随意、简洁自然的情趣。

大写意

水墨画

（2）水墨画的题材。

水墨绘画体系在中国发展得最完善，日本传统水墨画及朝鲜传统水墨画均受中国传统水墨的影响。我国古代不同的历史时期，对水墨画的分类有所不同，宋代《宣和画谱》记载："乃集中秘所藏者，晋魏以来名画，凡二百三十一人，计六千三百九十六轴，析为十门，随其世次而品第之。""十门"指将绘画题材划分为十个门类，即道释、人物、宫室、番族、龙鱼、山水、鸟兽、花木、墨竹、果蔬。随着时代的发展，水墨画最主要的表现题材为人物、山水、花鸟。

直至今日，绘画分类方式有所改变，从广义来讲，可分为传统水墨及当代水墨。除承袭传统题材的传统水墨画之外，以当代艺术观念为主的水墨绘画开始出现，并突破题材限制，如一些抽象水墨画以当代创作理念为基础，将带有西方抽象表现主义特点的创作方式与传统水墨技法及书法相结合，构建了富有时代特色的"当代水墨艺术"体系。

花鸟画　　　　　　　　　　人物画

山水画　　　　　　　传统水墨画

水墨画

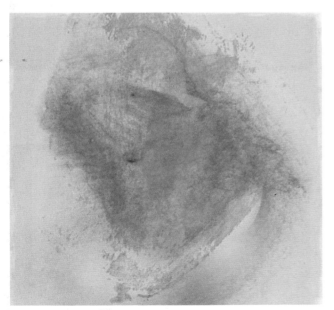

抽象水墨画

3. 中国书法

书法是中国特有的传统艺术，在古代中国士大夫的心目中占有举足轻重的地位，其作为一种无上的精神象征有"字如其人"之说。书法的表现形式是根据中国文字结构，结合作者个人感情，运用传统文房用具——毛笔、墨、宣纸，用多变的线条表现丰富的变化。在浩瀚的世界文字艺术中，中国书法无疑艺术性最强。书法的字体分为篆书、隶书、楷书、行书和草书。

篆书　　　　　　　　　　　隶书

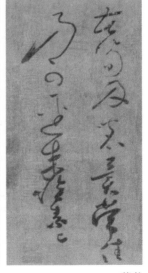

楷书　　　　　　　　　　　草书

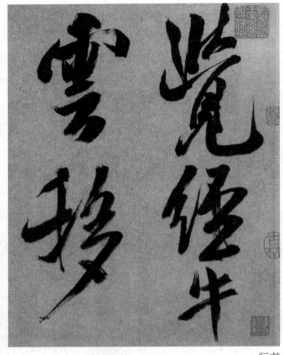

行书

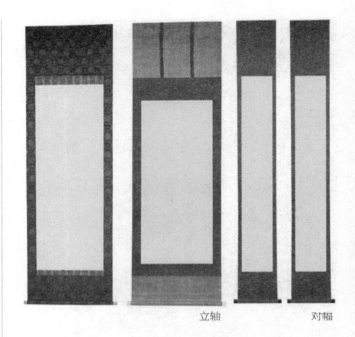

立轴　　　　　对幅

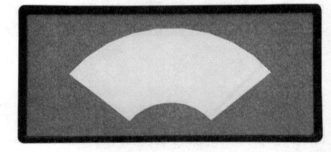

扇面

常见书法的幅子格式如下所述。

（1）立轴。

立轴是一种竖向的幅子格式。因直立悬挂，最下面部分运用由木材所制作的"轴"，故称"立轴"。

（2）对幅。

对幅一般为两幅，基本形式与立轴类似。如挂画，称为"画对"；如果挂书法，则称"书对"，或称"对联"，一般配以画品陈设于左右。

（3）扇面。

中国古代书画家除了以卷轴、屏风作为书画创作的媒介之外，也非常喜欢在扇面上进行创作。从形状上划分，扇面又分为"团扇式"与"折扇式"。

（4）斗方。

常见为 25~50 厘米见方的规格。我国传统民间年画便常常应用此种样式。

（5）镜片。

将国画或书法以画框形式装裱悬挂，便于拆卸又易于维护。

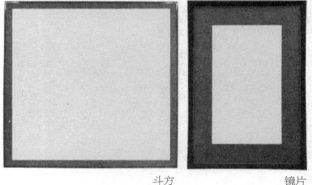

斗方　　　　　镜片

4. 丙烯画

丙烯画诞生于 20 世纪中期，在当代画品领域运用极为普遍。丙烯颜料是一种化学合成乳胶剂构成的绘画颜料，色泽鲜丽浓郁，经多种色相混合依旧保持一定纯度。干燥速度较快，可形成橡胶般坚韧、富有弹性的颜色层。颜料可重复堆积而不开裂，还可结合其他绘画颜料，形成更丰富的效果。

丙烯画

5. 水彩画

以水为媒介剂，调和透明的天然色料或化学色料进行创作。虽然耐久性不及油画，也无法像油画过多地进行罩染或厚涂，但可结合不同的笔触，达成水渍般的特殊痕迹，形成透明莹澈、自然流畅的效果。

水彩画

6. 版画

版画通过制版印刷技术而创作，以金属器或化学药品等在木、石、铜、锌等版面上雕刻或蚀刻后通过油墨或水墨在特制纸材上印刷出来。

铜版画

木版画

7. 摄影作品

摄影作品通过使用机械摄影器材、数码摄影器材等专业的摄影工具对影像进行记录。作为一种新型"画品"，摄影作品具有更丰富的表现力，在尺寸、数量等方面有更加明显的优势，成为当代画品陈设的常见类型。

摄影作品

摄影作品

8. 综合材料绘画

综合材料绘画是一种兴起于20世纪的新型绘画类型，材料使用上没有过多限制，油性颜料（油画、油漆等）、水性颜料（墨汁、水彩等）、干性材料（石墨、色粉等）均可综合运用，表现效果丰富多变。带有实验性质的艺术作品，混合运用浮雕、泼洒、镶嵌、拼贴、印刷等创作手法，最大限度地表现画品的艺术效果。

综合材料绘画 1

综合材料绘画 2

综合材料绘画 3

（三）画框的种类与选择

1. 画框的风格

有些画框具有明显的装饰风格，适宜的画品类型非常有限。带有明显欧式风格雕刻的画框适用于欧式古典风格的油画或水彩画。红木画框适用于富有东方风情的传统水墨画。形态简洁的画框具有更强的适应性，适用于古典题材和现代题材的作品，但需考虑色彩及材质与画品是否匹配。

欧式画框

画框 1　　　　画框 2

画框 3　　　　红木画框

画框不适合内容过于淡雅简洁的水墨绘画，窄而纤细的金属条框无法烘托内容复杂、场面宏伟的古典油画。

异形画框

画框

2. 画框的造型

除常见的正方形以及长方形之外，正圆、椭圆等造型也运用广泛。特殊造型的画框如六角形、六棱形、不规则形等也经常运用。画框表面常有彩绘、雕刻、镶嵌等工艺装饰，并搭配古典题材的画品。选择画框造型及材质时，需根据画芯装饰情况而定。例如，造型古典、装饰烦琐的

3. 画框的材料与色彩

常见的画框材料如木制、树脂材料以及铝合金材料。根据画品比例和重量选择不同的材料。通常实木画框较结实持久，适合比例较大的油画。化学合成材料质量较轻，适合体量较小的画品。铝合金画框坚实耐用，但画品风格会有一定局限性。

随着制作技术的进步，画框的色彩以及饰面的种类不断增多。传统风格的画框，低纯度木色以及金色、银色等华丽的色彩依旧占有一定比重。亮丽夺目的高纯度配色逐渐增多。较时尚的空间中也出现了荧光色彩以及透明亚克力材质的画框，搭配夸张复杂的造型，间接强化了画品的焦点。

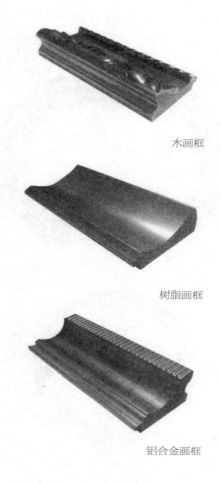

木画框

树脂画框

铝合金画框

① 宗教雕塑：以宣传宗教思想为目的，以宗教人物故事、宗教符号等为题材，如佛教雕塑、天主教雕塑等。

木雕

二、雕塑

雕塑是立体造型艺术的代表类型，集合雕、刻、塑三种创作方法。以各种可塑材料（如石膏、树脂、黏土等）或可雕、可刻的硬质材料（如木材、石头、金属、玉块、玛瑙、铝、玻璃钢、砂岩、铜等）创造具有一定空间的可视、可触的艺术形象，从而反映社会生活，表达艺术家的审美感受、审美情感和审美理想。

雕塑的分类

（1）按材料分为木雕、石雕、铜雕、漆雕、根雕、陶瓷雕塑、石膏像等。

（2）按使用目的分为宗教雕塑、民间雕塑、架上雕塑、实用性雕塑。

石雕

③ 架上雕塑：作为室内陈设，题材没有过多限制，体量上较小，便于移动，运用较普遍。

架上雕塑

④ 实用性雕塑：具有实用功能的日用品与雕塑创作手法相结合，主要体现为将雕塑装饰于某种实用物品上，使该物品具有丰富的艺术装饰效果，并为生活用品增加艺术情趣。

宗教雕塑

② 民间雕塑：在传统民间起到装饰功能，通常以民间生活题材为主，尽显地域民族特色，也可表现不同时期的历史、神话故事。大部分带有明显的吉祥寓意性。常见类型如泥塑、面塑、砖雕、木雕等。

民间雕塑

实用性雕塑

（3）按艺术风格分为写实雕塑、表现性雕塑、抽象雕塑。

抽象雕塑　　　　　　　　表现性雕塑

写实雕塑

（4）按表现形式分为：圆雕、浮雕、镂雕。

① 圆雕：多角度、多方位欣赏的三维立体造型艺术。以方形空间为例，圆雕至少可从十个角度来欣赏（上、下、前、后、左、右及四个45°角）。

圆雕

② 浮雕：介于平面与三维立体之间的造型艺术。优势在于可适用于某个特定区域，既可形成立体效果，又不占据太多面积。特色在于最大限度地缩减雕塑的空间深度、体量与起伏，即"空间压缩"。

"空间压缩"示意图

为更好地实现空间压缩效果，专业浮雕作品由三个部分组成，即基础层、起位层和起伏层。

基础层：浮雕依附的基础面，浮雕均在基础层上方形成起伏效果。

起位层：简称"起位"，为浮雕创作术语，指浮雕基础层和起伏层中间的部分，在浮雕创作中的地位举足轻重，可加强浮雕的轮廓，辅助起伏层形成更立体的视觉效果；一般不会形成太过明显的厚度，几乎难以察觉。

浮雕层次示意图

起伏层：处于浮雕最上方，形成起伏变化，是浮雕形成立体效果的关键。

浮雕的创作需依附于基础层，再借由起位层上方的起伏层，形成丰富的空间层次。根据不同的视觉效果，可将浮雕划分为高浮雕、中浮雕及浅浮雕。

高浮雕：接近于圆雕，某些部分需采用圆雕的处理方式，但要在一定程度上对空间进行压缩处理，并依附于基础层。高浮雕可形成强烈的空间延伸感，多运用于室外、博物馆等公共空间面积较大的区域。

中浮雕：介于高浮雕及浅浮雕之间，相比于高浮雕，需对空间进行更明显的压缩处理，有效节省空间面积，降低制作成本。

浅浮雕：通常厚度低于 5 厘米。起位偏低，形体被压缩成平面。不允许像高浮雕那样加大雕塑体量及空间层次，更多地运用绘画的透视原理、视错觉等处理方式刻画空间深度。很多浅浮雕的厚度仅有几毫米，却可形成强烈的空间延伸感。

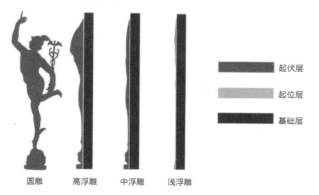

浮雕的分类

③ 镂雕：在圆雕或浮雕的基础上，局部采用镂空雕刻的方式，多为以浮雕为基础的双面雕，常运用于中式镂窗及花格。

高浮雕

浅浮雕

镂雕

三、工艺美术品

（一）陶瓷器

陶器以黏土制作，烧制温度为 800 ～ 1000℃，常采用陶轮或手捏等方法。因黏土自身的性质，陶器的坯相比于瓷器更加疏松，带有微小的孔洞，呈不透明状，质地朴素、自然。

瓷器由瓷石、高岭土、石英石、莫来石等物质组成，烧制温度为 1280 ～ 1400℃。烧成的器皿相比于陶器有着更高的密度。表面施以不同色彩的釉料，形成不同的装饰效果。当代陈设设计中，瓷器因其文化价值及独有的质感备受关注，除实用功能之外，现今做工精良的工艺品瓷器多用于艺术品陈设。

现代陶瓷 1

现代陶瓷 2

陶瓷器

陶瓷器

（二）玻璃器

陈设设计中，玻璃器不仅是日用器皿，经过工艺加工，更呈现出丰富多元的造型与缤纷绚丽的颜色，从简单的日用器逐渐转变为昂贵的奢侈品及收藏品。制作精良的玻璃器应具有高度的透明性、均匀的质地、精致薄巧的器壁和金属般的质感。撞击时声音清脆悦耳，广泛运用于高端玻璃器皿、高端灯具及工艺品饰品，这在威尼斯穆拉诺制造的铅晶玻璃及芬兰制造的无铅水晶玻璃中体现得淋漓尽致。

在当代，玻璃制品成为艺术创作的重要媒介，被打造成丰富多样的艺术精品。一些艺术家以裂纹及气泡等玻璃工艺的缺陷作为作品肌理，打造自然、朴拙的艺术作品。

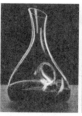

玻璃器

（三）金属器

金属器常以金、银、铜、铁、不锈钢为主要材料，有多种工艺制作方法，可表现丰富的造型及多变的质感。金属器因稳固坚实的特性，被广泛运用于日常用品的制作工艺中。

常见的金属工艺品制作工艺如下所述。

（1）熔铸：将高温熔化后的金属浇入铸型，凝固后获得形态，具有较强的可塑性及艺术表现力，在当代金属陈设品种中较常见。

（2）錾刻：在坯件表面利用锤凿，制作各种浮雕图案，常依附于建筑或器皿表面。

（3）镶嵌：运用贵重金属、宝石、珍珠、螺钿等材料，嵌于金属饰品上，形成装饰图案或浮雕，效果华丽、精致。

（4）鎏金：将金和水银合成金汞齐，涂在金属器表面，对器物进行加热，水银随之蒸发，金附着在器物表面而不会脱落。

金属器

金属器

第四节　艺术陈设品的陈设类型

根据空间整体氛围，可将艺术陈设品的陈设方式分为庄重型、简洁型、随意型和展示型。

一、庄重型陈设

多采用对称式构图或重复规则的摆放序列。艺术品摆放规矩齐整，不要过分随意。如左图窗口左右陈设的大理石像使空间尽显严谨、沉稳之风，在一定程度上使窗口成为空间焦点。书椅摆放相对随意，削弱对称式形成的"刻板"。台灯、酒具等细节为空间增添了几丝生活气息。

简洁型陈设 1

庄重型陈设

二、简洁型陈设

有些空间内不宜摆放太多的工艺品，应选择造型简洁的工艺品，点缀空间气氛。 如右上图餐厅背景墙上的鹿头装饰品，一方面成为背景墙的焦点，另一方面为简约的空间增添了些许趣味。右下图楼梯下方陈设有助于填补墙面空白，工艺品不宜摆放得过于复杂。仅以圆形陶盘与粗朴的箱柜便完成陈设。陶盘以柔和清新的图案引人注目，低调的色彩纯度既使陶器成为空间焦点，又未形成过于强烈的视觉效果。

简洁型陈设 2

三、随意型陈设

随意型陈设适于以组合形式摆放于空间中，无固定的摆放模式，数量也没有限制，但并不意味着陈设手法毫无规矩可言。随意型陈设具有以下特点。

（1）尺度得当：陈设品之间形成一定的尺度对比，但需适度，不可过于悬殊。比例过于一致显得生硬呆板，过于悬殊则产生夸张、不稳定之感，使各个陈设品相互疏远。

（2）错落有致：陈设品之间的高度需参差错落，以形成生动、自然的节奏。尽量避免"对称式""重复式"或"队列式"的布局方式。"队列式"指陈设物品形成由大渐小或由小渐大的组合方式，易缺少参差感，导致陈设场景刻意、呆板。

（3）疏密合宜：除控制高度之外，陈设品之间的间距尽量不一致，可以比例较大的陈设物品为核心，其余物品与其形成亲疏关系即可。

（4）互为联系：使陈设品在造型、色彩或材质上具有一定的相似性，无论数量多寡，使组合效果呈现出一定的整体感。

随意型陈设 2

四、展示型陈设

艺术品作为空间主题元素，常陈设于较醒目的位置，具有一定的比例，以及鲜明的艺术性及装饰性。下图场面宏大的古典空间设计中，作为空间核心的欧洲古典风格的画品成为空间亮点，除巨大的比例之外，成熟的古典主义画风也格外引人注目。其他空间装饰则成为这幅画的陪衬。

随意型陈设 1

展示型陈设

第五节　艺术陈设品的布局方式

一、对称式

两个对应区域的陈设品采用相同的造型、比例、色彩、材质以及数量。效果稳定、庄重，但易于僵硬、呆板。为此，可改变陈设品的朝向，或选择具有一定差异的陈设内容。

均衡式

对称式

三、重复式

相同或类似的陈设品采用重复摆放的布局方式，形式、色彩、材质、比例较接近，旨在形成更加中正的秩序和效果。布局时，陈设品的间距一致，排列方式以一字形、方框形居多。

二、均衡式

室内空间两个对应区域的陈设品数量、比例、造型、色彩以及材质明显不同，经过特殊选择与位置处理，依旧呈现出类似于对称式平衡的稳定感。

重复式

四、渐变式

以"重复式"为基础，与单纯的"重复式"不同，陈设品的比例、色彩、形态、材质以规律的方式逐渐演进而成，有较明显的节奏感和序列感，为了形成渐变的微妙变化，运用数量较多的陈设品。

渐变式

五、焦点式

陈设品作为室内焦点，常处于室内居中、醒目的位置，在数量上相对较少，常与其他配饰形成一定程度的反差。

焦点式

第八章　软装陈设元素——色彩搭配设计

第一节　色彩搭配在软装配饰设计中的作用

色彩搭配可创造室内空间的第一感知印象，促进配饰元素的视觉协调，加强空间装饰元素的视觉联系，并潜移默化地影响空间使用者的心理感觉。

第二节　色彩基础知识

一、色彩的混合

（一）原色

色彩中，原色的色彩纯度最高、最纯粹。任何一种颜色都无法混合出原色，原色中的任何一种颜色也无法通过其他两种颜色混合而成。

原色分为色光三原色和颜料三原色。

色光三原色：又称"加色三原色"，随着色彩的混合促使明度越来越亮。红、绿、蓝三色混合之后，变成白色。例如，电脑上的基本色是红、绿、蓝，再由红、绿、蓝调出其他光色。

色光三原色分别是：红（R）、绿（G）、蓝（B）。

颜料三原色：又称"减色三原色"，随着色彩的混合使明度越来越暗。三种颜色混合在一起成为黑色。印刷上，除三色之外还增补了黑色，成为四色。

色光三原色

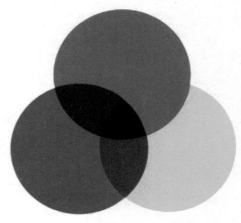

颜料三原色

颜料三原色分别是：青（C）、品红（M）、黄（Y）。

（二）间色

也称"二次色"。由两个原色混合而成。色光三间色是品红、黄、青。颜料三间色是橙、绿、紫。

（三）复色

复色也称"三次色"或"再间色"。由三种原色按不同比例混合，或用间色与间色混合而成。

二、色彩三要素

除无彩色之外，每种色彩都具有色相、明度、纯度三种属性。色彩搭配，设计者首先应对色彩三种属性进行识别与分析，进而体会色彩之间的搭配关系（无彩色只具有明度属性，而不具备色相及纯度）。

（1）色相：即色彩的相貌，是不同色彩的基本特征。除无彩色（黑、白、灰）以外，其他色彩均有色相属性。另外，同类色彩又可分为多种不同的色相，如红色分为大红、玫瑰红、朱红等。光谱含有红、橙、黄、绿、蓝、紫六种基础色光，而人的视觉识别系统可分辨约 180 种不同的色相。色相可确定空间色彩的基本定位及设计意向。

（2）明度：即色彩的明暗程度，主要取决于光线强弱，妥善运用明度，可更有效地明确色彩节奏，尤其在划分空间色彩层次方面有突出优势。

明度可根据两种不同的色彩明度性质进行解释。

同一色相的不同明度：即色相上的明度变化。例如，同一种红色色相，在适当混入白色之后，呈现出较高明度的红色，即粉红色；适当混入黑色之后，呈现出较低明度的红色，即深红色。

各种不同色彩的不同明度：指不同色相上的明度变化。例如，黄色与紫色比较，黄色较亮而紫色较暗。

（3）纯度：即色彩的鲜浊程度，或者称为鲜度或饱和度。纯度须通过三原色互混产生变化，或者通过加入黑、白、灰产生，还可利用补色互混。凡有纯度的色彩须有相应的色相。色相越明确，色彩纯度越高；色相越含糊，色

彩纯度越低。纯度较低的色彩，色彩相对柔和。

色彩的纯度可决定色相的可识别性。提高纯度，可明确色相的个性，加强色彩搭配的视觉强度。降低纯度，可弱化色相鲜明的个性，协调不同的色相。纯度的运用也可间接加强空间远近距离。通常纯度较高的色彩具有迫近感，色彩纯度较低则更能体现空间的"退隐"之感。

三、色彩的冷暖

色彩的冷暖本是一种人的触觉感知反应，使视觉逐渐变为触觉先导，加上综合心理作用与联想，进而产生生理感知反应，可称为"联觉"。看到橙色，产生对火的"联觉"，因而将橙色定位为暖色；看到蓝色，产生对海洋、冰的"联觉"，因而将蓝色定位为冷色。绿色与紫色的冷暖属性相比于橙色及蓝色不够明确，有不冷不暖之感，故称"中性色"。

冷暖的相对性：除冷极色、蓝色与暖极色、橙色以外，色彩的对比可促使冷暖属性发生转变。例如，玫瑰红偏冷的红色与橙色对比时，显得更冷一些；与蓝色相比较，则更具暖感。

四、色相环

色相环的识别与使用对于色彩搭配至关重要。从色彩三要素的角度分析，色相的对比关系是色彩搭配的基准点，多数情况下，色彩分析的第一步是明确空间运用的色相关系，继而通过明度与纯度分析确定色彩效果。因此，有效识别与研究色相关系是色彩搭配设计者的基本功。而色相环将色相的对比关系明确、直观地呈现出来。

现今较常用的色相环主要有两种，即十二色相环与二十四色相环。

十二色相环：十二色相环以黄（Y）、红（R）、蓝（B）为三原色，在色相环中形成一个等边三角形，介于原色之间的是橙、绿、紫三种间色。由原色与间色衍生出复色，

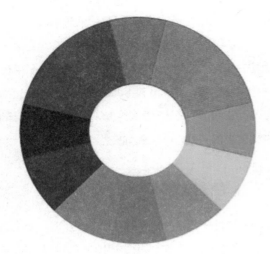

十二色相环

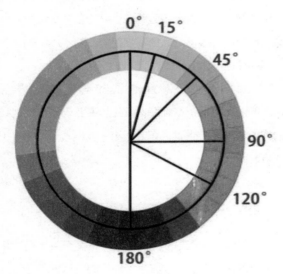

二十四色相环

如黄橙、红橙、红紫、蓝紫、蓝绿、黄绿，构成十二色相环。

二十四色相环：又称"奥斯特瓦尔德色系"，是德国化学家奥斯特瓦尔德（Wilhelm F.Ostwald, 1853—1932）极具贡献性的色彩研究成果。基础色相由八个组成，分别是红、橙、黄、黄绿、海绿、蓝、群青、紫。每个色相再细分为三个，共构成二十四种色相。

所能识别的色相中，色相对比性会产生差别很大的视觉效果，色彩搭配或和谐统一，或对立冲突。如色相环上方排列的色相，越是邻近，对比性越弱，视觉效果越统一；距离越远，对比性越强，色彩之间产生一定冲突，甚至相互排斥。

二十四色相环中标注的指针指数以数据说明色相对比性。由 0°～180° 的色相对比关系截止，指针的指数越高，色相对比性越强。

初学者的色彩概念尚未建立，尚未形成敏锐的色彩识别能力。二十四色相可提供更多的色相内容，比较适合初学者作为参考范本。十二色相环比较概括，适合有一定色彩基础的设计者。

第三节 色彩搭配的类型

一、色相搭配类型

（一）弱对比搭配类型

指同类色（二十四色相环指数为 0°）和邻近色（二十四色相环指数为 30°）搭配。

弱对比搭配是色彩对比性质较弱的一种搭配方式，色相成分较一致，有利于统一空间色彩。

需强调的是，色彩搭配类型的弱、中、强对比关系，仅指色相对比关系，设计时还需结合色彩明度、纯度、照明方式、装饰元素的造型与材质肌理决定空间视觉效果。例如，以纯度较高的红色为主调，具有较强的可识别性与明确的色彩性格，再结合局部照明，加强明度对比，使空间效果形成更加强烈的视觉效果。又如，空间低调温馨，以纯度较低、明度较高的色彩作为主调，削弱色相原有性格及可识别性，增强空间的柔美之感。

弱对比搭配类型 1

弱对比搭配类型 2

（二）中对比搭配类型

指类似色（二十四色相环指数为 45°）和中差色（二十四色相环指数为 90°）搭配。

中对比搭配类型属于色彩对比度适中的搭配方式，色相关系相对统一，存在相同的色相成分，但有着各自独立的属性。

例如，第 260 页左图中背景墙的咖啡色与沙发的绿色相搭配。在明显的色相区别之下，两者保持和谐，并未形成强烈的冲突，这说明两种色相中必然存在相同或类似的成分。除此之外，整个空间之所以形成如此和谐的作用，还在于墙面以及地面的咖啡色色系占据室内大部分色彩面积，而这些面积均采用纯度较低的色彩，起到很好的衬托作用，更不会与室内陈设部分形成冲突。沙发、窗帘的绿色系得到有效的控制，色彩纯度适中。两者均具有暖色倾向，因此更加"亲密"。（只有茶几上方的摆件以及画品的色彩采用强烈的高纯度配色，作为室内醒目的点缀色，活跃室内气氛）

中对比搭配类型

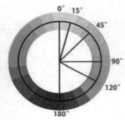

中对比搭配类型的空间配色与色相环分析

强对比搭配类型

（三）强对比搭配类型

指对比色（色相环指数为 120°）和互补色（色相环指数为 180°）搭配。

强对比搭配是一种色彩对比最明确的搭配方式，搭配效果在三组色相搭配关系中最富变化。强对比色相之间不具备或较少具备同类色相的成分，色彩效果非常分明。为了使两种对比较强的色相不形成过于冲突的效果，可根据设计要求对色彩纯度进行适当控制，或在其中增补无彩色（黑、白、灰、金、银）。另外，有效控制色彩的面积也是强对比搭配中值得注意的一点。

例如，右图中红色的花卉与绿色的布艺沙发本应形成强烈的色彩对比，但沙发颜色纯度较低，可很自然地避免色彩冲突，沙发布艺选择质地柔和的绒布，进一步削弱了绿色相的强度，使绿色成为红色有力的衬托。白色的花器成为两种色彩的"间隔媒介"，一方面弱化红、绿两色的冲突，另一方面增强该区域的明度节奏。

（四）无彩色搭配类型

无彩色指"黑、白、灰、金、银"五种不包括在可见光谱之内的色彩。色彩搭配中，黑、白、灰只有明度属性而无纯度属性，以这三种色彩为主要表现内容的搭配更注重控制色彩之间的明度节奏。例如，第 261 页左上图中硬朗的直线与深沉的色调相结合，将简约风格理性、冷峻的特点表现得淋漓尽致。设计者没有通过白色拉开室内的明度节奏，而是巧妙运用不同深浅的灰色，使空间效果更加含蓄。

除此之外，设计者也会进行一些细节加工，进而丰富空间。例如，在第 261 页左下图中空间的白色背景墙上悬挂了一幅醒目的画品，使之成为室内焦点。画品中艳丽的红色及黄色与空间大面积的无彩色形成鲜明的对比，为使画品不显得孤立，沙发上方的靠枕和地毯适当运用有色相的色彩，为室内平淡的气氛注入几分活跃与灵动。又如，在第 261 页右上图中除色彩之外，沙发上繁密的几何纹样也可用于装饰。

无彩色搭配类型

沙发上的纹样可丰富空间装饰

二、纯度搭配类型

色彩纯度搭配定位首先取决于人对色彩纯度的感知能力。即便是相同的色彩，因为纯度感知能力的差别，也会产生不同的结论。色彩的对比色不同，也会形成不同的色彩纯度结论。

（一）高纯度搭配类型

色彩特征非常鲜明，形成强烈、醒目的视觉体验。高纯度色彩保持鲜明的色彩个性，甚至与其他色彩形成冲突。

例如，右下图中艳丽的明黄色运用于背景色以及布艺

无彩色空间中，适度点缀有色彩的画品

高纯度搭配类型

的配色上，成为室内最醒目的色彩，营造欢快、强烈的视觉体验。为使该色彩不形成过于刺激的感觉，室内其他色彩采用低调的无彩色，适度削弱了明黄色的强度。黄色壁纸上精美的竹枝图案巧妙削弱了明黄色的面积，对黄色起到弱化的作用，使空间增添含蓄、秀逸之感。

（二）中纯度搭配类型

配色纯度适中，可在一定程度上削弱色彩本身的视觉强度，形成和谐的视觉效果，但每种色彩依旧保持独立的色相个性。

例如，清新爽朗的绿色给人休闲舒适之感。这种舒适感源自设计者将全部色彩控制在中纯度搭配的范围内。白色穿插其中，使配色关系效果多几分明快，并加强色彩组合的明度节奏，搭配简洁的家具造型以及有趣的点状图案，空间洋溢着活泼自在的生活气息。

中纯度搭配类型

（三）低纯度搭配类型

配色纯度较低，直接导致色相原有强度降低，整体配色亲密、柔和，甚至可协调难以兼容的色彩。

低纯度配色是色彩搭配的难点，亦是重点，需要设计者具有敏锐的色彩感知力以及丰富的配色经验。优秀的配色设计师能把握色度的微妙变化。例如，空间色相属于强对比搭配，但未形成过于冲突的感觉，这便考验设计者对低纯度色彩的微妙控制。

又如，空间以蓝、橙色为主调。色彩性格特征很明显，空间效果灵动活跃，互不相容。含蓄的中纯度搭配，虽然效果相对低调，但依旧未使蓝、橙两种色彩形成更柔和的效果，色相对比性依旧明显；得益于更低的色彩纯度，蓝、

低纯度搭配类型

空间纯度由高到低的转变过程

橙两色的色相特征很不明显，空间效果灰浊而低沉，似乎少了生气。空间原有的色彩纯度因蓝、橙两色纯度的降低而有了融合之感，保持色相性格的同时，使空间过于沉闷。

三、明度搭配类型

明度搭配类型即利用色彩明度实现配色效果。多数情况下，明度搭配类型拥有直观的节奏效果。不同人的明度感知能力会左右明度结论。不同的色彩对比色会形成不同的色彩明度结论。

（一）高明度色彩搭配类型

明度较高，可形成透亮、明快的色彩效果。

例如，地中海风格装饰，室内色彩主调是明亮、爽朗的白色。以白色为主配色的空间往往"一尘不染"，但很容易忽略此类配色的难点，纯度较高或暗沉的色彩虽然在白色的衬托下形成较醒目的效果，但会造成色彩关系的不协调感或者跳跃感。因此，配色设计师应尽力拉近白色与其他色彩的关系。下图中带有蓝白条纹的布艺，白色部分与背景的白色正好有效呼应，纯度较低的蓝色条纹，为空间营造了柔和的氛围。

高明度搭配类型

（二）中明度色彩搭配类型

色彩明度适中，既不显得过于响亮醒目，也不会造成过于暗沉压抑之感。

例如，背景墙以及地面的色彩拿捏得恰到好处，得益于中明度的配色，家具、画品更加沉稳，顶面、墙裙以及壁炉的白色更加明亮。另外，墙面及地面的配色形成过渡，为整个室内增加更丰富的明度节奏。

中明度搭配类型

空间不同装饰元素之间的明度对比

（三）低明度色彩搭配类型

色彩效果深沉、低调，甚至神秘。

例如，上图中室内装饰散发着浓郁的乡土气息，通过运用装饰材料（如石材、木材），营造空间氛围，效果原始、粗犷、低调而神秘。当然，空间氛围的营造与大面积低明度的色彩息息相关。然而，空间如此暗沉，未免显得过于压抑。因此，照明方式成为设计的关键，在此见不到光线的大面积渲染，而采用局部照明的方式（也可称为"舞台效应"），就好像观看舞台剧，灯光始终照射在角色周围，使其吸人眼球。室内配色也使用类似手法，以灯光照射的某个特定位置明确室内焦点。此位置的明度与周边环境形成极大反差，视觉强度随之增强。吊灯的光线与周围暗沉的环境形成鲜明的明度反差，使沙发区域的陈设成为室内主角。

又如，右图中空间的红色背景墙与茶几上的红色烛台引人注目。除明度反差作为最有力的设计因素之外，色彩纯度也很关键，高纯度的红色在黑色的衬托下格外醒目。

低明度搭配类型 1

低明度搭配类型 2

第四节　软装色彩的序列节奏

一、色彩序列的划分

（一）背景色

背景色的面积比例最大，是室内空间中有力的衬托色，通常指室内空间的顶、立、地等界面的装饰色彩。背景色可明确室内主调，也可潜移默化地影响居住者的心情及空间陈设色彩。

配饰设计中，面积较大的配饰元素也可能成为背景色，如具有较大面积的窗帘、地毯、屏风等。例如，大幅折屏遮蔽室内墙壁，成为区域背景色，也成为空间视觉核心。

背景色的应用

（二）主题色

主题色的面积比例仅次于背景色，一般指空间中的家具、窗帘、地毯等配饰的色彩，为色彩装饰的重点，是室内装饰的主角。

配饰设计中，面积较大、视觉重力较强的点缀元素也可能成为主题色，例如大幅画品、酒店大堂的大型装饰雕塑等。

主题色的应用

（三）点缀色

点缀色在室内空间中占据面积较小，通常指花品、画品、小型艺术摆件等元素的色彩，虽然面积较小但具有强烈的视觉重力，可起到丰富空间的作用（点缀色若运用不当，易于使空间色彩过于跳跃、混乱，导致空间色彩主题不明确）。

室内配色序列的划分中，点缀色的设置最为灵活。也绝不局限于小型可移动性陈设。例如，第 266 页图中的色彩搭配中，大量运用高纯度的点缀元素，茶几、角几上的花品，悬挂于背景墙上的抽象绘画，均成为室内亮点。本来作为主题色的扶手椅运用艳丽的黄色织物，也成为醒目的室内装饰。根据现有的色彩面积，扶手椅的黄色织物不具备足够的面积，在空间中很难起到主题色的作用，应视为与花品色彩、画品色彩具有同样作用的点缀色。

决定三种序列类型的因素并非装饰内容，而是色彩面积。

点缀色的应用

二、色彩序列的对比步骤

空间色彩序列设计可分为以下四个步骤。

步骤1：背景色是整个空间面积最大的色彩部分，首先应对背景色进行色彩定位。多数情况下，主题色及点缀色的选择按照背景色的定位进行。此时，先对墙面、顶面、地面进行对比分析，确定三个界面的配色是否符合设计需求。

例如，室内整体采用高明度配色的处理手段，在明亮色彩的烘托下，室内空间简洁、舒适。背景色设定方面，地面色彩与墙面色彩形成极大的明度反差（墙面的白色与地面的深咖啡色），加强对比关系的同时，造成两者色彩明度的紧张与对立。此时，主题色需进行协调。于是，地毯与沙发运用接近墙面的浅咖啡色，浅色成为主体，形成较和谐的明度配色。又如，整体配色采用弱对比搭配类型，色彩纯度较低，搭配简洁的配饰造型，整个空间轻松休闲。背景墙采用带木制材料，搭配光线，形成含蓄的肌理效果，为看似简单的空间增添丰富的细节。

步骤2：完成背景色的色彩定位之后，明确主题色的色彩。主题色中，家具色彩最重要（原因在于家具多处于空间核心）。设定家具色彩时，需严格参考已确定的背景色。再利用面积较大的布艺对背景色彩以及家具色彩进行协调（主题色彩元素可与背景色主题色形成一定反差，以实现主题目的）。

例如，作为室内主题元素的床占据空间的有利位置，为了突出床的重要性，床品选择与空间整体色相对立的蓝色系。为形成和谐的配色效果，蓝色的色彩纯度降低，与整个空间柔和的感觉相协调。又如，通过色彩的明度进行主题色的色彩定位，厚重的木质墙面凸显白色扶手椅，为使两个部分的色彩对比不显得过于生硬，灰浊的格子地毯成为两者的自然过渡。

步骤3：确定背景色与主题色之后，定位点缀元素。

① 灯饰是点缀色中最醒目的装饰元素，尤其是吊灯。吊灯的定位成为空间介入点缀色的第一步。

② 定位空间焦点位置的点缀元素，如客厅沙发背景墙和玄关上方的画品以及餐厅餐桌上方的花品等。此时需严格参考已确定的背景色与主题色（点缀元素的色彩可与背景色、主题色形成一定程度的反差，以实现焦点目的）。

例如，画品比例似乎刻意被加大，鲜艳、刺激的高纯度红色以一种端正的姿态彰显出在整个空间中不可取代的地位。又如，背景色、柔和的粉紫色沙发均运用温和的色彩，唯独吊灯以重复的组织方式悬吊在空间最醒目的地方，硬朗的造型与黑色配色为整个空间增添几丝炫酷感。

步骤4：其他点缀色搭配焦点元素适当介入。值得注意的是，为使空间和谐统一，点缀色尽量不要过于繁杂，尤其是在整体空间面积较小的情况下。

例如，空间自然、温馨，为使空间增添更多的生活气息，圆桌上方的日用品采用纯度略高的色彩，摆放手法朴素而随意，完全看不到刻意的痕迹。尤其是陶瓶里的粉色花卉，花头恰到好处地朝向窗的位置，活泼可爱。黄色陶罐与蓝色碗碟搭配花卉的使用，丰富而不显杂乱。又如，植物造型的艺术品伫立于空间角落，沉着的金属色使空间富有古典气息，更恰到好处地填补了角落空白。自然造型的艺术品为空间增添典雅而舒爽的气息。

背景色是整个空间的主色调　　　　弱对比搭配的类型　　　　　　　　　　　　　　　家具作为主题色彩

点缀元素作为空间焦点　　　　　　　　　　　　通过细节补充、丰富空间效果

第九章　软装陈设设计——形态构成表现

形态设计在软装陈设设计表现中有着与色彩搭配相同的重要性。营造全面、立体的视觉体验，需以空间使用功能、客户需求以及设计者的设计目的为前提，有效结合空间一切可能利用的视觉因素，使其形成互动关系。

以色彩为最终视觉结论，往往很片面，很难契合空间整体效果。相同的色彩，在结合不同的设计形态和材质之后，会呈现丰富多元的视觉形象。同理，相同的形态又因配色的不同而形成不同的视觉效果。例如，家具形态虽然几乎完全一致，却因色彩与质感的变化呈现出截然不同的气质。除此之外，空间形态的组合关系与色彩关系相互影响，共同完成空间软装搭配。

同样的家具款式，因色彩与质地的不同而产生不同的气质

第一节　形态的定义

"形状"与"形态"是两个不同的概念。"形状"指人的视觉感知系统对物体外表轮廓识别的感知结论，此种结论不包括事物的内容及内部结构的感知。

"形态"指人通过结合事物形状的特征，而产生对事物内容以及事物内部结构的感知结论。另外，"形态"还包括事物状态给人的心理情感层面造成的影响，以及物质在时间、空间中的变化。

第二节　形态的基本类别

通常形态可分为自然形态及人工形态。根据形态的外貌，又可分为具象形态与抽象形态。

一、自然形态

自然形态指自然界存在的物质形态，不受人类意志控制而独立存在。例如，园林中自然生长的植物或室内绿化陈设，以及失去生长机能的枯木、具有自然美感的磐石皆属于此列。然而，这并不意味着自然生成的形态毫无秩序可言，人类通过对自然的观察与研究，发现自然本身便具有潜在的和谐性，丰富多元的万物之形皆有其共性统一的关系。研究自然形态的规律是美学设计的永恒主题。

二、人工形态

人工形态指人为了满足个体需求或集体需求而主动创造的物质形态。因创造目的不同，人工形态的形态定位及存在意义不同，并具有明确的实用性。例如，建筑外观、室内装饰结构以及软装配饰产品中的家具、灯饰等生活用品，有些则更侧重人的精神及感官的享受，如雕塑、画品等。

自然形态 1

自然形态 2

三、具象形态

具象形态指最大限度地忠实于客观事物，或在客观事物的基础上采用一定程度的夸张、变形、错位、混合等手法来表现出的形态。软装配饰设计中，以客观事物形象为题材的配饰产品均属于具象形态的范畴，如写实主义雕塑、欧式家具局部运用的自然题材雕刻等。具象形态多数情况下向人提供具体、真实的感官体验，但易于固定人们的认知，限制对作品的丰富想象。

具象形态 1

具象形态 2

四、抽象形态

人的视觉感知系统本身有着强大的"抽象"功能，看到一个物体时，双眼主动"提炼"出该物体最突出的特征，从而形成初步识别。因此，人的"观看"本身就是一种"抽象行为"。

基于此，"抽象"一词概括为两种含义。广义的"抽象"是一个"删繁就简"的过程，指对形态进行一定程度的简化、抽取、提炼，从而获得最"精华"的视觉结论。这种行为可有效突出事物的形态特征，形成更深刻的视觉内容。狭义的"抽象"指完全突破具象概念，利用形态基础元素（点、线、面），进行自由组合，实现千变万化的形态结论，也可称为"纯粹形态"。

因生活经历、视觉经验等因素的不同，人们即便看到相同的纯粹形态，得出的视觉结论也会有所不同。抽象形态丰富了形态视觉语汇，为人们提供了广阔的想象空间。

抽象形态 1

抽象形态 2

第三节　形态构成技法

形态构成技法指以人对物体形态的结论为基础，运用物体的比例、位置、方向、平衡感以及相同形状或不同形状关系的组织方法。

一、尺度

尺度指因物体的比例与物体之间的距离而形成空间范围的划限，是形态组合关系中最基本的概念。值得注意的是，感官经验及情感会把不同时刻的感受嫁接到空间中，从而使人对空间感受的判别产生一定差异。

可结合空间装饰的形态以及形态组合方式改变空间原有的尺度。一个看似固定的空间范围或许因装饰内容的不同而产生明显变化。例如，下图空间装饰的形态非常简约，家具体量精致小巧，为了使这种感觉更加明显，家具采用透明材料，在视觉上使人忽略主题元素的存在，使空间效果舒朗宽阔，装饰的距离感因此尤为明显。

尺度

二、数量

数量指事物量的单位。因数量多少而导致一定范围的空间内容具有充盈、空旷、拥挤等不同的知觉感受。

值得注意的是，物体自身的形态、比例以及人的感官经验和个人情感也会对事物数量造成的结论产生一定影响，如复杂、比例巨大的形态，处于相对狭小的空间范围内，同样显得拥挤。如果将其换成造型单纯、比例较小的形态，即便数量较多，只需通过合理的布局便可适度削弱，甚至完全规避这种拥挤感。

例如，下图整洁、有序的装饰效果，一方面源于明

数量1

快的高明度色调，另一方面，则因为装饰内容均采用简约的形态，尤其是餐柜区。虽然陈设在柜内的餐具有一定的数量，但重复摆放的方式以及统一的色彩使柜内的布置规则有序。又如，下图壁炉上方悬挂了一幅欧洲古典风格油画，比例较大，画面内容丰富，这幅画成为空间最核心的装饰内容，有效提高了壁炉位置的装饰价值。接下来，便没有必要在壁炉位置继续增设过多的配饰了。

数量2

三、焦点

焦点并不一定有具体的形态，而更多地指空间某个特定的位置。该位置需能明确空间主题，加强空间元素的凝聚力。要在空间内实现焦点，必须使其具有一定的视觉强度，易于被关注。若以具体形态作为焦点，尽量使该元素有别于其他元素，形成明显的对比关系（一个空间中并非只允许出现一个焦点，允许出现两个或多个，但数量不宜太多）。

室内设计中，焦点通常处于空间某位置的中央或相对较高的位置。例如，下图空间焦点是设立于边柜中央的大幅画品，该画品以表现主义的绘画手法展示了一个骑于白马上的人物形象，黑色的画面背景与洁白的墙面形成强烈对比，使画品在空间中脱颖而出。为加强陈设的随意性，一幅较小的画品与之形成重叠关系，并在两者之间介入花品陈设，形成古朴自然之感。除此之外，空间悬吊的灯饰以及两旁边桌上的红色器皿均具有"点"的性质，三者相互搭配，巧妙地构建了一个正三角形构图，使空间效果更加稳定。

焦点

四、引向

引向指在一定的空间界域之内，依据主体位置对事物朝向进行定位。主体可依据人所在位置及观看角度而定，也可根据人所设定的主体事物所在位置（焦点）及朝向而定。

事物的朝向与物体形态有着密不可分的关系，一些形态由于人对事物朝向认识的不同及使用需求的不同而产生引向变化。人工形态，如家具，因功能设计的需求，会出现明显的正反方向定位。通常，带有座面的位置为正方，另一面为负方。正方具有更多的引向主动权。一个单纯、未经任何正负设计的正方体，则需根据人的视角、视觉经验甚至情感因素进行定位。当然，空间范围、物体所在位置也会对方体的引向定位产生一定影响。

引向在空间中用于帮助人来识别焦点位置。例如，左图中茶桌迂回延展，一方面充分考虑茶室空间的功能布置，另一方面有意将这种延展截止于壁龛内的花器；茶碗的摆放更加随意，搭配空间明亮的色彩及质朴的材质，弱化茶桌布局的刻意与呆板。

又如，右图中，因功能需求，家具采用围合式布局，均朝向茶几摆放。茶几装饰内容的简化使人们寻觅更有效的视觉焦点。人的视线不由自主地由茶几转移至壁炉上方陈设的画品。另外，画品有着更加醒目的高度，明确了空间焦点。

五、平衡

（1）对称式平衡：指对应位置的元素呈现出同形同量的布局。对称式平衡的布局中，相同或类似的形状在垂直轴（垂直轴：是平衡构图的核心，在规定的尺度范围内，处于中心区域的位置，但垂直轴并没有具体的形象，使人的视线由上至下）两边同等的位置被重复，给人造成庄重、稳定的感觉。一些建筑、公共雕塑等艺术门类中，对称式平衡的艺术作品可营造出力量与永恒的美感。

例如，第275页上图中，庄重的空间视觉感受一方面源于简洁工整的装饰形态，另一方面是因为空间细节采用绝对一致的布局手段。为了使对称式布局不显呆板，在垂直轴两边的细节上，适度增设了一些不同的内容，但这类适度增设的内容不占据太大比重，如床头两侧的画品及花品形成微小的差异，不会破坏整体布局平衡。

（2）非对称式平衡：亦称为"均衡"，指室内空间

引向1

引向2

对称式平衡

大面积浅色的物体。

② 可通过物体色彩的纯度获得均衡。

明亮而鲜艳的色彩更易引人注目。因此，小面积的明亮色彩可制衡大块灰浊低调的色彩。

③ 可通过物体形态的丰富性获得均衡。

比起大而呆板的形态，具有丰富形状的小的形态更容易受关注。

④ 可通过物体的肌理获得均衡。

起伏不平的材料肌理比起平滑、无变化的材料肌理更具视觉趣味。小而质地粗糙的表面足以制衡比例较大、无质感变化的表面（平滑从某种意义上讲，也代表一种质感）。

具有足够视觉量的物体偏移核心位置，而与其相对的位置无法对其制衡时，便出现视觉感知上的失重。两方均呈现出相同的视觉重量时便会互相牵制，形成视觉稳定感。

例如，下图中硬装部分已完成一个庄重稳定的对称式布局，以壁炉为中心，左右的内容完全一致。主题元素也顺理成章地运用两个相同款型的双人沙发和矮凳，

两个对应区域的陈设内容在造型、色彩、材质、数量、比例方面呈现出明显的区别，但经过陈设的选择以及位置处理，依旧可感受到如对称式平衡的稳定感。

相比于对称式平衡，均衡式布局的效果更加随意，不会形成过于严肃、呆板的感觉。

均衡的要点在于如何识别装饰元素的"视觉重量"？那么何为视觉重量呢？

视觉重量是一种非物理性的感知结论。简单地说，视觉重量的"轻重"取决于物体是否具备足够的视觉吸引力。越引起关注的物体，视觉重量越大。

通常来讲，实现均衡需注意以下几点。

① 可通过物体的明度获得均衡。

明度较低的物体容易产生重的感觉，明度较高的物体则会显得比较轻。因此，小面积暗色调的物体可制衡

非对称式平衡（均衡）

完善对称关系。通过其他配饰内容的介入可明显感受到，严谨性似乎并非该空间所追求的。设计者似乎无意使画品成为空间焦点。几乎空无内容的白色画面已失去焦点具备的明确性及突出性等特点。这使得壁炉左侧的蓝色花器成为醒目的装饰内容，花器小巧的比例在浅色背景的衬托下非常突出，繁茂自然的枝叶成为具有视觉强度的点缀，这使得空间左右视觉重量出现失衡。

于是，壁炉右侧增加了淡蓝色的沙发椅及白色灯罩的落地灯，同时，右侧双人沙发的扶手上还随意放置了一块蓝色毛毯。三个元素均没有过于复杂的形态及醒目的色彩。淡蓝色沙发椅柔和低调，与壁炉的明度较接近，如果不是因为放在上面的橙色靠枕，会显得过于温和。白色落地灯安静地伫立于沙发椅的后方，作为陪衬。蓝色毛毯与焦点保持最远的距离，随意放置。然而，三个元素的视觉重量整合到一起，使人无法忽略右侧陈设的视觉重量。这些内容足以制衡左侧的花器，使空间更加沉稳（见下图）。

非对称平衡的构成技法 1

非对称平衡的构成技法 2

为了丰富左侧装饰细节并给空间左侧的位置适当增加一些力度，茶几上方的装饰细节陈设于左侧，一株洁白的花朵在绿色叶子的衬托下异常娇艳，同时填补了家具中央位置的空白。左侧双人沙发的旁边设置了一个金属质地的角几，为一方陈设增添一点视觉重量（见上图）。

六、呼应

呼应是运用两种以上同等属性的元素，对空间整体效果进行协调整合，可能运用这些元素绝对一致的属性，也可能运用近似的属性。

需理智地对室内形态元素进行归纳分析，才可将空间效果处理得井井有条，而不至于产生混乱的局面。那么，清晰的创作思路及节制的元素运用是创作此类装饰的必要前提。整合、统一的手法可使复杂的装饰内容有效控制在一定范围内。

呼应作为一种非常有效的整合方式，运用于软装配饰设计中，几乎成为必不可少的设计手段。例如，在下图中，除顶面以及墙面高纯度的蓝色之外，墙面浮雕的菱形装饰使得完全没有必要在上面增补任何内容。因此，软装配饰部分的视觉重量需要进一步加强，才可与硬装饰的效果形成和谐的关系。家具及窗帘部分的色相控制在一定范围内，大部分是与硬装相近的蓝色，适度穿插鲜艳的紫色以及米黄色，形成较活跃的视觉效果。以茶几为中央的点缀色继续增补蓝色，使各种色彩形成必要的联系。

呼应的构成技法 1

呼应的构成技法

呼应的构成技法 2

细节组织关系方面，装饰元素的形态、色彩等采用了近似的装饰属性，以形成呼应。

（1）地毯采用菱形的图案，与墙面的装饰形成呼应（见右上图）。

（2）窗帘的紫色碎花图案、窗台前两把扶手椅的紫色布面、长榻沙发的碎花图案以及客厅区域靠枕的紫色花卉图案形成呼应（见右中图）。

（3）金色的茶几、扶手椅的框架部分、单人沙发、窗前的书桌均以黄色系形成呼应（见右下图）。

也就是说，看似纷繁复杂的空间效果，实际借助有着共性装饰属性的内容构成，既丰富了空间效果，又因恰到好处的呼应形成和谐的视觉体验。

呼应的构成技法 3

第十章　软装陈设设计——质感表现

质感是指因人的触觉或视触觉而产生的对外界事物的感知体验，如对石材、木材、陶瓷、玻璃、织物等物质表面的感知体验。

质感表现是艺术设计知觉体验的落实点，其特点是将设计中的视觉因素延伸到触觉因素的范畴，并为视觉提供更真实、彻底的感知结论。软装配饰设计中，质感表现是知觉互动设计必不可少的因素，与色彩搭配、形态构成相辅相成，可在色与形极度单一的状态下，弥补装饰空间缺少的感知内容，并形成更含蓄的知觉体验。同时，质感表现设计是未来软装配饰设计需深入探索的重要领域。

第一节　触觉设计基础

触觉感知是一种基于皮肤的感觉，人对外部世界进行感知的最原始、直接的反馈信息。相比于其他感知系统，触觉系统更准确、更具落实性。人身体的不同位置感知到的触觉程度有一定区别，其中面部、唇、舌、手指等部位的触觉最明显，手指的触觉尤为突出。

例如，看到一款色彩绚丽、图案精致的布艺产品时，需进一步借助抚摸、捻揉等动作，确定视觉对于布艺的判断是否准确。由此看来，研究视觉设计时，不能忽略触觉感知创造的认知因素，软装配饰设计对触觉感知的探索与要求相比于其他空间设计专业更加深入。

一、触觉感知的分类

触觉感知分为两个阶段，即肤觉和压觉。

（1）肤觉：即轻微触及得到的感觉，是皮肤触觉感受系统引起的感觉。

（2）压觉：基于肤觉，由接触事物时增强皮肤压力引起的感觉。压觉感知越强，对事物的触觉感受越强。

二、触觉感知对象的反馈

触觉感知对象反馈的信息具有以下两大特征。

（1）表层特征：对象具有的光滑感、粗糙感、坚硬感、柔软感等表面特征。

（2）内在特性：对象具有的震动感、回弹性等由内在传导于表面而形成的特征，是一种触感与运动感交互形成的感觉体验，越是活动的对象，触觉体验感越强。

三、触觉的类型

根据软装配饰设计需求，触觉分为以下八种。

（1）硬触觉：物质内部组织紧密，使接触物体表面形成刚强、坚固的知觉体验。硬触觉不易改变其原有形状，如接触砖材、硬木等材料时的知觉感受。

（2）软触觉：物质组织松软，在力的作用下，导致原有比例及形状的改变。力撤销后难以恢复其原有比例及形状，使接触物体形成柔软的知觉体验。如接触棉、麻等布艺材料时的知觉感受。

（3）涩触觉：物体表面粗糙不平，使所接触物体表面形成不流畅、阻碍感等知觉体验，如接触粗陶、树皮等材料时的知觉感受。

（4）润触觉：物体表面的起伏感较弱，几乎毫无阻塞感，使所接触物体表面形成顺滑、细腻等知觉体验，如接触丝织品、玻璃等材料时的知觉感受。

（5）冷触觉：人的皮肤接触低温物体时产生的触觉反应，该物体的温度带走人体的热量，带来热量"流失"的感觉，从而形成冰冷的知觉体验，如接触不锈钢、理石等材料时的知觉感受。

（6）暖触觉：人的皮肤接触较高温度的物体时产生的触觉反应，此时人体向外辐射的热量被聚集并回传到人体，给人体带来被"加热"的感觉，从而形成温暖的知觉体验，如接触毛料等材料时的知觉感受（冷、暖触觉在一定距离内便可感知，该冷暖程度依人与接触物体的距离而定）。

（7）震触觉：相对于静止的物体或所接触物体，在平衡状态下形成周期性的往复运动而产生的触觉感知，如通过人的脚部蹢击木质地板形成的知觉感受。

（8）韧触觉：以软触觉为前提，被接触物体在力的作用下发生比例和形状的变化，待力量撤销后该物体可恢复成原来比例和形状，如按压皮质、海绵等材料时的知觉感受。

四、触觉的交互

八种触觉并非孤立存在，通常一种材料兼具多种触觉感知，如金属材料给人带来硬触觉及冷触觉的知觉感受，较柔顺的棉布给人带来润触觉及暖触觉的知觉感受。脚部蹢击地面时，除了感受到震动带来的触觉感受外，同时还会产生硬触觉的知觉感受。

第二节　视触觉

视触觉也称"视觉肌理"。因视觉感知对外界信息获取方式的原初性、优先性以及开放性（人类有 80%以上的外界信息需由视觉获取），加上人类长期对触觉经验的积累，使触觉感知与视觉感知形成通感，因此可不必通过动作接触，凭触觉经验借由视觉系统形成识别。该作用区别于色彩经验及造型经验，却与两者形成密不可分的交互作用。

一、视触觉的类型

相比于其他触觉类型，涩触觉与润触觉在触觉感知与视觉感知的交互方面最明显。尤其在光线的影响下，最易被视觉感知系统识别。故此，在下面的视触觉搭配类型中，涩触觉与润触觉最重要。

二、视触觉的搭配

视触觉搭配在空间装饰中的作用非常重要。空间的色彩、形态无法满足设计需求或因某种原因无法得到充分表现时，视触觉可弥补空间装饰结论的匮乏，形成意想不到的效果。

例如，在本页图与第 281 页左图所示的两个空间中，无法识别出较突出的，这是因为色彩、形态以及材料质感方面均选择较一致或较接近的内容。正因如此，两个空间形成了柔和的视觉效果。人工材质具有的现代感与木质材料具有的自然气息，使两者呈现出不同的装饰气质。

又如，在第 281 页右图中，在灯光以及无彩色的配色环境下，把材质特征发挥得淋漓尽致。家具运用光洁透明的亚克力材料，富有现代时尚气息；画品斑驳的肌理使空白画面增添了戏剧性的装饰内容。在材质对比之下，空间效果极具视觉张力，也弥补了色彩内容与形式内容的单一与乏味。

人工材质为空间带来现代气息

木质材料为空间营造出闲适的气息

不同肌理的对比丰富了空间效果

第十一章　软装陈设设计——工作流程

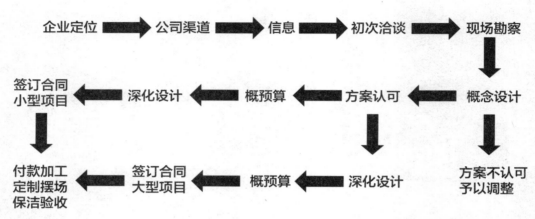

软装配饰设计工作流程

一、企业定位

虽然每个企业的定位不同，但归根结底要做的事情都是一样的，要分析客户是谁、为谁服务，以及所服务的客户群体最担心、最关心的问题是什么。今天的互联网思维，更准确地讲是用户思维，一个企业如果不知道产品卖给谁，产品很难有好的销售业绩。此外，企业还应考虑自身优势是什么。每个企业都应找到自身优势，并准确定位，没有优势就没有核心竞争力，没有竞争力就没有卖点，没有卖点客户凭什么买你的产品？在供不应求的时代，无需营销；供大于求时，不会营销业绩就必定下滑。要想突破，首先必须做到创新，其次找到别人不具备的优势，再次学会把自身的劣势变成优势。

咖啡 + 商务 = 星巴克，咖啡 + 休闲 = 漫咖啡，咖啡 + 读书 = 雕刻时光，咖啡 + 创业 =3W 咖啡，咖啡 + 互联网 = 连咖啡，洗发水 + 柔顺 = 飘柔，洗发水 + 去头屑 =

海飞丝，洗发水 + 营养 = 潘婷，汽车 + 尊贵 = 奔驰，汽车 + 速度 = 宝马，汽车 + 安全 = 沃尔沃，饮料 + 运动 = 可口可乐，饮料 + 激情 = 百事可乐，饮料 + 不上火 = 王老吉。由此可见，凡是好的企业，都有非常清晰的定位。设计企业也是一样的，需知道客户的痛点和需求，才能做出满足客户需求的产品和项目，所谓"做事不由东，累死也无工"。

根据企业的性质、规模、资源优势（产品、设计、价格、渠道、资金等），定位企业目标客户群体和企业规划以及未来的发展战略目标。

二、渠道建立

在谈渠道建立之前，必须先了解一下从事软装陈设设计或者室内设计企业的构成都有哪些？根据企业的定位和性质，目前从事建筑装饰、室内设计、软装配饰的企业大致可分为工装公司、家装公司、商装公司、软装公司，这类公司一般是设计施工一起完成，大型公司每个部门职责分工比较详细。第二类是设计公司，此类公司利用自身设计优势，一般不从事施工和生产，只从事设计工作，有具体、细致的划分，比如专业做施工图的公司和专业做效果图的公司等。第三类是软装产品的生产企业和销售企业，划分更加详细，比如家具、布艺、灯饰、画品、花艺、日用品、摆件等公司。有的公司是集设计、研发、生产制作、销售于一体，也有的只从事其中某一项工作。公司性质不同，所以每个公司的信息渠道也不一样，一般渠道来源于实体店面、网络推广、口碑营销、品牌营销、相关行业上下游的资源整合。不同渠道带来的信息资源给设计师提供了潜在客户、准客户和客户，设计师进而发挥和施展设计才华。因此，公司的信息来源渠道固然重要，所谓"巧妇难为无米之炊"，没有信息和客户，设计师就没有存在的意义和价值。然而，渠道带来的信息资源能否转化成业绩，则是设计师的问题。

三、与客户初次洽谈和沟通时的注意事项

初次与客户沟通，除了注意企业形象和个人形象外，还应该做到守时，做好项目前期的准备工作，熟悉此次洽谈项目的基本功能、所属商圈、项目定位，以及此类项目做得比较成功的品牌案例与取得的成功业绩，以便在最初沟通洽谈中做到"不打无准备之仗"，让客户觉得在这个行业你是非常专业的。

沟通过程中，应了解业主需求和设计要求，获取业主的基本资料，否则谈完后，无法进行下一步具体工作。

作为设计师首先要讲诚信，其次要有良好的专业素养，再次必须向客户提供明确的设计流程，让客户对工作有全面的了解，期间可把企业优势和设计专业优势展示给客户，而不是一味地在客户面前炫耀。很多设计师经常犯的一个错误是，只炫耀自身优势，没有顾忌客户关注什么，即便谈得很好但不是客户想要的，所以叫"无效沟通"。另外，最初最好不谈钱，更不要马上让客户交钱，也许有许多人反对这个观点，觉得只有客户交了定金才万无一失，然而对于一些高端大客户这是根本行不通的。因此，应学会让客户零风险，与客户进一步沟通。最后就是负责任的态度、权威专业的实力。送给大家一句话：在没有跟客户建立信赖感之前，不要卖产品；在产品没有树立价值感之前，不要谈价格。谈得多么好不重要，重要的是能否取得客户的信任。

四、现场勘查

现场勘查主要注意以下几点。

（1）项目定位，了解项目的用途与功能——谁来使用的问题。

（2）了解空间类型及特点，包括周边环境、建筑特点及风格、室内装修风格及特点、建筑层高及结构。

（3）获取项目的基本资料，如果是整体全案设计，最好有开发商或者建筑商原始的建筑结构图纸，然后直接复尺，若没有的话，设计师必须测量出准确的现场尺寸图和现场照片。如果硬装的装饰装修已完成，只需做配饰设计，则应向甲方或装饰公司索要施工图、效果图。如果以上两者都没有，还是要复尺，现场拍照片，以保证将来完成的方案与硬装相协调。

五、概念设计

概念设计又称为"意向设计"，主要指甲方要求和设计师思路是否吻合，通俗地讲，即业主也不知道自己想要什么样子，或有了感觉但不知道是否可行，而设计师心目中也有一个或几个方案，但是方案是否是业主想要的，这一点比较难达成一致意见，因为想法和思路均比较抽象，有时即使找来一些图片又未必适合，所以在概念设计阶段，

沟通非常重要。比如，客户心目中的欧式风格，是他自己认为的一种欧式，而设计师心目中的欧式涵盖英式、美式、法式、意式等一系列风格类型。因此，设计师设计了一周的方案，客户一分钟就否定了，搞得双方都很郁闷，其实不一定是方案不好，也不一定是客户太挑剔，主要原因是设计师的方案不适合这位业主。那么究竟怎样才能设计出业主和设计师都满意的设计方案呢？

第一步，客户分析。设计师从事的不是纯艺术工作，是为了满足客户的使用功能、装饰功能提供的专业服务，所以设计师不可能全部从自身立场和角度出发。设计师必须做好客户分析，可通过业主的职业、年龄、兴趣、爱好、学历、消费价值观、人生观以及宗教信仰等方面了解客户品位及消费的价值取向，进行准确定位。企业是有定位的，业主也是有定位的，低端客户追求性价比，通俗地讲就是好吃不贵、经济实惠、少花钱多办事还要办好事，因为这个人群追求满足功能需求，此时过多地谈创意和文化层面的东西不太适合。中端客户要求的是品牌，在满足基本功能需求之后，更重要的是品质追求，此时钱不是最重要的。高端客户，不仅要有品质还要有品位，装饰配饰使用的一切应与自身身份地位相匹配。核心大客户，更多地追求文化和艺术层面的东西，不是物有所值，而是价值增值。清楚了解每个客户的需求之后，再做方案设计，才可有的放矢。

第二步，项目分析。分析完客户，还要进一步分析上面提到的项目空间类型及特点，包括周边环境、建筑特点及风格、室内装修风格及特点、建筑层高及结构。

第三步，概念确立。首先应明确本项目的功能设计，功能设计涉及哪些项目必备功能有，哪些可选择性功能，哪些装饰性功能？功能确定之后，合理划分空间，划分空间的依据是：空间利用最大化和合理解决交通流线，以上两者依据人体工程学。空间划分完成后，接下来的是照明设计，除解决照明、照度、配光曲线、色温、显色性和显色指数外，还要充分考虑照明方式、照明类型、照明的目的和人性化设计。然后是风格定位，风格一旦确立，色彩搭配、造型元素、材质运用也基本确立，即完成了最初的概念设计方案。

最后是表现的问题，无论是手绘快速表现还是软件表现，归根结底都是把想要表现的效果表达出来。

六、概念设计确立完成

概念设计完成之后，还应做出相应的概算，即假设按照此方案完成后大概的预算是多少。预算是确定方案的重要依据。有时，方案不能中标，很大程度上是因为预算不符合甲方要求，有些设计师或公司不理解，觉得价格已经很低，为什么不能接受呢？道理很简单，报价的高低都是运用设计师或乙方的单方思维来考虑的，没有站在客户的角度，也就是客户能出多少钱。客户当然希望装饰档次越高越好，但囊中是否羞涩只有客户自己最清楚，设计师无法左右。另外，即使客户资金充足，但是否一定都用在本项目上，还取决于客户的消费价值观。

概念设计和概算完成之后，是否进行深化设计，分两种情况：第一种情况，如果是小型项目，无须做深化设计，可直接报价跟甲方签订合同或意向书，甲方确认之后，进行深化设计；第二种情况要另当别论，大型工装项目，应先做深化，再做概算，后期概算和最终结算相差很大。

七、合同的签订和产品的采购与定制

合同签订过程中，比较重要的两个方面是付款方式和合同期限。付款方式是否合理，是否促使资金及时周转，直接影响到项目风险。工期不要过于紧张，应留出足够的时间，或考虑到不可预见的因素，包括产品在定制过程中出现的意外修改。

一般情况下，大件都需定制，小件可直接在市场采购。

对于大宗商品，须要求厂家打样，先做出一个成品，作为样品，包括造型、风格、颜色、质量，这时我们让甲方签字确认，前提是设计师确认完成，如果没有问题，可批量生产，避免所有产品完成后，甲方不认可，而产生纠纷，厂家也不会全部承担经济损失。比如，星级酒店、客房、会所家具的使用量非常大，容易出现类似问题。画品也一样，可先画小样或小稿。

产品定制完成后应进行现场安装与摆场，这一点非常关键，须有主案设计师或现场经验丰富的设计师在场，摆放位置、空间大小、比例、视平线高低均有专业审美要求。其他方面是安全、卫生问题，在此不赘述。

之后是摆拍，所有物品摆放完成之后，专业摄影师进行摆拍，一是存档备案，二是作为工程业绩。

最后便是结算和保修的事情。

第十二章　软装陈设设计——方案设计

第一节　软装产品选择的内容

一、功能性陈设——家具

功能性陈设中，首先考虑家具选择，家具又分为必选家具、可选择性家具、装饰性家具。为什么先要考虑家具呢？

第一，家具在整个陈设中既有功能性又有装饰性，功能性指供人坐卧、储藏，装饰性指可形成空间的视觉主题和焦点。

第二，家具的风格直接决定空间的主题陈设。

第三，家具在整个空间中体量占到 60%～70%，即有 2/3 的面积被家具占据。

第四，整个软装产品的总造价中，家具本身占到 60% 至 70% 的成本，所以选择什么造型、什么材质的家具直接决定软装配饰的整体造价。

第五，家具不仅满足人们的功能需求，稀缺的实木家具还可传承，有升值空间。

综上所述，整个软装陈设设计过程中，首先确定家具风格、材质、品质，接下来，其他陈设品的设计则变得容

易多了。

例如，床为卧室中必选家具，梳妆台和床尾凳为可选择性家具。选择软装产品时，首先考虑硬装的装饰装修风格，然后根据项目定位确定与硬装的关系。硬装以直线造型为主，软装以曲线造型为主，造型完全不同的元素却非常和谐，原因是色彩统一、风格统一，整个空间浪漫、柔和、唯美。

装饰性家具不应为了装饰而装饰，更重要的是有内涵和品位。例如，壁炉陈设中，壁炉过去是取暖设备，而今天基本不会用于取暖，而是作为装饰。壁炉文化在不同的时期和地域，具有不同的造型特征。文艺复兴末期和巴洛克时期的壁炉视觉效果夸张，雕塑感强，侧重写实，充满力量与震撼感；洛可可时期的壁炉，纤细、唯美；美式

意大利坎托里家具卧室展厅

新古典主义风格的壁炉陈设

殖民时期的壁炉侧重原生态；地中海风格的壁炉造型浑圆、风格浪漫。因此，壁炉是文化、生活方式的体现。今天的壁炉陈设不仅是形式，更重要的是历史文脉的延续和文化的继承。

二、功能性陈设——布艺

布艺同样具有功能性，遮光、有私密性、可调节温度，占整个陈设面积达的 1/3；色彩的基调成为空间的背景色调或者主题色调。布艺的范畴很广，包括所有织物：地毯、壁毯、墙布、顶棚织物、帷幔窗帘、蒙面织物、坐垫靠垫、床上用品、餐厨织物、卫生盥洗织物等，既有实用性，又有很强的装饰性。

床品决定了空间的主题色调，并与整个硬装空间形成一种呼应，墙面的卡其色和床头靠背的咖啡色以及床品部分的黄色，构成背景色；灰蓝色形成冷暖对比，构成主题色，背景色与主题色之间形成有节奏的韵律感，整个空间极具趣味性，既有变化又有统一；床头柜是蓝灰色，台灯是黄色，灯罩的花边是卡其色。布艺构成整个空间的主色调、风格。

床品案例陈设

三、功能性陈设——灯饰

灯饰具备功能性的同时，也具有装饰性，灯饰除照明、照度、配光曲线、显色性、显色指数、照明方式之外，还要考虑材质、造型、风格以及视觉样式。灯饰和照明应是一体的，使用什么样的照明方式和灯饰陈设取决于设计目的。

重点照明鹿角灯饰陈设

新古典主义风格的灯饰陈设

重点照明的直接照明方式可表现雕塑细节，洗墙灯或反光灯槽间接的照明方式，或使用背景面光源，即可呈现雕塑的轮廓。

例如，灯饰类型由硬装风格决定，新古典设计风格体现低调奢华，皮质沙发，透雕工艺，银箔装饰，大理石、车边白镜45°斜拼，白色烤漆墙板装饰，豪华的水晶吊灯，丝绸靠包，整个空间尽显华丽、奢华。每个环节有着内在联系，这种内在联系组合成的空间氛围，体现了一种生活态度和生活方式。

照明方式和灯饰陈设取决于项目定位、功能需求、风格类型以及氛围格调。通常多种照明形式并存，只是侧重点不同。

四、功能性陈设——日用品

软装陈设过程中尽量不要把空间做满，为90%即可，就像绘画中的留白。留白让空间不过于满，避免使空间压抑、拥挤、不透气和不舒适。留白让别人走进设计、融入设计，让观者和设计师产生共鸣，即中式设计的"天人合一"，让空间与人和谐统一。留白还让业主形成参与意识。通常设计师犯的错误是，为业主设计了一个设计师的家，让不同职业、年龄、性格的人住在设计师的家里，这显然不合适。留白让业主参与、融入生活空间，让空间体现业主的思想感情和精神理念，业主会有成就感、参与意识并将自身情绪融入其中。

现实陈设中，完全可让业主参与进来，业主的生活用品、纪念物品、祖先的遗物、亲朋好友的馈赠、获奖证书、奖杯奖章、婚嫁／生日赠送的纪念物及外出旅游带回的纪念品等均可融入空间，既有纪念意义，又起到装饰作用。每件物品都是一段经历、一个故事、一份情结。

五、装饰性陈设——画品、花品、绿植、摆件

装饰性陈设品指本身没有实用性，纯粹作为观赏的陈设品，包括画品、装饰品、摆件等。装饰性陈设虽然没有实用性，但在整个陈设中却起着举足轻重的作用，不仅点缀空间，给空间带来生命与活力，更反映使用者的品位与格调。近年来，随着生活水平的提高，人们愈发重视品质与品位，尤其是高端客户群体，装饰性陈设品投入的价值有时超出功能性陈设。有些陈设品在装饰性功能的基础上，还具有价值增值的功能。然而，收藏性陈设和一般性装饰陈设还是有着本质的区别。并非所有收藏品都可陈设，也并非所有装饰性陈设都可收藏。

墙面没有画品的存在，会显得空旷，缺少内容、生命和活力，空间便没有视觉焦点，也没有主题。

装饰性陈设有以下几个要求：第一，空间与体量；第二，风格与内容；第三，色彩与搭配；第四，业主的兴趣和爱好。例如，第289页左图中画品的尺寸，是沙发背景墙面的黄金分割比，大于沙发的宽度，感觉头重脚轻，过小则感觉小气；室内硬装风格是现代的，所以画品的表现形式也是现代抽象画，风格和谐统一；背景色是浅咖啡色，主题色家具是深咖啡色，色调是一个同类色系的搭配，整体感觉温馨，有亲和力。然而，这种过度的统一会导致单调与沉闷，所以画品选择纯度较高的黄色，咖啡色里有黄色的成分，所以同属同类色的搭配。明度和纯度的变化使空间令人眼前一亮，形成空间的视觉焦点和主题。画框选择香槟银，香槟银同属黄色系，金属质感令人倍感舒适，进而突出主题。抽象画是现代的，画框也是现代的，和谐统一。抽象画的内容可让观者去遐想、去想象。抽象画赋予空间思想和灵魂，提高业主的审美水平与品位。

客厅画品陈设

中式盆景

花艺本身就是一件艺术品，陈设品不在于多，而在于精，好的东西一两件足矣，让整个空间蓬荜生辉，不好的作品只能降低整个空间的品位。例如，右图中的花艺陈设极富禅意，禅意讲究意境，不是繁杂的装饰，花器，造型极简，更像佛祖释迦牟尼用的饭钵，上面不做任何装饰，花艺的主干没有任何枝节，却体现出历史的痕迹与岁月的沧桑，极具动感的造型完美体现了力学平衡与均衡构图；细小的枝节非常浓密，枝节的密和实、叶子的密和实、花的密和实与主干的极简形成鲜明对比，中国画白描"疏可跑马，密不透风"的原理体现得淋漓尽致，西方美学称为"疏密的对比"。同样的花、叶和枝，却利用色彩和材质产生变化，整体造型达到完美的统一。

第二节　选择软装陈设品时应考虑的问题

选择软装陈设品时应考虑以下问题。

第一，根据客户的资金和预算，进行适当选择。

第二，少胜多，越精越好，注重内在品质和内涵。

第三，运用创新原则。创新不是简单的求奇、求怪，创新的内容有很多，如内容创新、材质创新、造型创新、色彩创新、创意创新、风格创新、体验创新等，当然也有很多形式。

第四，考虑客户需求。很多设计师的出发点是自身的兴趣爱好和消费行为，只有拥有丰富经历和阅历的设计师才会更多地体会客户需求。背离客户需求的设计是徒劳的。

画室是为了展示画家的作品，追求极简，极简的背后是大面积留白，留白是为了强调和突出绘画作品，反之，周围环境过于复杂，就会削弱主题。

画室陈设

落地灯的漫反射让角落充满温情；丝绸般柔软的皮质扶手椅非常符合人体工程学，脚蹬舒适、安逸而随性，听着音乐、看着书，非常惬意。这是业主的生活方式。有些人爱音乐，有些人爱足球，设计的前提和依据是满足业主需求。设计师在满足业主要求的基础上，凭借专业知识，让设计更加人性化、个性化、艺术化，更有品质和品位。

休闲空间陈设

一提到托斯卡纳，我们便想到葡萄庄园、富庶的庄园主、红色土壤以及香醇的葡萄美酒，田园、浪漫、随性的设计与业主的生活方式和生活品位是分不开的。

软装陈设时，应考虑空间位置，不是所有喜欢的都是适合的；不是所有适合的都有一个合理空间。软装陈设时应考虑落地陈设、墙面陈设、桌面陈设、顶面陈设和空中

托斯卡纳陈设

陈设，满足使用功能和装饰功能的同时，还要注意体量、视觉、色彩的平衡。陈设不是单一性的，位置和空间占有重要地位，不同产品在考虑功能属性的同时还要考虑其他属性，这就是所谓的"一体化"。

　　苏园酒店楼梯间的灯饰陈设，照明是功能性的，为均匀漫射型，灯饰的变形设计极具个性化，重复叠加渐变呈现出节奏与韵律，具有视觉冲击力，布艺的灯饰极具地域特色。单一产品的陈设不仅考虑产品本身，还应进行空间、项目定位。因此，这是苏园酒店的楼梯间陈设，而非其他空间的楼梯间陈设。

苏园酒店楼梯间陈设

第十三章　软装陈设设计原则

一、硬装与软装氛围一致的原则

所谓氛围一致，指感觉、环境、格调、风格的一致；一致并非完全统一，不是形与量、质与色的统一，而是整体搭配的统一。

例如，吊灯的颜色与周围环境的颜色没有呼应和协调，但感觉却很舒适，原因就是格调一致、风格和氛围一致。

二、空间与体量尺度协调的原则

体量与尺度的原则即产品单体与整体空间相协调，避免很大的空间装设完成之后感觉很小气，很小的空间设计完成之后更加局促和压抑。古希腊 2000 多年前就发现了比例的秘密，古希腊、古罗马的建筑、构件、柱式都有严格的比例规定。

新中式风格

东南亚风格居室改造

例如，一个偏爱东南亚风格的业主，希望在仅有 35 平方米的一居室里打造出书房、卧室、会客室以及储藏室。设计师遵循空间与尺度协调的原则，将阳台改造成书房，在不改变硬装结构的前提下，把地面抬高，将抬高部分作为储物收纳空间。同时，选用极具东南亚风格的藤编蒲团。床头的背景墙和客厅沙发背景墙做到主题共享，中间的格栅和纱幔解决客厅采光、通风的问题，同时保证卧室的私密性。电视背景墙的设计在解决通风、采光的同时注重协调尺度与空间的关系。

又如，画品不仅颜色、内容协调，而且比例关系运用得非常恰当。画品的高度接近桌面长度的 2/3，画自身的宽度是高度的 2/3，整个画面尺寸接近黄金分割比；如果画品的高度超过桌面的长度或者画品的宽度大于桌面长度的 1/2，那么整个画面会给人头重脚轻之感；如果画品的高度小于桌面宽度的 1/2 或者接近 1/2，那么画面会显得非常拘谨。因此，空间与体量的尺度协调在陈设过程中尤为重要。

画品陈设的比例与体量

三、硬装风格与软装陈设设计风格统一的原则

统一并非完全一致，而是相对一致，是产品与其他元素在色彩造型、材质、比例、空间、风格上的统一。

托斯卡纳设计风格

例如，上图中的硬装部分非常简洁，室内软装的搭配方式非常自然。画品内容和花艺造型均以自然田园题材为主；画品的组合悬挂，变化中不失统一；整个空间的陈设风格与硬装和谐统一。

四、室内设计和软装陈设设计变化的原则

空间失去统一会显得琐碎，但过分统一则会呆板，所以变化的原则是在统一的基础上，做到变化中有统一、统一中有变化可通过造型、材质、色彩、数量来实现。

例如，胡桃木色的格栅纹样是传统万字纹的变形纹样，与地毯的几何形纹样很近似。虽然双人沙发、沙发椅、坐墩的造型各不相同，但在色彩、图案造型表现上达到统一，坐墩的底色同沙发的颜色，图案的颜色同格栅的颜色，巧妙地将格栅与沙发联系在一起。格栅的胡桃木色与沙发的浅米色形成对比，沙发的紫色丝绸靠包与格栅的颜色形成呼应。沙发与地毯的材质富有变化，但颜色是统一的，在

新中式设计风格的变化与统一

"棕榈岛亚特兰蒂斯"七星级酒店

色彩变化的同时形成色彩的节奏和韵律，而节奏和韵律美就是变化与统一的过程。因此，整个空间既有统一又有变化，既协调舒适又清新明快。

五、主从和谐的原则

"主"可理解为主题，是主要的表现对象，也是设计主要表达和体现的宗旨，没有主题的设计，空间就没有文化、内涵和灵魂。主题的实现通过对比衬托来完成，没有对比和衬托，主题很难突出。

例如，位于迪拜的"棕榈岛亚特兰蒂斯"（Atlantis, The Palm）七星级酒店被誉为全球最豪华的酒店，耗资15亿美元，历时两年建成。迪拜是阿拉伯国家，阿拉伯国家多信仰伊斯兰教，酒店大堂主题陈设中，大量采用柱式和拱券的表现形式。受拜占庭风格的影响，伊斯兰风格的拱券与中世纪的拜占庭风格和哥特式风格的尖券、尖拱、多圆心券和叠级券相近。大堂吧柱子与柱子之间的衔接采用伊斯兰风格的建筑结构类型和造型特征。柱子的造型选用棕榈树树干和叶子的变形设计。棕榈树在当地是胜利与智慧的象征。柱子与柱子之间的造型联系展现了空间的节奏和韵律。中央屋顶的铅晶玻璃主题造型设计融入阿拉伯特有的装饰元素，诠释了亚特兰蒂斯的精髓——奇迹、海洋、探索。高约 10 米，由橙色、红色、蓝色、绿色组成的 3000 多片吹制玻璃雕塑，更像一束燃烧的火焰，成为整个空间的视觉焦点。

六、对比与协调的原则

对比与协调可细分为：风格上的现代与传统；色彩上的冷暖对比、色相对比、纯度对比、明度对比；材质上的柔软与粗糙；光线上的明与暗；形态上的对比（造型要素：点、线、面体空间关系）。

后现代风格设计认为，现代风格过于注重功能性和机械化批量大生产，忽视传统文化的传承；设计既要有现代创新，如新材料、新工艺、新技术，又不能失去历史与文化传承。例如，第 295 页左上图中的书桌设计，材质是高密度板，饰面采用钢琴烤漆，腿部造型模仿法国路易十五时期洛可可最具代表性的 S 形弯腿，但不是完全写实的照搬照用，而是采用现代风格的表现手法：采用重复、叠加、渐变体现 S 形神韵。这就是现代与传统的典型对比，通过材质和色彩的统一，达到协调统一的效果。

后现代风格家具设计

又如，色彩本是补色关系，但通过降低纯度达到调和效果。此外，还可通过冷暖、色相、纯度、明度对比等，使空间色彩更加丰富多元。

色彩的对比与调和

又如，下图中周围环境是精致、和谐、统一的，而夸张的红砖肌理效果让司空见惯的红砖有了新的形式美感，使人亲近大自然，中间的画框与外部环境形成呼应。

材质的柔软与粗糙、精致与粗犷

又如，运用灯光明暗关系，在不影响功能设计的前提下，通过改变照明方式来改变空间效果。

灯光的明暗对比

第十四章　软装陈设设计方法

下面介绍几种常用的软装配饰设计方法。

一、利用形式美的法则进行搭配

具体包括对称与均衡、节奏与韵律、重复与渐变、变化与呼应。

对称与均衡，从形和量方面给人视觉平衡的感受。对称是形、量相同的组合，统一性较强，具有端庄、严肃、平稳、安静的感觉，不足之处是缺少变化。均衡是对称的变化形式，是一种打破对称的平衡。

节奏与韵律，即空间有节奏和韵律，色彩也有节奏和韵律。节奏就是变化的统一，只不过是有一定规律性的变化。无论色彩还是空间，没有节奏就是呆板。有了

韵律，给人的感觉才是欢快的。书柜中书的陈设是有节奏和韵律的，竖向和横向进行交叉和变化，适当时予以留白。传统的使用习惯只是把书码放整齐而已。码放整齐、堆满书架就是功能性，有了节奏和韵律就是形式美的陈设艺术。

楼梯踏步的韵律感，方向的变化产生的韵律

变化与呼应

对称搭配法

重复与渐变

二、根据设计立意进行创意陈设

（一）情趣、趣味性陈设

　　构图、立意、神态都让人感觉可爱、亲切，并非一定要有多么深刻的内涵，但应天真无邪、妙趣横生，表现自然形态的纯真和可爱。

　　例如右上图中根雕的表现手法既是写实的又是立意的，肥硕的小鸟憨态可掬、神态各异，疏密对比、均衡式构图、天然的材料却把羽毛的质感体现得淋漓尽致，生活是富足的、悠闲的、美好的。

趣味性陈设

（二）借景陈设

顶部的透明玻璃材质设计，让大自然成为坊间的背景

（三）引用典故或故事情节进行陈设

　　例如，"风波庄"主题餐厅，主题是江湖饭、武林菜，整个环境让人置身于武林之中，古朴的门面并不显眼，然而每到夜晚，这里却酒盏相撞，热闹非凡。关于武林的背景音乐、小二穿堂的声音、各种门派的巧妙构思，每桌的客人拿着筷子比比画画，好像在论剑，因而大厅就叫"论剑堂"。菜式是实实在在的农家风味，既然是人在江湖，当然要遵循江湖规矩。风波庄没有菜单，只要像武林中人那样吆喝一声"小二，拿几样好菜"，庄主即根据"大侠们"的人数和口味安排菜式。如果吃得不满意，还可调换菜式，

风波庄主题餐厅设计

一切就像古时候一样随心所欲。玉龙戏珠、九阳神功、一桶江湖、玉女心经、紫霞神功、化骨绵掌……菜名带有明显的武林特征，听来好不过瘾。

（四）利用事物或物体的残缺美进行陈设

岁月的沧桑所镌刻的历史的痕迹，精致与粗犷、自然与文明、和谐与撞击、外实内虚、阴阳结合，设计的最佳境界就是无设计。

残缺美陈设

（五）节假日陈设

节假日陈设，根据不同的节日选择不同的题材搭配设计

三、根据表达形式进行陈设

（一）写实的情景表达方式

化山川丘壑于方寸之间，以壁为纸，以石为绘，贝老的叠石理水，匠心独具，一幅壮观的中国写实山水画，挨着四大奇石，却做得独具一格。

例如，童话里的树上小木屋，完全按照故事情节，一成不变地再现童话故事，很多的时候，我们使用这种写实的表达方式，让人有"身临其境"之感。

贝聿铭苏州博物馆的景观设计

（二）写意的情景表达方式

禅意风格，追求一种意境，写意的表现手法更崇尚自然、师法自然，在有限的空间范围内利用自然条件，模拟自然美景，将建筑、山水、植物有机地融为一体，使自然美与人工美统一起来，打造与大自然协调共生、天人合一的艺术综合体。

烟花小镇某店面设计

（三）抽象的表达方式

抽象表达方式是把设计元素简化成点线面的造型元素，表现形式美感。没有任何寓意的点线面造型，却给人现代、时尚、前卫之感，符合现代审美需求。抽象的表达方式是利用点的凝聚力、线的穿透力和视觉导向，以及面

现代风格客厅设计

的承载与衬托，区别传统写实的表现手法。现代快节奏的都市生活中，运用这种抽象化点线面的表现形式，让人备感放松。

（四）意象与印象的表达方式

意象分为直接意象和间接意象。直接的"来自过去经历的生活"；间接的分为明喻和暗喻。

希施金是俄罗斯巡回画派的著名风景派画家，很多人可能不能理解画面全是树木，究竟在表达什么？是看大树画的像不像，还是看大树能否成为栋梁之材？同样是一棵树，每个人的看法各不相同。在艺术家的眼里，松树代表画家本人，松树是没有感情的植物，却表达了"物我一体"的画家情感。艺术家通过风景表现人格，表达情操和理想。希施金是一个性格开朗、轻松活泼、坚毅不屈的人，所以他画的松树表现了一个坚定的人、一个有力量的人、一个不可征服的群体。

烟花小镇某店面 Logo 设计
（明喻的表现手法）

希施金的风景油画（暗喻的表现手法）

印象指的是诞生于 19 世纪的"印象派"，强调色彩和光线给人的瞬间感受。通过追溯印象派对绘画艺术的历史性革新，分析光与色对传达物体表象的作用，探讨印象派对现代设计的深远影响。

印象派画家莫奈的《日出》

（五）隐喻的表达方式

例如，缝线铆钉工艺新的表现形式源于英国沙发之母切斯特菲尔德；新型材料不锈钢材质的交椅，造型源于中国元代交椅。表面形式的背后蕴含着曾经的历史文化内涵和故事。

后现代风格家具设计

四、利用设计风格进行陈设设计

设计风格可以归纳为：中式风格（包括传统中式、新中式）、欧式风格（包括古希腊风格、古罗马风格、拜占庭风格、哥特式风格、巴洛克风格、洛可可风格、新古典主义时期风格）、折衷主义、美式风格（包括殖民地风格、美式联邦风格、美式乡村风格）、田园风格（包括英式田园、法式田园）、地中海风格（包括托斯卡纳、普罗旺斯、西班牙、北非地中海）、东南亚风格、日式风格、现代风格、后现代风格、北欧风格、混搭风格。

对比色补色搭配

五、利用色彩搭配法进行搭配设计，如调子搭配、对比色搭配、风格所属颜色搭配

绿色调搭配

六、形态搭配法，运用相同的造型元素进行搭配

例如，下图中壁纸图案造型、灯饰枝形造型和家具椅

子靠背的曲线造型做到了统一；地面材质颜色、椅子布艺颜色、壁纸花卉颜色与灯饰花卉颜色，以及灯饰的黄色、壁纸的黄色、桌面的黄色形成呼应。

又如，造型元素全部以直线为造型，进行重复组合，做到形态统一。

全部以直线为造型元素的空间设计

形态搭配法餐厅设计

全部以曲线为造型元素的空间设计

第十五章　软装陈设设计表现形式

好的表现形式让客户拥有良好的体验，不好的软装配饰表现形式无法让客户体验设计完成之后的快感，所以软装配饰表现形式非常重要。表现形式有很多种，不同的设计阶段或不同的场合所运用的表现形式不一样。下面介绍几种不同的表现形式。

一、手绘快速表达

手绘又称"手绘快速表达"，即在较短的时间内，运用徒手绘制的方法随心所欲地表达设计理念和构思，

手绘效果图　马克笔手绘

马克笔手绘

向客户提供真实的三维视觉感受。手绘方法有一点透视、二点透视和多点透视，经常运用马克笔和彩铅着色，让效果图更加真实，材质更加明确。然而，手绘图与电脑效果图相比，真实感受较弱，修改较麻烦，所以手绘现在多用于创意表达和设计沟通，正规的投标过程中较少运用。

二、3D 效果图和 3D 全景效果图

3D 效果图和 3D 全景效果图，无论从真实性上还是材质与灯光上基本接近真实效果，是目前运用较多的一种表现形式。然而，配饰的品牌、规格、型号以及产品的更新换代，很难全部在 3D MAX 效果图中体现出来，所以其在硬装设计中运用较多，软装则用 PS，并搭配真实的图片或案例。

3D MAX 表现　拉菲别墅设计方案

软装实景拍摄

PHOTO SHOP 表现

CAD　PHOTOSHOP 软件表现

三、Photoshop

Photoshop 是一种图片格式的表现形式，可组建场景，也可把不同的饰品组织在一个空间内，以表现饰品组合之后的效果，但由于采用平面处理手法，场景看起来不如 3D MAX 真实，但产品是真实的。

不同的表现方式各有利弊。用什么形式表达并非最重要的，重要的是如何运用各种表现形式表达设计理念。表现是形式和手段，设计是灵魂和核心。

附 录

关于《住宅装饰装修工程设计收费标准指导意见》
（试行）的通知

各省、自治区、直辖市建筑装饰协会：

设计改变世界，设计影响生活。设计是科学，设计是艺术，设计是生产力，设计是龙头，设计是文化，设计是住宅装饰装修的灵魂，设计是文化创意，设计是知识产权必须保护的，好的设计是设计师的劳动成果和智慧结晶。长期以来，由于住宅装饰装修市场规范和相关标准缺失，部分家居市场免费设计成了一种向消费者"优惠"的竞争手段。这种现象不仅抹杀了广大设计师的设计文化创意、知识产权价值，而且难以调动广大设计师学习、创新、工作的积极性，更难以激发设计师的原创精神。为贯彻落实科学发展观，转变行业经济增长方式，尊重知识，尊重人才，鼓励创新，促进家居行业文化创意设计产业健康发展，培育打造知名的设计大师，保护知识产权，进一步规范住宅装饰装修设计市场，建设资源节约型、环境友好型行业，使广大设计师与业主实现双赢，我会在上海市、重庆市、深圳市、南京市、成都市、天津市、北京市建筑装饰协会等部分省市关于设计收费试点工作的基础上，修改编制了《住宅装饰装修工程设计收费标准指导意见》，如有不妥之处，请各单位及设计师及时反馈意见，以便修改完善。

附件：《住宅装饰装修工程设计收费标准指导意见》

中国建筑装饰协会

2014 年 8 月 18 日

附件：

住宅装饰装修工程设计收费标准指导意见

本标准适用于住宅装饰装修企业承接的住宅装饰装修工程和单位设计项目。设计内容是指住宅装饰装修工程从方案初步设计到施工图深化设计的全部设计工作或受业主委托的合同补充设计内容。

设计师应按照中华人民共和国国家标准《房屋建筑制图统一标准》（GB/T 50001—2001）和《住宅装饰装修工程施工规范》（GB 50327—2001）与《民用建筑工程室内施工图设计深度图样》（建质〔2006〕82 号文）及相关《建筑装饰室内设计制图统一标准》的出图标准和技术要求，完成全套设计图纸后，依据最低限价标准收取设计费。

一、设计收费最低限价标准

1. 设计师 100 元 / ㎡起。

2. 主任设计师 150 元 / ㎡起。

3. 高级设计师 300 元 / ㎡起。

4. 特邀有影响设计师 500 元 / ㎡以上。

设计师须持证上岗。设计师级别的认定由企业申报，行业培训并颁证。

二、设计业务基本流程

1. 客户咨询洽谈、双方达成意向后签订设计协议，客户需交纳设计定金（前期设计工本费）（设计费的 30%～50%）。

2. 设计师进行现场勘测及以原建筑结构图纸为依据并提供装饰装修设计方案图纸，双方就方案交换意见并确认后，双方签字备案。

3. 设计方案定稿后开始绘制详图。客户对详图无异议情况下确认签字后方可作为设计定稿的依据。

4. 设计图纸完成后，再次交换意见，并修正确认；双方交接设计文件，工程结束后结清余下设计费。

三、设计服务内容

1. 现场勘测至少 1 次。

2. 提供全套居室设计图纸文件 1 份并办结交手续。

3. 开工时进行技术交底（外埠工程加收差旅费）。

注：设计师应在施工过程中进行两次以上现场指导，并参与工程验收。

四、设计图纸内容（依据实测、实量数据进行设计。图纸以 A3 幅面白纸打印，装订成册一式两份）

1. 设计说明。

2. 平面布置图。

3. 照明布置图。

4. 顶面天花图。

5. 地面材质及拼花图。

6. 开关、照明、插座定位图（智能布线图）。

7. 主要空间立面图。

8. 主要剖面图。

9. 特别造型大样图。

10. 现场制作家具详图。

11. 电脑效果图（或 3D 打印实景图）。

12. 主要材料说明（必要时提供样板及材料表、门表、灯具表、家具表等）。

五、设计约定

1. 双方未结清设计费用，与项目相关资料不得带走。

2. 若客户需要软装陈设设计（即陈设艺术设计），则须另收设计费。

3. 若客户需要设计师（或设计单位）全程跟踪及施工监督服务，则须协商洽谈另行收费。

室内设计合同

甲方（委托方）：

联系方式：

乙方（受托方）：

设 计 师：

联系方式：

根据《中华人民共和国合同法》以及其他有关法律、法规的规定，经甲、乙双方友好协商，达成如下协议。

第一条 设计项目概况

1. 甲方委托设计项目地点

_____ 区（县）_____ 路 ____ 弄 ____ 楼 ____ 室，近 _____ 路口，小区名称 _____

2. 房屋建筑物类别

□ 别墅　　□ 公寓　□ 花园洋房

□ 办公室 □ 商铺 □ 会所 □ 酒店

3. 房型：_____

4. 建筑面积：_____ 平方米，使用面积：_____ 平方米

5. 预计装饰造价（人民币）_____ 元

第二条 设计程序及要求

1. 室内装饰的设计程序

（1）设计准备阶段为 ____ 个工作日，自 ____ 年 ____ 月 ____ 日至 ____ 年 ____ 月 ____ 日。乙方至现场进行勘测，并与甲方充分沟通。

（2）方案设计阶段为 ____ 个工作日，自 ____ 年 ____ 月 ____ 日至 ____ 年 ____ 月 ____ 日。乙方分析各空间的相互功能关系，提供平面设计，显示出功能单元位置、功能单元关系及家具安排布局，并提供 ____ 个主要空间视角的效果图。乙方介绍并说明设计方案，进行方案调整，并由甲方签字确认。

（3）施工图绘制阶段为 ____ 个工作日，自 ____ 年 ____ 月 ____ 日至 ____ 年 ____ 月 ____ 日。乙方按甲方确认的设计方案，进行全套装饰施工图的设计与绘制。乙方根据甲方的修改意见，设计并绘制成完整的施工图。

（4）工程施工阶段，自工程开工之日起到装饰工程施工完成止。乙方要进行施工前的设计交底，参加现场协调，进行必要的现场指导；竣工时，协助做好总体验收工作。

2. 设计图纸资料基本要求。

（1）提供的设计图应符合 _____ 的规定，一式 ____ 份，并交甲方 ____ 份。

（2）设计图具体要求。

① 每页设计图须由制图、校对、审核三者签字。

② 每页设计图须由甲方签字认可。

③ 设计图如需修改或变更，必须由甲、乙双方签字认可。

3. 提供设计图文资料内容

（1）图纸封面、封底、设计图纸、图列表。

（2）设计图纸目录和设计与施工说明。

（3）原始建筑平面测量图（含所有墙体内部尺寸、门窗洞尺寸、房梁、上下水、燃气、地漏、污水管、空调洞、排风口、配电箱、弱电箱、多媒体箱等标注）。

（4）墙体改动图（拆建承重结构由甲方向物业或有关部门申请书面批准）。

（5）设计平面布置图。

（6）设计顶面布置图。

（7）设计地面布置图。

（8）强、弱电及多媒体、智能化插座定位分布图。

（9）开关控制线路示意图。

（10）冷、热水管排放走向示意图。

（11）厨、卫墙面设施布置图。

（12）主要部位立面、剖面、节点详图。

（13）局部透视图。

（14）主要装潢（饰）材料用材表。

（15）其他 _____ 。

第三条　设计费用

本项目设计费用：使用面积 _____ 平方米，单价 _____ 元，总计 _____ 元，人民币（大写）_____ 元。

第四条　支付方式

（1）乙方设计师上门勘测前 ____ 日内，甲方向乙方支付设计费总额的 ____ % 作为预付款，计人民币 _____ 元，乙方出具收款凭证。

（2）甲方确认平面设计图纸 ____ 日后，甲方向乙方支付设计费用的总额 ____%，计人民币 _____ 元。

（3）余款支付 ＿＿＿＿＿＿＿＿＿＿＿＿＿＿＿＿ 。

第五条　双方权利和义务

（1）甲方应根据设计需要，提供物业管理部门或者相关单位的联系人，该项目的建筑、结构、设备、管道等竣工图，以及大楼装修规定。

（2）甲方应填写完整的《设计任务书》。

（3）甲方对已确认的设计图进行修改，重新设计的部分，费用由双方另行协商确定。

（4）乙方设计时不得擅自改变建筑物的承重结构。

（5）乙方应根据甲方所填写的《设计任务书》及装饰要求进行设计工作。

（6）施工过程中，乙方指派设计师现场进行施工交底， 设计师到现场指导施工及整体竣工验收应不少于三次。

（7）乙方在中途需更换所指派的设计师，应事先征得甲方同意。

（8）乙方必须将整套图纸交给甲方，并办理确认手续。

第六条　违约责任

（1）甲方逾期支付设计费用的，每逾期一天，应按未支付部分设计费用的 ＿＿＿% 向乙方支付违约金。逾期超过 ＿＿＿ 天的，乙方有权解除本合同。

（2）乙方延期完成设计图的，每延期一天，应按设计费用总额的 ＿＿＿% 向甲方支付违约金。延期超过 ＿＿＿ 天的，甲方有权解除本合同。

（3）乙方对设计文件出现的遗漏或错误负责修改和补充。由于乙方设计错误造成工程质量事故或甲方损失的，乙方除负责采用补救措施外，应免收损失部分的设计费，并根据损失程度向甲方偿付赔偿金。

（4）双方订立设计合同后，任何一方不再履行本合同的，应赔偿守约方相应的损失。

第七条　争议解决方式

双方发生争议的，可协商解决，也可向有关部门申请调解，也可选择以下第 ＿＿＿ 种方式解决。

（1）向上海仲裁委员会申请仲裁。

（2）依法向人民法院提起诉讼。

第八条　附则

（1）本合同未尽事宜，双方可签订补充协议，补充协议与本合同具有同等的法律效力。

（2）本合同经双方签字或盖章之日起生效。

（3）本合同一式两份，双方各执一份。

（4）本合同附件及补充协议：

附件一：《上海市室内设计流程签证单》；

附件二：《上海市室内设计修改或变更签证单》；

附件三：《补充协议（附页）》；

附件四：《设计任务书》。

甲方（委托方）：＿＿＿＿＿＿＿＿　　　　乙方（受托方）：＿＿＿＿＿＿＿＿

身 份 证 号 码：＿＿＿＿＿＿＿＿　　　　地　　　　　址：＿＿＿＿＿＿＿＿

委 托 代 理 人：＿＿＿＿＿＿＿＿　　　　法 定 代 表 人：＿＿＿＿＿＿＿＿

住　　　　　所：＿＿＿＿＿＿＿＿　　　　委 托 代 表 人：＿＿＿＿＿＿＿＿

邮　　　　　编：＿＿＿＿＿＿＿＿　　　　邮　　　　　编：＿＿＿＿＿＿＿＿

电 话 / 传 真：＿＿＿＿＿＿＿＿　　　　电 话 / 传 真：＿＿＿＿＿＿＿＿

签 订 日 期：＿＿＿＿＿＿＿＿

室内设计流程签证单

序号	签证内容
第一次签证	乙方于 _____ 年 _____ 月 _____ 日上门勘测，双方确定初步设计方案 __ 天内完成，甲方于 _____ 年 _____ 月 _____ 日前来乙方与设计师沟通确认。 甲方签字： 乙方签字： 年 月 日
第二次签证	甲方与乙方设计师沟通确认初步设计方案，双方确定第二阶段设计图纸 _____ 天内完成，甲方于 _____ 年 _____ 月 _____ 日前来乙方与设计师沟通确认第二阶段设计图纸。 甲方签字： 乙方签字： 年 月 日
第三次签证	甲方与乙方设计师沟通确认第二阶段设计图纸，双方确定全套图纸及主要装饰材料清单 _____ 天内完成，甲方于 _____ 年 _____ 月 _____ 日前来乙方与设计师沟通确认全套图纸。 甲方签字： 乙方签字： 年 月 日
第四次签证	甲方于 _____ 年 _____ 月 _____ 日收到乙方全套设计图纸 __ 张，并付清设计费余额。计人民币 _____ 元。 甲方签字： 乙方签字： 年 月 日

室内设计修改或变更签证单

日期	签证内容	签证人（双方）

补充协议（附页）

可另附页

甲方签字（盖章）

地　址：

电　话：

乙方签字（盖章）

地　址：

电　话：

_____ 年 _____ 月 _____ 日

设计任务书

编号：

委托方		委托设计项目	
设计项目地址			
住　址		邮编	
联系人		电话	手机	

委托装饰项目设计资料和内容要求：

1. 装饰项目房型图或装饰工程项目图（平面图复印件）

2. 装饰项目内容意见方案及特殊性要求（可另附页）

3. 预计装饰工程项目投入费用

【注】1. 在设计委托时或设计委托前均须填写《设计任务书》，要求字迹端正、清晰。

2. 《设计任务书》一式三份，委托方一份，装饰公司和设计师各一份。

3. 《设计任务书》双方须妥善保存（附在合同内）。

甲方（签字）：　　　　　　　　乙方（签字）：

_____ 年 _____ 月 _____ 日

产品采购合同

甲方：

乙方：

按照《中华人民共和国合同法》及其他有关法律、法规的规定，甲、乙双方遵循平等、自愿、公平、诚实和守信的原则，经双方友好协商，现就 ＿＿＿＿＿＿＿＿ 产品事宜签订本合同如下：

一、合同产品的名称、数量和合同价

乙方同意出售，甲方同意购买以下产品：

具体详见附件（xxx 订购单），附件一式二份为合同的一部分，与合同具有同等法律效力。

双方最后约定总价为人民币：＿＿＿＿＿＿＿＿ 元（大写 ＿＿＿＿＿＿＿）。

注：此价格含材料、包装、保险、利润、含税、含运费、送货到工地负责堆放至甲方指定地点所发生的一切费用及二次装卸和安装全部费用。合同签订后，价格若遇市场价格涨跌，汇率变化及政策调整等因素，均不调整。

二、产品的质量、技术规范、技术标准

1. 产品质量应符合国家及行业相关标准，达到厂家优良标准。

2. 乙方所供产品的技术检测标准应符合国家标准、行业标准或制造厂家企业标准确定，上述标准不一致的，以严格的国家标准为准。

3. 乙方所提供的产品应符合国家有关安全、环保规定，必须为正品行货，不得有假冒伪劣产品或提供以次充好的产品。

4. 如果货到现场甲方验收不符合要求的，有权要求乙方调换及退货。

三、发货和安装及完工验收的时间及地点

1. 乙方按合同要求制作产品提供给甲方，并经甲方验收合格，甲方按合同约定付款后，视为销售完成，货物为甲方所有。

2. 乙方提供的产品必须符合国家及行业的相关标准、环保要求，同时须符合双方确认的店面样品款式、效果、材质、工艺、颜色等要求，以此作为检验标准。

3. 交货及安装地点：

4. 乙方须指派专业人员及安装工人将产品一同至交货及安装地点，按甲方人员要求，安装摆放至指定位置。

5. 乙方在安装和摆放产品时，应认真仔细，不得损坏甲方已完成装修的所有物品，如有损坏由乙方负责赔偿或维修。

6. 部分在现场组装的产品，在乙方人员组装的过程中发生产品损坏，甲方可要求更换及退货。

四、工期要求

1. 合同签订后 ＿＿＿＿ 天内，乙方完成合同确定的所有产品的制作安装工作，并按甲方要求的时间摆放至指定位置。

2. 在产品加工期内，如遇设计变更或不可抗力（如地震、台风等灾害）时，直接影响加工进度，经双方协商，以联系单为准，工期可顺延，费用不补。

3. 由于甲方原因，工地装修工程未及时完工，乙方免费提供 _____ 天合同产品摆放场地。

五、付款方式

1. 合同签订后一周内，甲方将合同总价的 10% 作为订金支付给乙方。

2. 合同签订后 _____ 天内，乙方将合格产品交付甲方并经甲方验收确认后，20 天内甲方支付合同价款 60%（共支付至合同总价 80%）。

3. 按合同约定至质保期满后 _____ 天内，甲方支付合同价款 20%（共支付至合同总价 100%）。

六、质量保证

1. 乙方应保证对所供产品的设计、采购、制造、检验、包装等各个环节进行严格的质量管理和质量控制。

2. 乙方应保证所供产品是全新的、未使用过的，并完全符合协议规定的质量、规格和性能的要求。

3. 乙方对提供的产品实行为期不少于 _____ 年的质量保证，质保期内在正常使用的情况下出现破损等质量问题，由乙方负责维修，质保期从安装完毕验收合格之日起算。

4. 在质量保证期内，如果货物的质量或规格与协议不符，或证实产品是有缺陷的，包括潜在的缺陷或使用不符合要求的材料等，甲方可以根据本合同规定以书面形式向乙方提出补救措施或索赔。

5. 乙方在约定的时间内未能弥补缺陷，甲方可采用必要的补救措施，但其风险和费用将由乙方承担，甲方根据协议规定对乙方行使的其他权利不受影响。

七、补救措施和索赔

甲方有权根据质量检测部门出具的检验证书向乙方提出索赔。在质量保证期内，如果乙方对缺陷产品负有责任而甲方提出索赔，乙方应按照甲方同意的下列一种或多种方式解决索赔事宜：

1. 乙方同意退货并将货款退还甲方，由此发生的一切费用和损失由乙方承担。

2. 根据产品的质量状况以及甲方所遭受的损失，经过甲乙双方商定降低产品的价格。

3. 如果在甲方发出索赔通知后十天内乙方未作答复，上述索赔应视为已被乙方接受。如果乙方未能在甲方发出索赔通知后十天内或甲方同意延长的期限内，按照上述规定的任何一种方法采用补救措施，甲方有权从应付货款中扣除索赔金额，如不足以弥补甲方损失的，甲方有权进一步要求乙方赔偿。

八、履约延误

1. 乙方应按具体协议规定的时间、地点交货和提供服务。

2. 乙方无正当理由而拖延交货，甲方有权追究乙方的违约责任。乙方每延期 1 天，应支付合同总价 5‰的违约金。

九、不可抗力

1. 协议双方因不可抗力而导致协议实施延误或不能履行协议义务时，双方均可不承担误期赔偿或不能履行协议义务的责任。

2. 本条所述的"不可抗力"系指双方不可预见、不可避免、不可克服的事件，但不包括双方的违约或疏忽。这些事件包括但不限于：战争、严重火灾、洪水、台风、地震；以及双方商定的其他事件。

3. 在不可抗力事件发生后，当事方应尽快以书面形式将不可抗力的情况和原因书面形式通知对方。协议双方应尽可能继续履行合同，并积极寻求采用合理的措施履行不受影响的其他事项。合同双方应通过友好协商在合理的时间内达成进一步履行合同的办法或措施。

十、甲乙双方在协议有效期内履行义务

1. 乙方对售出产品的质量、维修、其他售后服务承诺按供货承诺书内容执行。

2. 在协议有效期限内，乙方无论什么理由（不可抗力除外），均不得拒绝甲方的采购行为或相应服务。

3. 在协议有效期内，乙方保证不用任何不正当行为影响、干扰甲方的自主选购行为（不正当行为包括回扣、非公众性赠送礼品、贬损其他商家、价格欺诈及其他不正当手段）。

4. 乙方发生转让、兼并、撤销等情况变化时，须提前一个月向甲方提交书面公函，但乙方必须采用措施以保证合同的继续执行。

5. 乙方法人名称、经营场所、联系人等发生变更时，须以书面并附有关证明材料向甲方备案。

十一、违约责任

1. 甲方责任；按协议规定按时支付 ＿＿＿＿＿＿＿ 款。

2. 乙方责任：

按协议约定时间提供合同产品，如在协议约定日期内无法将指定产品运抵指定现场，迟到一天乙方须支付甲方总价 5‰ 的违约金。

按协议约定和质量服务承诺提供售前、售中、售后服务。

十二、协议修改

甲乙双方的任何一方对合同内容提出修改和异议，均应以书面形式通知对方，或当面会谈达成由双方签署的补充协议。

十三、禁止商业贿赂

在双方业务往来过程中，包括但不限于在谈判、签订合同及实际履行过程中，乙方不得向甲方工作人员赠送物品、现金或以其他任何方式给予甲方工作人员好处或利益。

十四、协议转让和分包

除甲方事先书面同意外，乙方不得转让和分包其应履行的合同义务。

十五、争议解决

凡合同履行过程中发生的争议，双方应通过友好协商，妥善解决。如协商不成，可向协议签订地当地法院起诉。

十六、适用法律

本合同按照中行人民共和国的相关法律进行解释。

十七、合同生效

1. 本合同签订地为：

2. 本合同在双方签字盖章后开始生效。

3. 本合同一式二份，具有同等效力，甲乙双方各执一份。

4. 未尽事宜，甲乙双方协商解决。

十八、合同解除

本合同履行至保修期满，甲方支付全额合同价款后自行解除。

甲方（委托方）：＿＿＿＿＿＿＿   乙方（受托方）：＿＿＿＿＿＿＿

身 份 证 号 码：＿＿＿＿＿＿＿   地　　　　址：＿＿＿＿＿＿＿

委 托 代 理 人：＿＿＿＿＿＿＿   法 定 代 表 人：＿＿＿＿＿＿＿

住　　　　所：＿＿＿＿＿＿＿   委 托 代 表 人：＿＿＿＿＿＿＿

邮　　　　编：＿＿＿＿＿＿＿   邮　　　　编：＿＿＿＿＿＿＿

电 话 / 传 真：＿＿＿＿＿＿＿   电 话 / 传 真：＿＿＿＿＿＿＿

签 订 日 期：＿＿＿＿＿＿＿

参考文献

（注：另有部分参考文献来源于网络，因未能查实作者姓名及出版社，故无法列入文献名单。）

[1] 郑玄 注 贾公彦 疏 . 周礼注疏 [M]. 彭林，整理 . 上海：上海古籍出版社，2010.

[2] 郑玄 注 孔颖达 正义 . 礼记正义 [M]. 上海古籍出版社，2008.

[3] 毛亨 传 郑玄 笺 孔颖达 疏 . 毛诗正义 [M]. 李学勤 主编 . 北京：北京大学出版社，2014.

[4] 谭介甫 . 屈赋新编 [M]. 北京：中华书局，1978.

[5] 二十四史编委会 . 二十四史 [M]. 北京：线装书局，2014.

[6] 王国轩 王秀梅 译 . 孔子家语 [M]. 北京：中华书局，2011.3.

[7] 许慎 撰 徐铉 校 . 说文解字 [M]. 北京：中华书局，1963.12.

[8] 闻人军 译注 . 考工记译注 [M]. 上海：上海古籍出版社，2008.4.1.

[9] 刘熙 撰 毕沅 疏证 王先谦 补 . 释名疏证补 [M]. 北京：中华书局，2008.

[10] 曹海东 译注 李振兴 点校 . 新译西京杂记 [M]. 台湾：三民书局，1984.11.

[11] 陆翙 撰 . 邺中记 晋纪辑本 [M]. 北京：商务印书馆，1937.6.

[12] 许嵩 . 建康实录 [M]. 上海：上海古籍出版社，1987.1.

[13] 段成式 撰 . 曹中孚 点校 . 酉阳杂俎 [M]. 上海：上海古籍出版社，2012.8.

[14] 慧琳禅师 撰 . 一切经音义 [EB]. （法本源自台湾佛典协会，出版日期未知）

[15] 李匡乂 撰 苏鹗 纂 马缟 集 . 资暇集 苏氏演义 中华古今注 .[M]. 北京：中华书局，1985.

[16] 陆羽 著 . 宋一明 译注 . 茶经译注 [M]. 上海：上海古籍出版社，2014.5.

[17] 普济禅师 撰，苏渊雷 点校 . 五灯会元 [M]. 北京：中华书局，2012.

[18] 司马光 主编 胡三省 注 . 资治通鉴 [M]. 北京：中华书局，1956.6.

[19] 程大昌 . 演繁露 [M]. 北京：中华书局，1991.

[20] 程大昌 . 演繁露续集 [M]. 北京：中华书局，1991.

[21] 陈骙 佚名 撰 . 张富祥 点校 . 南宋馆阁录 续录 [M]. 北京：中华书局，1998.7.

[22] 郭若虚 邓椿 撰 . 图画见闻志 画继 [M]. 潘云告 主编 米田水 译著，湖南：湖南美术出版社，2010.9.

[23] 陶宗仪 著 . 南村辍耕录 [M]. 北京：中华书局，1959.

[24] 王圻，王思义 . 三才图会 [M]. 上海：上海古籍出版社，1988.

[25] 午荣 汇编 . 鲁班经匠家经 [M]. 海南：海南出版社，2016.5.

[26] 文震亨 著 . 长物志 [M]. 赵菁 编 . 北京：金城出版社，2012.

[27] 陆绍珩 . 醉古堂剑扫 [M]. 台湾：老古出版社，2012.

[28] 袁宏道 著 黄永川 译述 . 瓶史解析 [M]. 台湾：财团法人中华花艺文教基金会出版部

[29] 张谦德 著 黄永川 译述 . 瓶花谱解析 [M]. 台湾：财团法人中华花艺文教基金会出版部

[30] 利玛窦，金尼阁 著 . 中国札记 [M]. 何高济 王遵仲 李申 译 何兆武 校 . 北京：中华书局，2010.4.1.

[31] 李渔 著 . 闲情偶寄 [M]. 章宏伟 主编 王永宽 王梅格 注释 . 河南：中州古籍出版社，2013.

[32] 沈复 . 浮生六记 [M]. 欧阳居士 译 . 北京：中国画报出版社，2011.

[33] 梁思成 . 图像中国建筑史 [M]. 北京：生活 . 读书 . 新知三联书店，2011.

[34] 郑昶 . 中国美术史 [M]. 湖南：岳麓书社，2011.

[35] 王世襄 著 . 袁荃献 制图 . 明式家具研究 . 北京：生活·读书·新知三联书店，2008.8.

[36] 李洋，周建 . 中国室内设计历史图说 [M]. 北京：机械工业出版社，2010.

[37] 黄永川 . 中国插花史研究 [M]. 北京：西泠出版社，2012.9.

[38] 柯嘉豪 著 . 佛教对中国物质文化的影响 .[M]. 赵悠，陈瑞锋，董浩辉，等 译 . 祝平一，杨增，赵凌云，李玉珍，吴宓芩，丁一 校 . 上海：中西书局，2015.8.

[39] 李仁溥 . 中国古代纺织史稿 [M]. 湖南：岳麓书社，1983.

[40] 向达 . 唐代长安与西域文明 [M]. 北京：生活·读书·新知三联书店，1979.

[41] 回顾 . 中国图案史 [M]. 北京：人民美术出版社，2007.

[42] 扬之水 . 终朝采蓝——古名物寻微 [M]. 北京：生活·读书·新知三联书店，2008.

[43] 扬之水 . 曾有西风半点香——敦煌艺术名物丛考 .[M]. 北京：生活·读书·新知三联书店，2012.

[44] 扬之水 . 唐宋家具寻微 [M]. 北京：人民美术出版社，2015.

[45] 邵晓峰 . 中国宋代家具 [M]. 南京：东南大学出版社，2010.

[46] 刘德增 . 秦汉衣食住行 [M]. 北京：中华书局，2015.

[47] 黄正健 . 唐代衣食住行 [M]. 北京：中华书局，2015.

[48] 伊永文 . 明代衣食住行 [M]. 北京：中华书局，2015.

[49] 林永匡 . 清代衣食住行 [M]. 北京：中华书局，2015.

[50] 朱启新 . 看得见的古人生活 [M]. 北京：中华书局，2011.

[51] 王子林 . 明清皇宫陈设 [M]. 北京：紫禁城出版社，2011.

[52] 中国硅酸盐学会 . 中国陶瓷史 [M]. 北京：文物出版社，1982.

[53] 马未都 . 瓷之色 [M]. 北京：紫禁城出版社，2011.

[54] 阿洛瓦·里格尔著 . 风格问题——装饰艺术史的基础 [M]. 刘景联 李薇蔓 译 邵宏 校 . 湖南：湖南科学技术出版社，1999.9.

[55] 陈志华 . 外国建筑史 [M]. 北京：中国建筑工业出版社，2004.

[56] 史蒂芬·科罗维 . 世界建筑细部风格 [M]. 刘希明 吴先迪译 . 香港：香港国际文化出版社，2008.

[57] 史蒂文·帕里西恩 . 室内设计演义——1700 年以来的家居装饰 [M]. 程玺 等译 . 北京：电子工业出版社，2012.

[58] 周越 . 图说西方室内设计史 [M]. 北京：中国水利水电出版社，2010.

[59] 尼·伊·阿拉姆 著 . 中东艺术史——古代卷 [M]. 上海：上海人民美术出版社 .1985.

[60] 格温德琳·赖特 . 筑梦——美国住房的社会史 [M]. 王旭，等译 . 北京：商务印书馆，2015.

[61] 露西·沃斯利 . 如果房子会说话——一部家的秘密历史 [M]. 林俊宏 译 . 北京：中信出版集团，2015.

[62] 菲利斯·贝内特·奥茨 著，玛丽·西蒙 绘图 . 西方家具演变史——风格与样式 [M]. 江坚 译，李砚祖 校 . 北京：中国建筑工业出版社，1999.5.

[63] 莱斯利·皮娜 . 家具史——公元前 3000—2000 年 [M]. 吴九芳，吴智慧，等 译 . 北京：中国林业出版社，2014.

[64] 陈于书 主编 熊先青 苗艳凤 编著 . 家具史 [M]. 北京：中国轻工业出版社，2009.3.16.

[65] Jennifer Harris. 纺织史 [M]. 李国庆，孙韵雪，宋燕青，等 译 . 广东：汕头大学出版社，2011.6.1.

[66] 让－马克·阿尔贝 . 权利的餐桌——从古希腊宴会到爱丽舍宫 [M]. 刘可有，刘惠杰 译 . 北京：生活·读书·新知三联书店，2012.

[67] 杨琪 . 你能读懂的西方美术史 [M]. 北京：中华书局，2007.

[68] 马克思·多奈尔 . 欧洲绘画大师技法和材料 [M]. 杨红太，杨红晏 译，北京：清华大学出版社，2006.

[69] 张也夫 . 全彩西方工艺美术史 [M]. 宁夏：宁夏人民出版社，2003.

[70] 朱迪斯·米勒 . 西洋古董鉴赏 [M]. 孟辉，傅佩，王珍 译 . 石家庄：河北教育出版社，2012.

[71] 阿瑟·A. 伯格 . 一个后现代主义者的谋杀 [M]. 广西：广西师范大学出版社，2002.

[72] 中装环艺教育研究院 . 中式软装—软装配饰实例解析 I [M]. 南京：江苏科学技术出版社，2016.

[73] 中装环艺教育研究院 . 中式软装—软装配饰实例解析 II [M]. 南京：江苏科学技术出版社，2016.

[74] 中装环艺教育研究院，海阅通 . 别墅软装 II—软装配饰实例解析 [M]. 南京：江苏科学技术出版社，2015.

图片来源

摄影：王媚燕
第 46 页

盛世收藏网、中国嘉德国际拍卖有限公司、美国明尼亚波利斯艺术馆藏、美国纽约佳士得私人藏品、雅昌艺术网、宝藏网、博宝艺术网、优众网
第 48、第 49 页、第 50 页、第 51 页、第 52 页、第 53 页

Decor 2013 fall-winter
第 169 右下图

Melidia sincol curtain collection 2012—2014
第 160 页左下图、第 189 页左栏上部左图

《窗饰设计方案》
第 162 页右栏上图、第 164 页左栏上部右图

Melidia sincol curtain collection 2012—2014
第 162 页右栏中图

DECOR spring summer 2012
第 162 页右栏下图、第 165 页右下图 、第 177 页左栏中图、第 192 页左栏下图

FRA 28 Architectural Digest 119.2013.09
第 164 页左栏上部左图、第 177 页右下图

MARK ALEXANDER
第 173 页右下图、第 181 页右下角左图

Roche-Bobois
第 178 页右栏上图

陈相和
第 179 页右栏上图

ROMO Grandis wallcoverings
第 181 页右栏上图

Laura Ashley Spring Summer 2013
第 181 页右栏中图、第 182 页、第 188 页左栏上部左图

设计师：陈相和
第 183 页右栏中图

品牌：浪漫罗兰
第 184 页左栏上图

佛山桂花洲中式样板房
第 184 页左栏下图

融林星海湾室内软装设计
第 184 页右栏上图

品牌：青格勒
第 185 页右栏上图

未来之光项目
第 187 页右栏上图

The World OfInteriors 2015-02
第 192 页右栏下图

其他
www.baidu.com
www.google.com

敬告图片版权所有者

为了编好《软装陈设设计》，本书作者与收入本书作品的图片版权所有者进行了广泛的联系，得到了各位图片版权所有者的大力支持。在此，我们表示衷心的感谢。然而，由于一些图片版权所有者的姓名及联系方式不详，我们无法与之取得联系。敬请上述图片版权所有者与我们联系（请附相关版权所有证明），以致谢忱！